安全监测与监控技术

主　编　秦　勇
副主编　牛訦琛　赵春燕　郭抗抗

哈爾濱工程大學出版社
Harbin Engineering University Press

内容简介

本书系统地阐述了安全监测与监控技术的理论与应用，内容涵盖传感技术、信号分析、数据通信和物联网等关键技术，以及安全工程、环境监测、建筑健康评估、矿山管理、火灾防控和安防多领域实践；在应用方面，探讨了作业场所、建筑结构、环境监测、矿山安全、火灾探测和城市安防等领域的监测技术，介绍了各类监测监控系统的组成、原理及实际应用案例；强调了监测技术对保障人员健康、环境安全和工程稳定性的重要作用。

本书内容丰富、实用，适合于从事安全检测与监控技术人员参考，也可作为高等学校相关专业学生、研究生和教师的参考书。

图书在版编目(CIP)数据

安全监测与监控技术 / 秦勇主编. -- 哈尔滨 : 哈尔滨工程大学出版社, 2025. 2. -- ISBN 978-7-5661-4713-4

Ⅰ. X924. 2

中国国家版本馆 CIP 数据核字第 2025GC5210 号

安全监测与监控技术

ANQUAN JIANCE YU JIANKONG JISHU

选题策划 刘凯元
责任编辑 刘凯元
封面设计 李海波

出版发行 哈尔滨工程大学出版社
社　　址 哈尔滨市南岗区南通大街 145 号
邮政编码 150001
发行电话 0451-82519328
传　　真 0451-82519699
经　　销 新华书店
印　　刷 哈尔滨午阳印刷有限公司
开　　本 787 mm×1 092 mm　1/16
印　　张 14. 5
字　　数 379 千字
版　　次 2025 年 2 月第 1 版
印　　次 2025 年 2 月第 1 次印刷
书　　号 ISBN 978-7-5661-4713-4
定　　价 60. 00 元

http://www. hrbeupress. com

E-mail:heupress@ hrbeu. edu. cn

前　　言

安全生产是国家的一项长期基本国策，是保护劳动者安全、健康和国家财产，促进社会生产力发展的基本保证，是坚持“以人为本”安全理念的必然要求，也是保证社会主义经济发展，进一步实行改革开放的基本条件。因此，做好安全生产工作具有重要意义。

安全监测与监控技术是指对事故发生前的影响因素做出预判断，对导致这些问题的原因进行分析，及早采取必要措施，以防事故发生。它为职业健康安全状态进行评价、安全技术及设施进行监督、安全技术措施的效果进行评价等提供可靠而准确的信息，从而达到改善劳动作业条件、改进生产工艺过程、减少系统或设备事故发生的目的。

目前受生产力发展水平和从业人员素质等因素的制约和影响，安全生产的基础仍较薄弱，其形势依然严峻。国家对于安全生产始终坚持“安全第一、预防为主”的方针，树立安全发展理念，健全公共安全体系，完善安全生产责任制，坚决遏制重特大安全事故，提升防灾减灾救灾能力；建立大安全大应急框架，完善公共安全体系，推动公共安全治理模式向事前预防转型；提高防灾减灾救灾和急难险重突发公共事件处置保障能力，加强国家区域应急力量建设。

安全监测与监控技术的主要任务是及时、准确地为安全管理的决策提供丰富、可靠的现场安全因素信息，为采取安全技术措施、预防伤害事故的发生提供数据依据。在现代工业生产中，新产品、新技术、新工艺、新材料不断出现，生产过程的大规模化、自动化和复杂化，以及各种有毒有害物质品种和数量的增多，对安全生产的监测与监控提出了更高、更严的要求。安全监测与监控技术包括自动检测、自动控制、自动保护等内容。本书系统地阐述了安全监测的基本理论、技术原理、监测方法及发展趋势，主要介绍了监测信号、监测系统的组成、功能及其主要特性；安全生产过程中的压力、温度、液位、流量等常见参数和危险环境中气体成分、粉尘、噪声等的监测技术；安全监测与监控系统的设计及应用实例；突出新技术在安全领域中的应用。在本书编写过程中，编者力求将自动控制的理论基础和分析方法与工业生产中的具体实践相结合，并结合了目前国内工业领域安全发展的实际情况以及最新研究成果，使读者能够了解现代监测技术正以计算机为核心、以传感器为重点向数字化、网络化发展的趋势。本书涉及化学、物理学、机械工程、电子技术、计算机科学、监测技术等学科领域，注重解决工业安全监测与监控中的实际问题。

本书由秦勇任主编，负责全书的编写、立项和统稿。全书共8章，其中第1、5、8章由秦勇编写，第2、4章由牛訦琛编写，第3、7章由赵春燕编写，第6章由郭抗抗编写。本书在编写的过程中得到了哈尔滨理工大学教务处、测控技术与仪表系、安全工程系全体老师以及哈尔滨赛尚密封技术有限公司技术部工程技术人员的支持。本书参考并引用了许多相关的教材、专著、期刊、论文、产品样本及技术手册，在此，对编写出版此书给予帮助、支持、鼓励的专家，以及对引用文献的作者表示衷心感谢。

安全监测与监控技术涉及面广、专业性强，加之编者水平有限，书中难免有疏漏之处，恳请读者和同行多多赐教，不胜感激！

编　者

2024 年 10 月

目　录

第1章 绪　　论

安全生产是指在生产过程中保障人身安全和设备安全。为促进安全生产，防止和减少生产安全事故，保障人民群众生命和财产安全，促进经济社会持续健康发展，国家加大安全生产科学技术研究和安全生产先进技术的推广应用，提高安全生产水平。发展和提高安全监测与监控技术水平，识别各种危险源和确定事故隐患分布，可有效控制事故与灾害的发生，有利于人民群众的根本利益。

1.1 安全监测的目的与意义

在当前的生产、生活中，各种有关因素，如烟、尘、水、气、热辐射、噪声、放射线、电流、电磁波及化学因素，以及其他主客观因素都会对生产环境产生污染、对生产产生不安全作用、对人体健康造成危害。破坏事故的连锁发展链条，查清、预测、排除和治理各种有害因素是安全工程的重要内容之一。

安全监测的目的是为职业健康安全状态、安全技术及设施监督、安全技术措施的效果进行评价等提供可靠而准确的信息，以及改善劳动作业条件，改进生产工艺过程，避免系统或设备的事故（故障）发生和降低损失。从安全科学的整体观点出发，现代生产工艺的过程控制和安全监测功能应为一个集过程控制、安全状态信息监测、实时仿真、应急控制、自诊断及专家决策等各项功能为一体的综合系统。该系统的主要功能如下。

（1）能够及时、准确地对生产系统的运行参数和运行状况做出全面监测和控制，预防和消除事故隐患。

（2）能够对系统的运行进行必要的控制与指导，提高系统运行的安全性、可靠性和有效性，以期把运行系统发生事故的概率及事故造成的损失降到最低。

（3）通过对运行的系统进行监测和控制、隐患分析和性能评估等，为系统的结构修改、设计优化与安全运行提供数据和信息。

1.2 安全检测监测与监控技术

检测指的是用指定的方法来检验、测试某种物体指定的技术性能指标，侧重于检查、测试；而监测指的是长时间对同一物体进行实时监视，并且掌握它的变化规律，侧重于监视、监督。监控是指监测并尽量确保对象在可控的范围。从对象上看，检测关注的是样品，大多是指对样品的检测和检验；监测大多指的是现场实施采样，有一定的时效性。检测与监测技术的应用领域十分广泛，工业过程是其最重要的应用领域之一。

工业过程检测和监测具有如下特点：

(1)被测对象形态多样，有气态、液态、固态介质及其混合体，有的被测对象具有特殊性质(如强腐蚀、强辐射、高温、高压、深冷、真空、高黏度、高速运动等)。

(2)被测参数性质多样，有温度、压力、流量、液位等热工量，也有各种机械量、电工量、化学量、生物量，还有某些工业过程要求检测的特殊参数(如纸浆的打浆度)等。

(3)被测变量的变化范围大，如被测温度可以是1 000 ℃以上的高温，也可以是0 ℃以下的低温甚至超低温。

(4)检测和监测方式多种多样，既有断续测量，又有连续测量；既有单参数检测，又有多参数同时检测；还有每隔一段时间对不同参数的巡回检测等。

(5)监测环境比较恶劣。在工业过程中，存在着许多不利于监测的影响因素，如电源电压波动，温度、压力变化，以及在工作现场存在水汽、烟雾、粉尘、辐射、振动等。

为适应工业过程检测的特点，要求检测系统或者监测不但具有良好的静态特性和动态特性，而且要针对不同的被测对象和测量要求采用不同的测量原理和测量手段。因此，检测仪表的种类繁多，而且为了适应工业过程对检测技术提出的新要求，各式各样的新型仪表将不断涌现。

1.2.1 安全检测监测与监控的关系

安全检测是为满足企业的安全生产需要，对生产系统与作业环境中危险、有害因素的类型、危害程度、危害范围等进行的检验和测试。通过对被测对象的某些与不安全、不卫生因素有关的量连续或断续监视测量，如空气中可燃或有毒气体或蒸气、漂浮的粉尘、物理危害因素以及反映生产设备和设施安全状态的温度、压力、流速、壁厚等参数，获取危险或有害因素的安全状态信息，为安全管理决策提供数据，或者为控制系统提供基础参数，用以对生产过程进行检查、监督、保护、调整、预测，或者积累数据，寻求规律。

安全监测是为准确、及时、全面地反映环境质量现状及发展趋势，为环境管理、污染源控制、环境规划等提供科学依据，间断或者连续地测定环境中污染物的浓度，观察分析其变化和对环境影响的过程。安全监测可以是企业对内部场所或设备的监控性检测。由于监控性检测具有很强的监视性，因此也属于安全监测。安全监测也可以是政府执法部门对企业某些指标所进行的检测，或者是对特种设备(如压力容器)及安全设施(如防雷装置接地电阻)的检测，目的是监督企业作业场所工作环境的质量，检查职业卫生设施或措施的有效性，属于强制性检测。其获得的监测结果作为评判是否满足国家行业要求的依据。这类上级对所属企业的检测也属于安全监测。

安全监控是使生产过程或特定系统按预定的指标运行，避免和控制系统因受意外的干扰或波动而偏离正常运行状态，从而导致故障或事故的过程。对于危险源的安全检测、监测和监控的关系如图1-1所示。

从图1-1中可以看出，对于危险源多采用人工检测，在检测过程中，需要进行人工布点取样，取样后把样品拿到实验室进行检验检测。整个过程都是由操作人员来完成的。这个人工检验检测的过程就是监测。

依照国家有关的法律规定的要求，一些企业需要安装在线监控系统对危险源进行监控。在线监控系统具有自动取样设备，监测设备提供被检测设备或场所的某一特征数据，由控制设备或由操作人员对检测数据进行分析,根据已设定的标准判断是否需要改变被控制设备的运行状态,需要时对被控制设备发出启动信号,被控制设备启动或者改变运行参数,使危险源恢复到正常的工作状态。若在线监控系统具有智能分析与控制的功能,上述过程可以实现自动控制。这个过程就是监控的全过程。监控过程包括监测过程和控制过程。监测过程包含检测过程,检测过程是由设备自动完成的。可以看出,无论是人工检测的过程还是自动监控的过程,里面都包含着检验检测。检测技术研究的主要内容包括测量原理、测量方法、测量系统和数据处理四个方面。其主要作用如下。

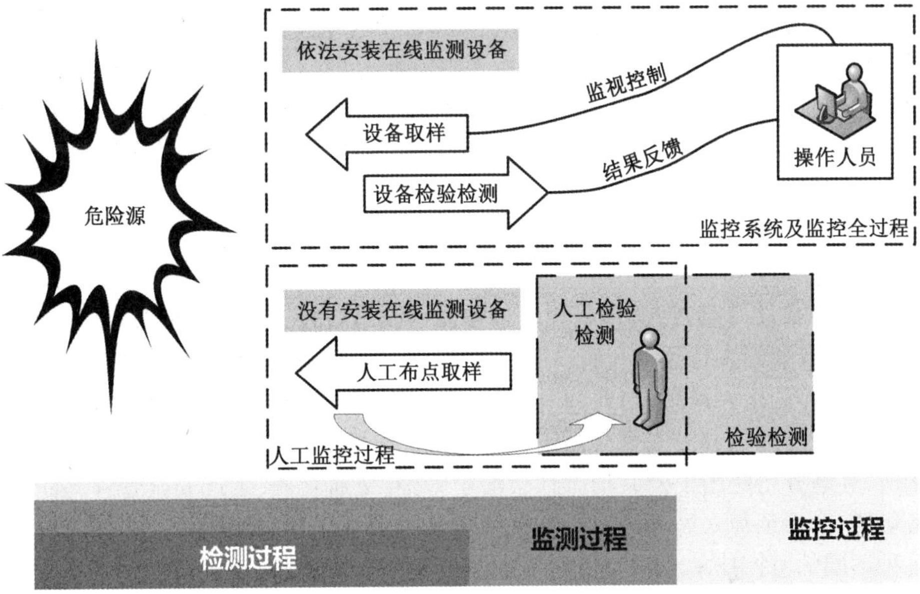

图 1-1　对于危险源的安全检测、监测和监控的关系

1. 产品检测和质量控制的重要手段

借助于检测工具对产品进行质量评价,这是检测技术的重要领域。但传统的检测方法只能将产品区分为合格品和废品,只起到产品验收和废品剔除的作用,这种被动检测方法,对废品的出现并没有预防能力。在传统检测技术基础上发展起来的主动检测技术或称之为在线检测技术使检测和生产加工同时进行,及时地用检测结果对生产过程主动地进行控制,使之适应生产条件的变化或自动地调整到最佳状态。这样检测的作用已经不只是单纯检查产品的最终结果,还要掌握和干预造成这些结果的原因,从而进入质量控制的领域。

2. 监测大型设备安全经济运行的重要手段

电力、石油、机械和化工等行业的一些大型设备通常在高温、高压、高速和大功率状态下运行,为保证这些设备的安全运行,通常设置故障监测系统,对温度、压力、流量、转速、振动和噪声等多种参数进行长期动态监测,加强故障预防,一旦发现异常可以从监测系统提供的数据中找出故障原因,缩短检修周期,提高检修质量。另外,这种连续监测可以及时发现设备故障前兆,采取预防性检修。随着计算机技术的发展,这类监测系统已经发展为故障自诊断系统,可以采用计算机来处理检测信息,进行分析判断,及时诊断出设备故障并进行自动报警或采取相应措施。

3. 自动控制系统中不可缺少的组成部分

所谓自动控制，就是用各种技术工具和方法完成检测、分析、判断和执行工作。一个自动控制系统通常由多个环节组成，分别完成信息获取、信息转换、信息处理、信息传送及信息执行等功能。在实现自动控制的过程中，信息获取与信息转换是极其重要的环节，精确、及时地将被控对象的各种参数检测出来并转换成易于传送和处理的信号，是整个系统正常工作的前提。

4. 完善和推动现代科学技术的进步

自然科学领域内的研究工作，一般是利用已知的规律对检测、试验的结果进行概括、推理，从而对所研究的对象取得定量的概念并发现它的规律性，然后上升到理论。因此，现代检测手段所达到的水平在很大程度上决定了科学研究的深度和广度。检测技术的水平越高，提供的信息越丰富可靠，科学研究取得突破性进展的可能性就越大。此外，理论研究的一些成果，也必须通过实验或观测来加以验证，这同样离不开必要的检测手段。

1.2.2 安全监控技术

监控是监视、监听与控制，即采用各种手段与技术直接获得现场的各种信息并根据信息进行控制。自我国实行改革开放以来，我国的国民经济、科学技术都得到飞速发展，人民的生活水平也得到极大提高，与此同时，以安全防范为目的的各种监控技术也得到飞速发展；安全防范的措施从过去主要应用于党政机关的重要部门、银行、博物馆、监狱等封闭与固定场所，逐渐开始应用于公共场所社会治安管理、交通管理、生产安全管理、公安警用指挥业务等场合，乃至与人民生活密切相关的居民生活小区甚至家庭中。这些应用中，大量用到各种不同的监控技术，其突出的特点是应用范围越来越广，系统规模越来越大，采集的信息量呈指数增加，智能化程度也越来越高。

例如某些城市监控系统，单图像信息采集点就多达数万个，其他各种信息的采集数甚至多达数十万个，这些信息涉及公共安全、交通管理、布控追堵、城市管理、工商管理等众多业务。然而社会进步和经济的发展对安全防范也提出了更高的要求。这些大量原始的、未经加工的资料和数据必须进行认真分析才能得到真正有价值的信息，这就需要这些监控系统不再是分别、孤立地处理各种源信息，而是在各相关部门之间进行大规模的信息交换，从它们之间的相关性和变化过程的特征去分析和判定，从而得出预测性结果。显然，监控系统具有分析和判断能力并最终实现预测及预警功能是智能化的基本标志。

1.3 安全监测监控与安全工程

早期的工业生产监测监控是以计算机为基础的生产过程控制与调度管理自动化系统，通过对现场设备运行进行监视和控制，以实现工艺参数、数据采集、设备控制、参数节点及各类信号报警等功能，属于被动式的灾害预防技术。其目的是确保设备的安全运行，预防和消除事故隐患，避免事故发生。其主要任务是能及时、正确地对运行设备的运行参数和运行状况做出全面监测，预防和消除事故隐患；对设备的运行进行必要的指导，提高设备运行的安全性、可靠性和有效性，以期把运行设备发生事故的概率及事故造成的损失降到最低；通过对设备运行进行监测、隐患分析和性能评估等，为设备的结构修改、设计优化与安全运行提供数据和信息。

随着对人类自身健康可持续发展的深入认识和安全科学与工程学科理论的持续完善，安全工程的研究范围遍及生产领域（安全生产及劳动保护方面）、生活领域（交通安全、消防安全与家庭安全等）和生存领域（工业污染控制与治理、环境灾变的控制和预防）。安全工程的研究对象是广泛存在于生产、生活、生存范围之内的各种不安全因素（危险和有害因素），通过分析这些不安全因素的内在联系和作用规律，探寻防止灾害和事故发生的有效措施，以达到控制事故、保证安全的目的。现代安全监测监控是从人类健康可持续发展出发，以安全科学理论为指导，以智能监测监控技术为核心，集成了状态监测、评估示警、应急控制等功能，实现对环境或系统中各类危险和有害因素的有效监测、控制和管理。安全监测监控与安全工程的关系如图1-2所示。

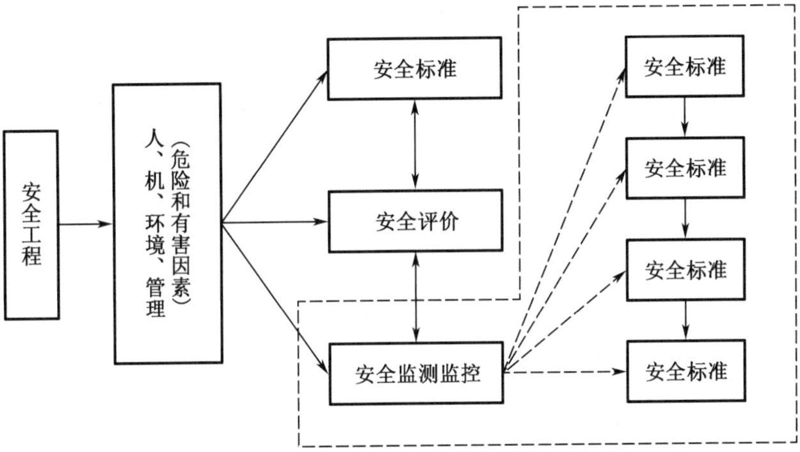

图1-2　安全监测监控与安全工程的关系

安全系统工程是以预测和预防事故为中心，以识别、分析、评价和控制系统风险为重点的安全理论和方法体系。安全系统工程领域研究、解决的主要问题是如何控制和消除人员伤亡、职业病、设备或财产损失，最终实现在功能、时间、成本等规定的条件下，系统中人员和设备所受的伤害和损失最小。安全评价是安全系统工程的核心部分，通过安全科学与工程的原理和方法识别系统中存在的危险和有害因素，评价其危险程度，从而提出控制措施并对实施效果进行检验。系统中危险和有害因素的各种信息来源于人的观察或安全检测（监测）工具，安全对策或危险和有害因素的控制措施也是通过人的行为或工具实施的。显然，利用工具对环境或系统中的危险和有害因素进行监测监控也是安全系统工程的重要组成部分。因此，安全工程研究领域也包括安全监测监控系统的原理与仪表、组成与建设，以及如何充分利用安全监测监控系统为人类健康可持续发展服务。

面对如何进行安全监测和如何评价由安全监测得到的数据以及如何对系统进行安全控制等问题，人们则必须依靠安全标准。安全标准是为了保护人体健康、社会物质财富和维持生态平衡，由国家按规定的程序制定和批准的整套技术规范。安全标准是制定安全规划、衡量安全水平和执行安全生产法规的主要依据。将安全监测的结果与安全标准进行对照，才能判断安全工作的优劣，才能制定安全规划、计划、措施，以确定所需达到的安全目标。

1.4 安全监测监控系统工程设计与应用

安全监测监控系统的工程设计应遵守国家法律法规，体现适用性、先进性、可靠性、经济性、可扩展性、兼容性、可管理性和标准化的指导原则，努力做到安全监测监控系统技术先进、功能齐全、维护方便、操作简单、扩展容易和长期可靠稳定运行。安全监测监控系统种类繁多、应用广泛，不同的安全监测监控系统还对环境有特定要求。

1.4.1 安全监测监控系统的设计原则

尽管安全监测监控对象千差万别，其系统的设计方案和具体的技术指标也会有很大的差异，但是在进行系统的设计和开发时，还是有一些原则是必须遵循的。

1. 可靠性原则

为了确保安全监测监控系统的高可靠性，应采用高质量的元部件和电源，以及成熟的硬件和软件产品；采取各种抗干扰措施，包括滤波、屏蔽、隔离和避免模拟信号的长线传输等；采用多种冗余方式，如冷备份和热备份。对一些智能设备，采用故障预测、故障报警等措施。当安全监测监控系统出现故障时，将执行机构的输出置于安全位置，或将自动运行状态转为手动状态。

2. 使用方便原则

安全监测监控系统应该人机界面友好，方便操作、运行，易于维护。设计时要真正做到以人为本，尽可能地为使用者考虑。人机界面可以采用 LCD 或者触摸屏，这样操作人员就可以对现场的各种情况一目了然。各种部件尽可能地按模块化设计，并能够带电插拔，使其易于更换。在面板上可以使用指示灯作为故障显示，使维修人员易于查找故障位置。在对软件和硬件进行设计时，要考虑操作人员会有各种误操作的可能，并尽量使这种误操作不出现，尽可能地为操作人员提供一个舒适的工作环境。

3. 开放性原则

开放性是安全监测监控系统的一个非常重要的特性。为了使系统具有一定的开放性，应尽可能地采用通用的软件和硬件。各种硬件尽可能地采用通用的模块，并支持流行的总线标准。尽可能地要求产品的供货商提供其产品的接口协议以及其他的相关资料。在系统的结构设计上，尽可能地采用总线形式或其他易于扩充的形式，尽可能地为其他系统留出接口。

4. 经济性原则

在满足安全监测监控系统的性能指标（如可靠性、实时性、精度、开放性）的前提下，尽可能地降低成本，保证性能价格比最高，以保证为用户带来更大的经济效益。

5. 短开发周期原则

在设计软件和硬件时，应尽可能地使用成熟的技术；对于关键的元部件或软件，购买现成的软件和硬件进行组装与调试应该成为首选。

1.4.2 安全监测监控系统设计的基本步骤

任何一个安全监测监控系统的设计与开发基本上是由6个阶段组成的，即可行性研究、初步设计、详细设计、系统实施、系统测试（调试）和系统运行。这6个阶段的发展并不是完全按照直线顺序进行的。任何一个阶段若出现问题后，都可能要返回前面的阶段进行修改调整。

在可行性研究阶段，开发者要根据被控对象的具体情况，按照企业的经济能力、未来系统运行后可能产生的经济效益、企业的管理要求、人员的素质、系统运行的成本等多种要素进行分析。可行性分析的结果最终是要确定使用监控技术能否给企业带来一定的经济效益和社会效益。

初步设计也可以称为总体设计。系统的总体设计是进入实质性设计阶段的第一步，是最重要和最关键的一步。总体方案的好坏会直接影响整个计算机监控系统的成本、性能、设计和开发周期等。在这一阶段，首先要进行比较深入的工艺调研，对被控对象的工艺流程有基本的了解，包括监控的工艺参数的大致数目和监控要求、监控的地理范围的大小、操作的基本要求等；然后初步确定未来监控系统要完成的任务，编写设计任务说明书，提出系统的控制方案，画出系统组成的原理框图，以作为进一步设计的基本依据。

在详细设计阶段，首先要进行详尽的工艺调研，然后选择相应的传感器、变送器、执行器、I/O通道装置，以及进行监控系统的硬件和软件的设计。对于不同类型的设计任务，要完成不同类型的工作。监控系统包括硬件设计和软件设计，其中硬件设计包括电气原理图的绘制、器件设备的选择；软件设计则包括工艺流程图的绘制、程序流程图的绘制等。

在系统实施阶段，要完成各个元器件的制作、购买、安装，进行软件的安装和组态以及各个子系统之间的连接等工作。

系统测试（调试）主要是检查各个元部件安装是否正确，并对其特性进行检查或测试。调试包括硬件调试和软件调试。从时间上来说，系统调试又分为离线调试、在线调试、开环调试、闭环调试。

系统运行阶段占据了系统生命周期的大部分时间，系统的价值也是在这一阶段得到体现的。在这一阶段应该由高素质的操作人员严格按照规程进行操作，以尽可能地减少故障的发生。

在完成可行性研究并且确定系统开发确实可行后，即可进入系统设计阶段。设计的结果是要提供一系列的技术文件，这些技术文件包括文字、图形和表格。技术文件主要是为将来的系统实施、运行和维护提供技术依据。系统设计采用结构化的设计方法，即从顶层到底层、从抽象到具体、从总体到局部、从初步到详细。

思考题

1. 叙述工业过程中检测和监测的特点。
2. 叙述安全监测与监控的关系。
3. 简述检测技术研究的主要内容。
4. 简述安全监测监控与安全工程的关系。

第 2 章　安全监测监控系统的应用技术

人们从事工业生产和科学实验等活动时，主要依靠信息资源的开发、获取、传输和处理。传感器处于研究对象与测控系统的接口位置，是感知、获取与检测信息的窗口。一切科学实验和生产过程，特别是自动检测和自动控制系统要获取的信息，都要通过传感器转换为容易传输与处理的电信号。安全监测的过程中，需要传感器与多台仪表组合在一起，才能完成对环境、设施设备、工作状态等的检测与监测，这就构成了监测系统。随着计算机技术及信息处理技术的发展，检测与监测所涉及的内容也在不断充实。

工业检测技术所涉及的内容比较广泛，它包含了信息检取与测量、信号变换与处理、自动检测装置的结构与构成、误差的运算与分析、干扰的防范与抑制等内容，其重点则是怎样把信息检测出来。换句话说，就是运用物理的、化学的或其他的原理性质和效应，通过传感器将某些载有工业信息的被测物理量转换成便于传输处理和测量的电量。检测技术涉及的内容广泛，常见的生产监测内容见表 2-1。

表 2-1　常见的生产监测内容

被测量类型	被测量
热工量	湿度、热量、比热容、热流、热分布、压力(强)、压差、真空度、流量、流速、物位、液位、界面
机械量	直线位移、角位移、速度、加速度、转速、应力、应变、力矩、振动、噪声、重力
几何量	长度、厚度、角度、直径、间距、形状、平行度、同轴度、粗糙度、硬度、材料缺陷
物体的性质	气体、液体、固体的化学成分，浓度，黏度，湿度，密度，酸碱度，浊度，透明度，颜色
状态量	工作机械的运动状态(启、停等)、生产设备的异常状态(超温、过载、泄漏、变形、磨损、断裂、堵塞等)
电工量	电流、功率、阻抗、脉宽、相位、波形、频谱、磁场强度、电场强度、材料的磁性能

在实际工业控制中，需要检测的量远不止所举项目。随着自动化程度的不断提高，自动检测系统对检测与监测技术提出越来越多的新要求。一个自动检测系统通常是由传感器、信号处理与数据处理装置及记录显示执行机构三大部分组成的，如图 2-1 所示。

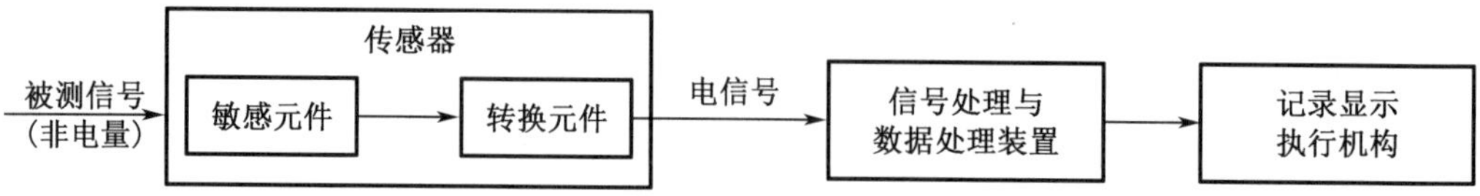

图 2-1　自动检测系统的组成

2.1 传感技术基础

现代信息技术的三大支柱包括传感器技术(信息采集)——“感官”、通信技术(信息传输)——“神经”、计算机技术(信息处理)——“大脑”。随着物联网、人工智能等技术的发展,传感器的应用已涉及机械制造、工业过程控制、汽车电子产品、通信电子产品、消费电子产品、航空航天、环境环保等领域,传感器已无处不在。按照《传感器通用术语》(GB/T 7665—2005)的定义:传感器是能感受被测量并按照一定规律转换成可用输出信号的器件或装置。所谓“可用输出信号”,是指便于传输、便于处理的信号。就目前而言,电信号最能满足便于传输、便于处理的要求。因此,也可以把传感器狭义地定义为:能把外界非电量信息转换成电信号输出的器件或装置。目前,只要谈到传感器,指的几乎就是以电信号为输出的传感器。

通常传感器由敏感元件和转换元件组成。其中,敏感元件是指传感器中能直接感受或响应被测量的部分;转换元件是指传感器中能将敏感元件感受或响应的被测量转换成适于传输或测量的电信号的部分。由于传感器的输出信号一般都很微弱,需要信号调理与转换电路进行放大、运算调制等,此外信号调理与转换电路以及传感器的工作必须有辅助电源,因此信号调理与转换电路以及所需的电源都应作为传感器组成的一部分。随着半导体器件与集成技术在传感器中的应用,传感器的信号调理与转换电路和敏感元件集成在同一芯片上,安装在传感器的壳体里。

传感器技术是一门知识密集型技术。传感器种类繁多,功能各异。由于同一被测量可用不同转换原理实现探测,利用同一种物理法则、化学反应或生物效应可设计制作出检测不同被测量的传感器,而功能大同小异的同一类传感器可用于不同的技术领域,故传感器有不同的分类方法。了解传感器的分类,旨在加深理解,便于应用。

1. 按照传感器的用途分类

传感器可分为温度传感器、压力敏和力敏传感器、位置传感器、液面传感器、速度传感器、加速度传感器、射线辐射传感器、振动传感器、湿敏传感器、磁敏传感器、气敏传感器、真空度传感器、生物传感器等。

2. 按照传感器的工作原理分类

传感器可分为物理传感器和化学传感器两大类。物理传感器应用的是物理效应,如压电效应,磁致伸缩现象,离化、极化、热电、光电、磁电等效应,被测信号量的微小变化都将转换成电信号。化学传感器包括以化学吸附、电化学反应等现象为因果关系的传感器,被测信号量的微小变化也将转换成电信号。

常见传感器的工作原理和应用领域见表 2-2。

表 2-2　常见传感器的工作原理和应用领域

传感器品种	工作原理	可被测定的非电学量
敏力电阻、热敏电阻(NTC)、PTC、半导体传感器	阻值变化	力、重力、压力、加速度、温度、湿度、气体
电容传感器	电容量变化	力、重力、压力、加速度、液面、湿度
感应传感器	电感量变化	力、重力、压力、加速度、旋进数、转矩、磁场
霍尔传感器	霍尔效应	角度、旋进度、力、磁场
压电传感器、超声波传感器	压电效应	压力、加速度、距离
电传感器	热电效应	烟雾、明火、热分布
光电传感器	光电效应	辐射、角度、旋转数、位移、转矩

3. 按照效应分类

利用物理效应进行信号变换的传感器称为物理型传感器。它利用某些敏感元件的物理性质或某些功能材料的特殊物理性能进行被测非电量的变换,如利用金属材料在被测量作用下引起的电阻值变化的应变效应的应变式传感器,利用压电材料在被测力作用下产生的压电效应制成的压电式传感器等。物理型传感器又可以分为结构型传感器和物性型传感器。结构型传感器是以结构(如形状、尺寸等)为基础,利用某些物理规律来感受(敏感)被测量,并将其转换为电信号实现测量。利用化学反应进行信号转换的传感器称为化学传感器,利用生物效应进行信号转换的传感器称为生物传感器。传感器按照效应分类如表 2-3。

表 2-3　传感器按照效应分类

感觉	传感器	效应
视觉(眼)	光敏传感器	物理效应
听觉(耳)	压力传感器、磁敏传感器	物理效应
触觉(皮肤)	压力传感器、热敏传感器	物理效应
嗅觉(鼻)	气敏传感器、熟嫩传感器	化学效应、生物效应
味觉(舌)	味敏传感器	化学效应、生物效应

除以上分类方法,传感器按照其输出信号,分为模拟传感器、数字传感器和开关传感器等;此外也可按照传感器采用的材料制造工艺等来进行分类。

2.1.1　温度传感器

温度是一个重要的物理量,它是国际单位制(SI)中 7 个基本物理量之一,是工业生产状态的主要工艺参数。在很多高温作业场所需要进行必要的职业健康环境温度监测。对工业生产中各类加热炉、热处理炉、反应炉、锅炉中的温度进行状态监测和控制,可避免超温所带来的系统或设备故障，以及可能引发的灼烫类事故等。

温度的测量主要借助于冷热不同的物体之间的热交换，以及物体的某些物理性质随着冷热程度不同而变化的特性来加以间接测量。利用各种温度传感器，可组成多种测温仪表。物体的温度变化会带来各种各样的效应。其涉及的测温原理及效应如下。

(1)热膨胀的原理。利用液体或固体受热时产生热膨胀的原理，可制成膨胀式温度计。玻璃温度计属于液体膨胀式温度计；双金属温度计属于固体膨胀式温度计。

(2)压力随温度变化的原理。利用封闭在固定体积中的气体、液体或某种液体的饱和蒸气受热时，其压力会随温度而变化的性质，可以制成压力计式温度计。一般称充以气体、液体的饱和蒸气的容器为温包，因此，又称其为温包式温度计。

(3)热电效应。利用金属的热电性质制成热电偶温度计。根据使用热电偶材料的不同，热电偶温度计分为铂铑-铂热电偶温度计、镍铬-镍硅热电偶温度计、镍铬-考铜热电偶温度计、铂铑$_{30}$-铂铑$_{6}$ 热电偶温度计等。

(4)热阻效应。利用导体或半导体的电阻随温度变化的性质，可制成热电阻式温度计。根据所使用的热电阻材料的不同，热电阻或温度计分为铂热电阻温度计、铜热电阻温度计和半导体热敏电阻温度计等。

(5)热辐射原理。利用物体辐射能随温度而变化的性质，制成辐射高温计。

温度检测按照与被测对象是否接触分为接触式测温和非接触式测温(表 2-4)。

表 2-4　温度检测方法

<table>
<tr><th>方法</th><th colspan="2">温度计的分类</th><th>工作原理</th><th>测温范围/℃</th><th>主要特点</th></tr>
<tr><td rowspan="8">接触式测温</td><td rowspan="2">膨胀式</td><td>液体式</td><td rowspan="2">利用液体(水银、酒精)或固体(双金属片)受热时产生膨胀的特性</td><td rowspan="2">-200~700</td><td>结构简单、使用方便、价格低廉，测量上限和准确度会受玻璃质量的限制，易碎，不能远传</td></tr>
<tr><td>固体式</td><td>结构紧凑、牢固、可靠、测量准确度低，量程和使用范围有限</td></tr>
<tr><td rowspan="3">压力式</td><td>气压式</td><td rowspan="3">利用封闭在一定容积中的气体、液体或某些液体的饱和蒸气，受热时其体积或压力变化的性质</td><td>-270~500</td><td rowspan="3">结构简单，抗震性好，具有良好的防爆性，价格低廉，可近距离传送；准确度低，滞后性大，不宜测量迅速变化的温度</td></tr>
<tr><td>液压式</td><td>-20~350</td></tr>
<tr><td>蒸气式</td><td>-100~600</td></tr>
<tr><td colspan="2">热电耦式</td><td>利用热电性质</td><td>-200~2 000</td><td>测温范围广，能远距离传送，适用于中、高温测量，需要冷端温度补偿，低温测量准确度较低</td></tr>
<tr><td rowspan="2">热电阻式</td><td>金属热电阻</td><td rowspan="2">利用导体或半导体受热其电阻值变化的特性</td><td>-260~850</td><td>准确度高，能远距离传送，多点、集中监测和自动控制，适于低、中温测量</td></tr>
<tr><td>半导体热敏电阻</td><td>-50~350</td><td>灵敏度高，体积小，结构简单，使用方便，互换性差，测量范围有一定限制</td></tr>
</table>

表 2-4(续)

方法	温度计的分类	工作原理	测温范围/℃	主要特点
非接触式测温	光学式	利用物体辐射能随温度变化的性质	0~3 500	适用于不能直接测温的场合,测温范围广,多用于高温测量,测量准确度受环境条件的影响,对测量值修正后才能减小误差
	红外式			

2.1.2 压力传感器

压强是工业生产中经常需要测量的重要参数,也是生产企业保证安全生产,预防事故发生的最基本、最重要的参数之一。将压力控制在工艺规定的范围内,对生产过程正常进行及安全至关重要。

压力传感器是压力监测及控制中重要的敏感元件,它广泛地应用于各种工业自控环境,涉及水利水电、铁路交通、智能建筑、生产自控、航空航天、军工、石化、油井、电力、船舶、机床、管道等众多行业。

压力测量主要有液柱式压力检测、弹性式压力检测、电气式压力检测等多种方法,每种方法都有各自的特点、测压范围及精度等级(表 2-5)。

表 2-5 压力检测方法

方法	压力表形式	测压范围/kPa	精度等级	输出信号	特点
液柱式压力检测	U 形管	-10~10	0.2,0.5	水柱高度	在实验室的低压、微压下测量
	补偿式	-2.5~2.5	0.02,0.1	旋转刻度	用作微压基准校准
	自动液柱式	$-10^2\sim10^2$	0.005,0.01	自动计数	用光、电信号自动跟踪页面,用作压力基准校准
弹性式压力检测	弹簧管	$-10^2\sim10^6$	0.1~4.0	位移、转角或力	工业现场测量或校验
	膜片	$-10^2\sim10^2$	1.5~2.5		用于腐蚀性、高黏度介质的压力检测
	膜盒	$-10^2\sim10^2$	1.0~2.5		多用于烟道等的微压检测
	波纹管	$0\sim10^2$	1.5,2.5		多用于生产过程的低压检测
电气式压力检测	电阻式	$-10^2\sim10^4$	1.0,1.5	电压、电流	价格低廉,结构简单,耐震动性能较差
	电感式	$0\sim10^5$	0.2~1.5	毫伏、毫安	使用环境要求低,信号处理较为灵活
	电容式	$0\sim10^4$	0.05~0.5	伏、毫伏	仅适用于动态压力测量,响应速度较快

表 2-5(续)

方法	压力表形式	测压范围/kPa	精度等级	输出信号	特点
电气式压力检测	压阻式	$0\sim10^5$	0.02~0.2	毫伏、毫安	性能稳定,结构简单
	压电式	$0\sim10^4$	0.1~1.0	伏	仅适用于动态压力测量,响应速度极快
	应变式	$-10^2\sim10^4$	0.1~0.5	毫伏	使用环境要求低,适用于冲击形式压力测量
	振频式	$0\sim10^4$	0.05~0.5	频率	输出信号便于计数处理
	霍尔式	$0\sim10^4$	0.5~1.5	毫伏	灵敏度较高,但易受测量环境影响

2.1.3 流量传感器

在工业生产过程中,流量、流速是指导正常工艺操作、监视设备安全运行情况及进行计量的重要参数和数据。流速与单位截面积的乘积即为流量。流量是指单位时间内通过管道(或设备)某一横截面的流体的量。流量、流速检测与监控非常复杂、多样,用一种流量检测方法不可能完成所有流量的测量。按照工艺要求不同,流量可分为瞬时流量和累积流量(总量)。

1. 瞬时流量

很短单位时间内通过某一横截面的流体的量,也就是从流量计上即刻读出的流量称为瞬时流量。瞬时流量可以用体积流量和质量流量来表示。

(1)体积流量。单位时间内通过某一横截面的流体体积称为体积流量,常用 q_v 表示,即

$$q_v = uA \tag{2-1}$$

式中 u——某一横截面处的平均流速;

A——流体通过的横截面积。

体积流量的单位一般用 m^3/h 表示。

(2)质量流量。单位时间内通过某一横截面的流体质量称为质量流量,常用 q_m 表示。若流体的密度是 ρ,则体积流量与质量流量之间的关系为

$$q_m = \rho q_v = \rho uA \tag{2-2}$$

质量流量的单位一般用 kg/h 表示。

2. 累积流量(总量)

在某段时间内通过某一横截面的流体的量称为累积流量,可以用体积总量 Q_v 和质量总量 Q_m 来表示,即

$$Q_v = \int_0^t q_v \mathrm{d}t \tag{2-3}$$

$$Q_m = \int_0^t q_m \mathrm{d}t \tag{2-4}$$

式中，t 为时间。体积、质量采用的单位分别为 m^3、kg 或 t。

用来测量流体流量的仪表称为流量计。测量累积流量的仪表称为计量表。两者并不是截然分开的，在流量计上配以累积机构，也可以得到累积流量。

测量流体流量的仪表统称为流量计。流量计在国民经济各部门中得到广泛应用，随着生产技术的发展，人们对流量测量的范围、准确度和工质的种类的要求不断提高。

目前投入使用的流量计已超过百种。按照不同的方法，流量计可进行不同的分类。常见的流量计分类方法见表 2-6。

表 2-6　常见的流量计分类方法

序号	分类方法	流量计类别
1	按流量计原理和结构分	差压式流量计、容积式流量计、叶轮式流量计、电磁流量计、浮子流量计、超声流量计、质量式流量计、热式流量计、流体振动式流量计、冲量式流量计等
2	按测量要求分	大流量测量流量计(或仪表)、微小流量测量仪表、高温高压工质流量测量仪表、脉动流体流量测量仪表、强腐蚀性工质流量测量仪表、低温工质流量测量仪表、高黏度工质流量测量仪表、血流量计、呼吸流量计、单相流体流量测量仪表、两相流体流量测量仪表、多相流体流量测量仪等
3	按用途分	指示型流量计、记录型流量计、积算型流量计、远传型流量计等

流量计按检测原理及仪表结构形式的不同，可具体描述为：

(1)速度式流量计，以检测流体在管道内的流速作为检测依据来计算流量的仪表，如差压式流量计、转子流量计、电磁流量计、涡轮流量计、靶式流量计等。

(2)容积式流量计，以单位时间内所排出的流体的固定容积的数量作为检测依据来计算流量的仪表，如椭圆齿轮流量计、活塞式流量计、刮板流量计等。

(3)质量式流量计，利用检测流过的质量为依据的流量计，如热式质量流量计、补偿式质量流量计、振动式质量流量计等。

2.1.4　物位传感器

在许多生产过程中，需要对诸如锅炉内的水位、油罐、水塔及各种储液罐的液位或粮仓、煤粉仓、水泥库、化学原料库中的料位，以及在高温条件下对连铸生产中的铝水、钢水、铁水包内的金属液位，高炉或竖炉的料位等进行可靠的检测和控制，如为调节物料平衡、掌握物料消耗数量、确定产品产量等提供可靠依据，以保证生产正常连续运行。液位是指液体介质液面的高低，是物位中液体-气体的分界面，而液体-液体或液体-固体的分界面称为界位；固体粉末或颗粒状物质的堆积高度称为料位。对于物位的检测是对设备和容器中物料储量多少的度量。物位测量在现代工业生产自动化过程监测中发挥着重要的作用，物位监测同样占有重要的地位。

物位测量仪表的种类很多，而且还在不断发展，按其工作原理可归纳为以下几种。

(1)直读式物位检测仪表。其采用侧壁开窗口或旁通管方式，直接显示容器中物位的高度。

(2)静压式物位检测仪表。其基于流体静力学原理,适用于液位检测。

(3)浮力式物位检测仪表。其基于阿基米德定律,适用于液位检测。

(4)机械接触式物位检测仪表。其通过测量物位探头与物料面接触时的机械力来实现物位的测量。

(5)电气式物位检测仪表。将电气式物位敏感元件置于被测介质中,当物位变化时其电气参数如电阻、电容等也将改变,通过检测这些电量的变化可知物位。

其他物位测量仪表还有声学式、射线式、光纤式仪表等。

2.1.5 应变传感器

应变传感器是利用电阻应变片将应变转换为电阻变化的传感器。传感器由在弹性元件(感知应变)上粘贴电阻应变敏感元件(将应变转换为电阻变化)构成。当被测物理量作用在弹性元件上时,弹性元件的变形引起敏感元件的阻值变化,通过转换电路将其转变成电量输出,电量变化的大小反映了被测物理量的大小。应变传感器可以测量应变应力、弯矩、扭矩、加速度、位移等物理量。

应变是物体在外部压力或拉力作用下发生变形的现象,当外力去除后物体又能完全恢复其原来的尺寸和形状的应变称为弹性应变,具有弹性应变特性的物体称为弹性元件。电阻应变片的工作原理是基于应变效应,即在物体产生机械变形时,它的电阻值相应发生变化。

应变传感器是一种非常有用的传感器,它可以有效地测量物体的外部应力和变形,从而帮助我们了解物体内部结构的变化。应变传感器具有精确度高、可靠性强、体积小、质量小等特点,应用广泛,如在智能设备中,可以用于测量物体的移动、拉伸、扭转等变形;在机械设备中,可以用于测量机械设备的应力和变形;在地震监测中,可以用于监测地震力的变化。

2.2 信号分析与处理技术

通常传感器输出的信号是微弱的,不能满足记录显示装置或执行机构的要求。信号处理与数据处理装置能够将传感器输出的电量变换成具有一定功率的电压、电流或频率信号,然后对这些信号进行处理、运算和分析。信号分析与处理是对传感部分所送出的信号进行加工。如将信号放大、调制与解调、阻抗变换、线性化及转换成数字信号等。信号经过处理,可以满足后续处理的需求,或者成为便于输送、显示或记录的信号。

由于信号分析、处理理论及信号处理技术的迅速发展,特别是计算机技术、数字信号处理器(DSP)、嵌入式系统在信号处理中的广泛应用,人们将信号的后续处理部分引入检测系统中,如图 2-2 所示。这些信号处理部分,无论是运用模拟信号处理技术还是数字信号处理技术都是对所测信号进行变换、运算等,从原始的测试信号中提取表征被测对象某一方面本质信息的特征量,以利于人们对客观事物动态过程进行更深入的认识。

检测系统在一定程度上是人类感官的某种延伸,一般它比人的感官能获得更客观、更准确的量值,具有更宽广的量限,能做出更迅速的反应,因此检测系统对参数进行测试时,不管中间经过多少环节的变换,都必须在这些环节中忠实地从信源点中把所需信息通过其载体信号传输到输出端。这就要求系统本身既具有不失真传输信号的能力，又具有在外界各种干扰情况下能够提取和辨识信号中所包含有用信息的能力；而且，检测系统可以经过对所测结果的处理和分析，把最能反映研究对象本质的特征量提取出来并加以诊断，这就构成了具有选择、加工、处理及判断能力的检测系统。因此检测系统与信号分析、信号处理密切相关。

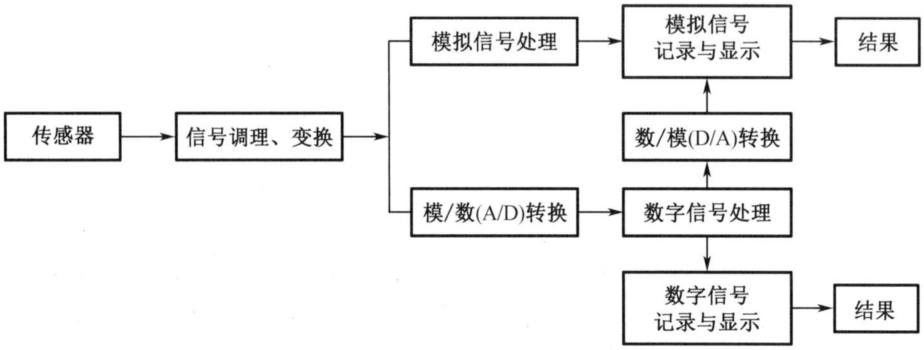

图 2-2　包含信号分析与处理的检测系统

2.2.1　信号分析

信号分析是指将一复杂信号分解为若干简单信号分量的叠加，并以这些分量的组成情况考察信号的特性。简单而言，信号分析就是研究信号本身的特性。信号分析的经典方法有时域分析和频域分析。

时域分析又称为波形分析，是用信号的幅值随时间变化的图形或表达式来进行分析，从而获得信号的特征值，如任意时刻的瞬时值或信号的最大值、最小值、均值、均方根值等。它可通过信号的时域分解，研究其稳态分量与波动分量，或通过对信号的相关分析，研究信号本身或相互之间的相似程度；还可通过研究信号在时域幅值取值的分布状态，了解信号幅值取值的概率及概率分布情况（幅值域分析）。示波器就是一种最通用的波形分析和测量仪器。

频域分析是把频率作为信号的自变量，将信号的幅值、相位和能量变换用频率坐标轴表示，并在频域里进行信号的频谱特性分析的一种方法，又称为频谱分析。例如，幅值谱、相位谱、能量谱密度、功率谱密度分析等，对信号进行频谱分析可以获得更多的有用信息。

在测量与控制工程领域，信号分析技术有广泛的应用。例如，在动态测试过程中，首先应解决传感器频率响应的正确选择问题，为此必须通过对被测信号的频谱分析，掌握其频谱特性；而且传感器本身动态频率响应的标定，也需要用到频谱的分析、计算及快速傅里叶变换（FFT）。

2.2.2　信号处理

所谓“信号处理”是指对各种类型的信号，按各种预期的目的及要求进行加工的过程。

信号处理的目的在于:通过对信号进行某种加工变换或运算,削弱信号中的多余内容,滤除混杂的噪声和干扰;或者将信号变换成容易处理、传输、分析与识别的形式,以便后续的其他处理。信号处理最基本的内容有变换、滤波、调制、解调、相关、卷积、增强、压缩、识别和估计等。信号处理包括对信号放大、阻抗匹配、微分、积分、线性化。数据处理装置是对测试所得的实验数据进行处理(如 A/D 转换)、运算、逻辑判断、线性变换、数理统计分析和曲线拟合等,特别是对动态测试结果做频谱分析(幅值谱分析、功率谱分析)、相关分析等。信号处理与数据处理的结果通常被送到显示器或执行机构中。完成上述工作一般采用计算机技术,也就是说,现代电子计算机已经成为自动检测技术的核心部件。广义的信号处理也把信号分析包括在内。

人们为了利用信号,就要对测试所得的实验数据进行处理,抽取出特征信号,从而得到反映事件变化本质或处理者感兴趣的信息。信号处理可在时域或频域中进行,分为模拟信号处理和数字信号处理。把信号从时域变换到频域进行分析和处理,可以获得更多的信息,因而在频域中进行信号处理更受人们关注。在检测领域中,信号的频域处理主要指滤波,即把信号中感兴趣的部分(有效信号)提取出来,抑制(削弱或滤除)不感兴趣的部分(干扰或噪声)。滤波从某种意义上可以看成对不同信号频率分量进行加权处理。检测技术中所说的滤波,通常是指频率选择滤波,即信号和噪声在不同的频带内。一般情况下,噪声为高频,与多数有用信号频率不在相同的频带,利用滤波技术,可抑制噪声,输出有用信号。

如果系统的输入/输出均为模拟信号,则进行数字滤波的整个信号处理过程应包括 A/D、计算机(或 DSP)、D/A 三个必不可少的部分。若输入为频带无线信号,则根据抽样定理,在 A/D 前还需要设置抗混叠滤波器,D/A 后重构低通滤波器。DSP 实现数字滤波的信号处理全过程原理框图如图 2-3 所示。

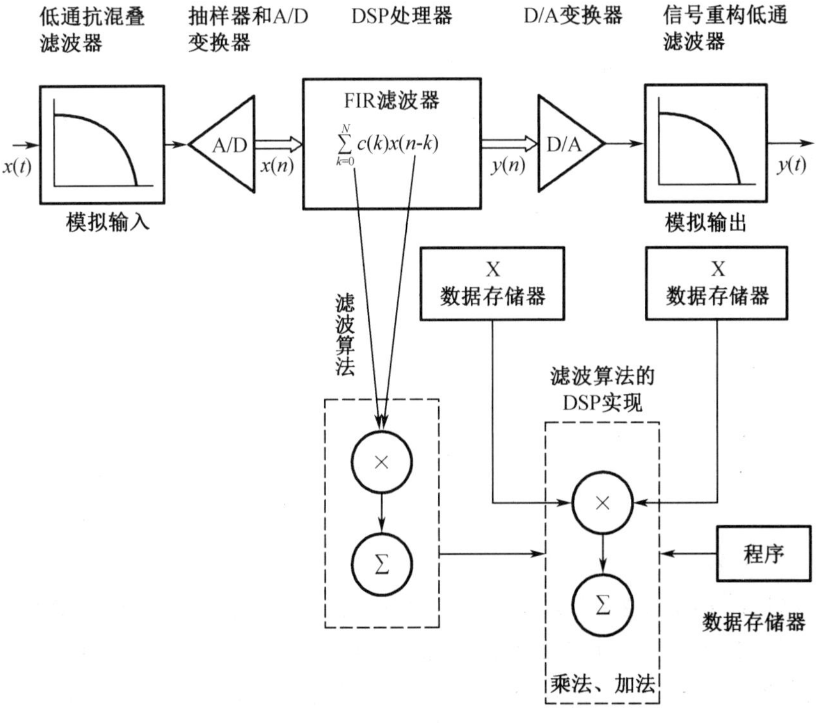

图 2-3 DSP 实现数字滤波的信号处理全过程原理框图

数字滤波本质上是由算法来实现的，输入的模拟信号通过 A/D 转换为数字信号，送入 DSP 进行数字滤波处理。以上的信号处理原理也适用于其他处理系统（如单片机、PC 等）。信号处理与数据处理的结果通常被送到显示器或执行机构中。

2.3 数据通信技术

数据通信是通信技术和计算机技术相结合的新型通信方式。要在两地间传输信息必须有传输信道。根据传输媒体，数据通信分为有线数据通信和无线数据通信，它们都是通过传输信道将数据终端与计算机联结起来，而使不同地点的数据终端实现软件、硬件和信息资源的共享。

2.3.1 数据通信的构成原理

数据通信主要由 DTE 和 DCE 组成。DTE 是数据终端，数据终端包括分组型终端（PT）和非分组型终端（NPT）两大类。分组型终端包括计算机、数字传真机、智能用户电报终端（TeLetex）、用户分组装拆设备（PAD）、用户分组交换机、专用电话交换机（PABX）、可视图文接入设备（VAP）、局域网（LAN）等各种专用终端设备；非分组型终端包括个人计算机终端、可视图文终端、用户电报终端等各种专用终端。数据电路由传输信道和数据电路终端设备（DCE）组成，如果传输信道为模拟信道，DCE 通常就是调制解调器（MODEM），它的作用是进行模拟信号和数字信号的转换；如果传输信道为数字信道，DCE 的作用是实现信号码型与电平的转换，以及线路接续控制等。传输信道除了有模拟和数字之分外，还有有线信道与无线信道、专用线路与交换网线路之分。交换网线路通过呼叫过程建立连接，通信结束后再断开；专线连接由于是固定连接，因此不需要上述呼叫建立与结束过程。计算机系统中的通信控制器用于管理与数据终端相连接的所有通信线路。中央处理器用来处理由数据终端设备输入的数据。

2.3.2 数据通信的分类

1. 有线数据通信

（1）数字数据网

数字数据网由用户环路、DDN 节点、数字信道和网络控制管理中心组成。DDN 是把数据通信技术、数字通信技术、光纤通信技术及数字交叉连接技术结合在一起的数字通信网络。

（2）分组交换网

分组交换网以 CCITT X. 25 为基础，所以又称为 X. 25 网。它是采用存储/转发方式，将用户送来的报文分成具有一定长度的数据段，并在每个数据段上加上控制信息，构成一个带有地址的分组组合群体，在网上传输。分组交换网最突出的优点是在一条电路上同时可开放多条虚通路，为多个用户同时使用；网络具有动态路由选择功能和先进的误码检错功能,但网络性能较差。

(3)帧中继网

帧中继网通常由帧中继存取设备、帧中继交换设备和公共帧中继服务网三部分组成。帧中继网是从分组交换技术发展起来的。帧中继技术是把不同长度的用户数据组均包封在较大的帧中继的帧内,加上寻址和控制信息后在网上传输。

2. 无线数据通信

无线数据通信也称移动数据通信,它是在有线数据通信的基础上发展起来的。有线数据通信依赖于有线传输,因此只适用于固定终端与计算机或计算机之间的通信。而移动数据通信是通过无线电波的传播来传送数据的,因而有可能实现移动状态下的移动通信。狭义地说,移动数据通信就是计算机间或计算机与人之间的无线通信。它通过与有线数据网互联,把有线数据网路的应用扩展到移动用户和便携用户。

2.3.3　数据的传输

传输系统按照数据的传输距离分为本地传输系统和远程传输系统。本地传输系统是指限于地理位置一定范围内的传输,大部分情况下传输距离不会超过3 000 m。传输系统按照传输方法分为模拟传输方式和数字传输方式,按照使用介质分为有线传输方式和无线传输方式。传输信道的方式如图2-4所示。

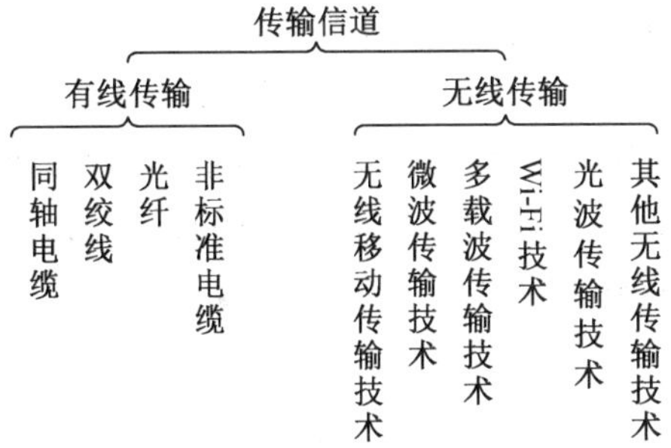

图2-4　传输信道的方式

1. 有线传输方式

(1)同轴电缆

同轴电缆传输是应用最早、最常见也是主流的模拟传输技术,例如摄像机和后端设备均直接支持同轴电缆连接,不需要额外的转换器。同轴电缆对外界电磁波和静电场具有屏蔽作用,导体截面积越大,传输损耗越小,可以将视频信号传送更远的距离。工程应用传输距离通常限制在300~500 m,超过此距离时则应考虑使用电缆补偿器。视频放大器对视频信号具有一定的放大功能,并且还能通过均衡调整对不同频率成分分别进行不同大小的补偿,以尽量降低接收端输出的视频信号失真。因此,在监控系统中使用同轴电缆时,为了保证有较好的图像质量,一般将传输距离范围限制在1 km以内。当传输距离大于1 km时,为了降低传输成本和铺设难度,常采用双绞线平衡传输的方式进行视频信号传输。

(2)双绞线

双绞线是综合布线中最常用的一种传输介质,即把两根互相绝缘的铜导线并排放在一起,然后用规则的方法扭绞起来。采用这种绞起来的结构是为了减少相邻导线的电磁干扰。当传输距离较远时,信号频率不能太高,如传输 6 MHz 的视频信号,就会衰减很大。因此,要想在双绞线上远距离地传输视频信号,就必须进行放大和补偿。为此,人们在双绞线上加上一对双绞线视频收发设备后,就可将视频信号传输到 1~1.5 km。这种技术一般在发射机和接收机内对高频信号进行额外放大,以弥补双芯线路造成的高频衰减。若需传输更远,就要采用中继方式。双绞线视频传输技术,不仅能有效地解决 300 m~2 km 距离的视频图像传输问题,而且给工程布线带来了极大的方便,同时也节省了工程造价。

(3)光纤

当视频信号传输距离超过 2 km 时,就应考虑采用光纤光缆进行传输,才能保证达到良好的信号传输效果。光纤传输可同时适用于模拟视频监控和网络视频监控。模拟视频监控光缆传输由光纤和光端机组成。常用的光纤传输是“视频对射频调幅,射频对光信号调幅”的调制解调传输系统。技术源于远程通信系统,其成熟程度很高。光纤传输技术是远距离传输最有效的方式。光纤通信具有传输容量大、传输损耗低、中继距离长、抗电磁干扰能力强、保密性能好、体积小、质量小、节省有色金属等优点。目前,已经广泛应用于以安全防范为目的的大范围视频监控系统。

2. 无线传输方式

一般视频监控系统都是通过同轴电缆、双绞线或光纤来传输视频、音频和控制信号的。因实际应用现场环境的限制而无法用有线传输设备时,就需要使用无线传输设备。无线通信是利用电磁波信号可以在自由空间中传播的特性进行信息交换的一种通信方式。近些年在信息通信领域中,发展最快、应用最广的就是无线通信技术。在移动中实现的无线通信又统称为移动通信,人们把二者合称为无线移动通信。

无线通信系统是由发送端对原始信号进行转换,形成已调制射频信号(高频电磁波),通过发射天线送出,在自由空间传播,然后接收端接收信号,放大、变频后,将其进行解调,再送给终端设备。无线通信系统模型如图 2-5 所示。

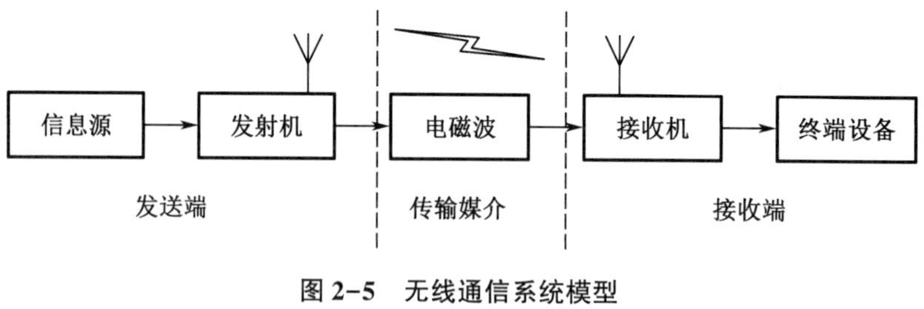

图 2-5　无线通信系统模型

按照传输距离,无线通信分为远距离无线通信和近距离无线通信。远距离无线通信技术包括无线移动传输技术、微波传输技术及多载波传输技术等。近距离无线通信技术包括 Wi-Fi、蓝牙、ZigBee 等。

(1)无线移动传输技术。其是指借助通信运营商的 3G/4G/5G 网络进行传输的一种无线传输方式。这种传输方式原理简单,就是在移动目标上加装前端视频采集装置,通过无线移动传输单元将视频信号传输至监控中心,达到对移动目标动态、实时跟踪、监控、调度的目的。基于无线移动传输技术的移动视频监控系统,可根据需要迅速将新监控点加入网络,无须新建传输网络即可高效实现远程监控,且数字化视频便于存储、检索,对市政、公安等有特殊要求的部门尤为合适。该方式组网灵活、扩展性好;同时,由于地理环境、工作性质限制而采用有线传输可能存在诸多不便,甚至根本无法实现,而利用无线网络可摆脱线缆束缚,且实施周期短、维护方便、扩容能力强,加上网络维护由提供商实施,前端设备即插即用,因而综合成本低。随着无线移动通信网络的发展,特别是5G数据通信技术的出现,无线移动传输技术为各种智能设备的远程无线通信提供了新的手段,也成为嵌入式系统应用的一个重要领域。

(2)微波传输技术。在某些特定情况(如公安机关对控制对象的监控、火灾现场的观察等)及受地形、地物(铁道、河流等)限制等情况,采用微波开路传输是最佳的选择。微波泛指波长为1 mm~1 m,即频率为300 MHz~300 GHz($1\ GHz=10^9\ Hz$)范围内的电磁波。细分起来,微波段又可分为分米波、厘米波和毫米波。实际微波均指常用的3~40 GHz的电磁波。由于微波在空间中主要是直线传播,且能穿透电离层而进入宇宙空间,因此微波传输除了在地面进行中继接力外,还可通过空中同步卫星作为中继站。

(3)多载波传输技术。多载波传输技术指的是正交频分复用(orthogonal frequency division multiplexing,OFDM)技术和编码正交频分复用(coded orthogonal frequency division multiplexing,COFDM)技术,是一种多载波数字调制技术或多载波数字复用技术。多载波数字复用技术适合在城区、城郊、建筑物内等非通视和有阻挡的环境中应用,表现出卓越的"绕射""穿透"能力,适合高速移动中传输,可应用于车辆、船舶、直升机/无人机等平台;适合高速数据传输,速率一般大于4 Mb/s,可满足高质量视音频的传输;在复杂电磁环境中,多载波技术具备优异的抗干扰性能,图像清晰稳定,无雪花,图像可加密,能有效防止信息泄露。

(4)Wi-Fi。Wi-Fi是一种允许电子设备连接到一个无线局域网(WLAN)的技术,遵循IEEE所制定的802.11x系列标准,通常使用2.4G UHF或5G SHF ISM射频频段。WLAN提供了高带宽,但却是在有限的覆盖区域内,即建筑物内及户外的有限距离。连接到WLAN通常是有密码保护的,但也可是开放的,这样就允许任何在WLAN范围内的设备可以连接。与无线移动传输技术相比,无线移动网络支持跨广域网络的移动性,但是目前数据吞吐速度明显低于WLAN。由于无线移动网络与WLAN在覆盖区域和带宽上具有不同优势和局限性,因此这两种技术支持不同的应用,可满足不同的需要,二者相互补充。

(5)无线光波传输技术。无线光波传输或无线光通信,又称为自由空间光通信,是在空气介质中用激光或光脉冲在红外光谱范围内传输,提供无线高速的点对点或点对多点的连接。但红外光波传输的光波信号受天气条件的影响非常大,会被不透明的物体完全挡住。因此,其在雾天和雨天的有效传输距离远远小于在可见度好的天气中的传输距离。一般在红外传输系统中,不希望发射机和接收机之间有任何障碍物。但红外光束可以经过一次或几次镜面反射绕过弯角。红外传输系统与射频和微波系统相比,具有保密性好(红外光束很窄,不易被窃听)和带宽高等优点。由于红外传输系统的带宽较高,因而可同时传输多路信号。无线光波传输系统具有像无线微波传输系统般的安装快速性,传输安全且不需要频率执照。但无线光波传输在应用的时候要考虑传输距离、天气情况和建筑物的影响。

在通信技术领域内,无线通信技术有着关键优势且自由度高,可以在未经授权的范围内发送和接收信息;成本低,无须架设线缆就能实现远程通信;无限制传输,可以将大量信息储存到无线信号中;安装容易,可以在不需要专业知识的情况下安装;便携性、抗干扰能力强,无线通信信号的涵盖范围大,可以更好地抵抗外界环境的干扰;确定性高,无线信号在传输过程中出现错误概率很小,因此发送和接收的数据非常清晰;版权防护性强,由于无线通信技术可以加密信号,因此可以最大限度地保护用户数据。

另外,无线通信技术还具有横向发展性,新技术不断出现,例如6G、Wi-Fi 6、星闪技术等,可以满足不同业务需求,从而有效提升企业的运营效率;系统集成性高,可以方便地将多种系统集成到无线通信技术中,从而实现远程控制和信号传输;可扩展性高,无线通信技术可以通过添加新的设备或使用新的信号规格来扩大其覆盖范围;抗损伤性高,无线信号可以传输更远的距离,无须考虑线缆损坏的问题;抗环境影响强,无线信号可以穿透建筑物,从而大大减少受地形环境影响的风险;安全性高,无线设备之间的通信可以被加密,从而更好地保护用户的隐私数据。

总之,无线通信技术具有自由度高、成本低、无限制传输、安装容易、便携性好、抗干扰能力强、确定性高、版权防护性强、横向发展性强、系统集成性高、可扩展性高、抗损伤性高、安全性高等特点,是当今各行各业都非常依赖的一种技术手段。

2.4 物联网技术的应用

随着信息技术的迅猛发展,物联网技术通过智能感知、识别技术与普适计算、泛在网络融合应用在工业、农业、医疗、交通、物流等领域。在企业安全生产中应用物联网技术,既能为企业的生产管理提供良好的工作环境,有效改善传统生产的缺陷,又能加强对安全生产的监管,规范安全生产风险,促进安全生产性能的提升,实现企业的持续稳健发展。

2.4.1 物联网的基本概念

物联网是把感应器嵌入和装备到电网、铁路、桥梁、隧道、公路、建筑、供水系统、大坝、油气管道等各种实物中,并且连接起来,形成所谓"物联网",然后将"物联网"与现有互联网整合起来,实现人类社会与物理系统的整合。人类可以通过互联网掌握各种实物的情况,监控周围的环境,保证生产、生活的安全运行。物联网一般具有以下三大特征。

(1)全面感知:利用RFID、传感器、监控相机等随时随地获取物体的信息。

(2)可靠传递:通过各种专业网络与互联网的融合,将物体的信息实时准确地传递出去。

(3)智能处理:利用云计算、模糊识别等各种智能计算技术,对海量的数据和信息进行分析及处理,对物体实施智能化的控制。

对物联网的通用理解如下。

(1)从技术角度理解,物联网是指物体通过智能感应装置,经过传输网络,到达指定的信息处理中心,最终实现物与物、人与物之间的自动化信息交互与处理的智能网络。

(2)从应用角度理解,物联网是指把世界上一定范围内的物体都连接到一个网络中,形成"物联网",然后"物联网"又与现有的互联网结合,实现人类社会与物理系统的整合,从而更加精细和动态地管理生产与生活。

(3)物联网是将各种各样的被赋予一定智能的设备和设施相互连接构成的"网络"。

(4)“物联”的方式包括长距离或短距离、有线或无线通信网络,例如 RFID、蓝牙通信、ZigBee、Wi-Fi、5G 网络等,实现选定范围内的互联互通。

(5)目前“物联网”可以提供在线监测、定位追溯、自动报警、调度指挥、远程控制、安全防范、远程维保、决策支持等管理和服务功能,并可不断扩展应用。

(6)“物联网”的目标是对“物”进行联网之后的信息应用,以实现高效运行和管理。

2.4.2　物联网的组成与应用

标准的物联网结构可分为三层,即感知层(数据采集)、网络层(数据传输)和应用层(业务系统平台)。图 2-6 为物联网三层网络架构示意图。

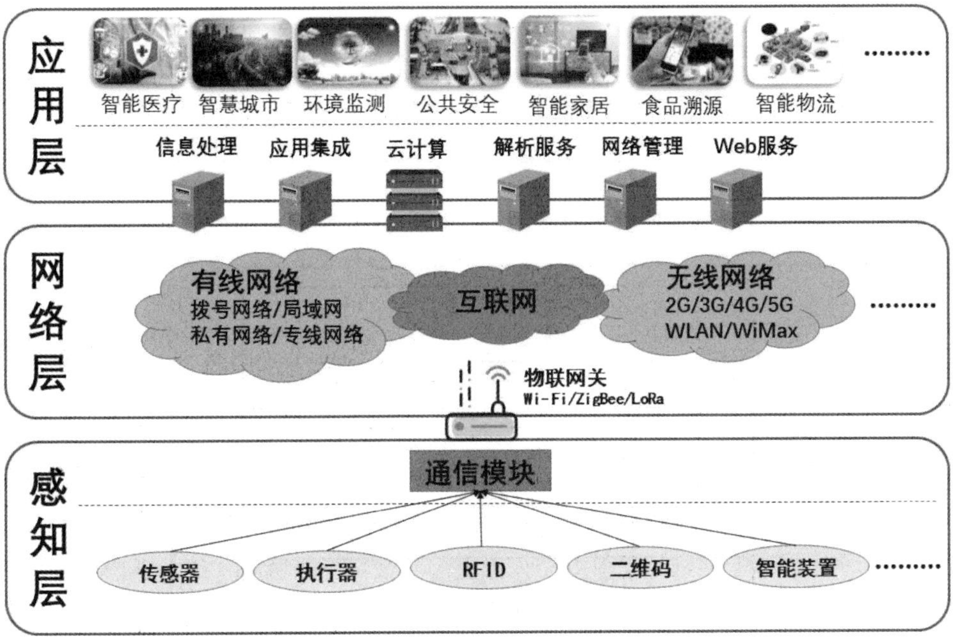

图 2-6　物联网三层网络架构示意图

感知层是物联网的核心,是信息采集的关键部分,是物联网识别物体、采集信息的来源,其主要功能是识别物体、采集信息。感知层位于物联网三层结构中的最底层,由各类环境传感器、二维码标签、RFID 标签和读写器、摄像头、全球定位系统(GPS)等感知终端构成。感知层中的设备需要通过自组织网络技术,以协同工作的方式组成一个自组织的多节点网络进行数据传递。

网络层的功能为“传送”,即通过通信网络进行信息传输。网络层作为纽带连接着感知层和应用层,由各种私有网络、互联网、有线和无线通信网、网络管理系统和云计算平台等组成,相当于人的神经中枢系统,负责将感知层获取的信息,安全可靠地传输到应用层,然后根据不同的应用需求进行信息处理。网络层主要实现感知层数据和控制信息的双向传递、路由和控制。

应用层位于物联网三层结构中的最顶层。该层是终端设备与网络之间的接口,是物联网社会分工与行业需求的结合，也是物联网技术与行业专业技术的结合，从而实现物联网的智能应用。应用层的主要任务是发现服务和承担服务，并根据行业的需求承担多种功能。物联网应用层支持多种协议，不同协议中的数据有不同的格式，但总的来说，物联网数据有海量性、多态性、关联性和时效性的特点。物联网数据处理主要分为五个过程，分别是数据获取、数据处理、数据传输、数据分析和数据存储，并在这些过程中对数据处理采用了多种关键技术。

物联网在面向工业生产过程中构建工业物联网，涉及的关键技术可以划分为感知控制技术、网络通信技术、信息处理技术、应用服务技术和安全管理技术五大类，各类技术中既包含物联网的通用共性技术，也包含工业物联网的专用技术。其中，感知控制技术主要包括传感器、射频识别、多媒体、工业控制等，是工业物联网部署实施的核心；网络通信技术主要包括工业以太网、短距离无线通信、低功耗广域网等，是工业物联网互联互通的基础；信息处理技术主要包括数据清洗、数据分析、数据建模和数据存储等，为工业物联网的应用提供支撑；应用服务技术提供面向工业生产的各类信息服务生成、服务组合、服务重构、服务创新等，是工业物联网部署的关键；安全管理技术包括用户鉴权、加密认证、防火墙、入侵检测、攻击处理等，是工业物联网部署的保障。工业物联网技术体系如图 2-7 所示。

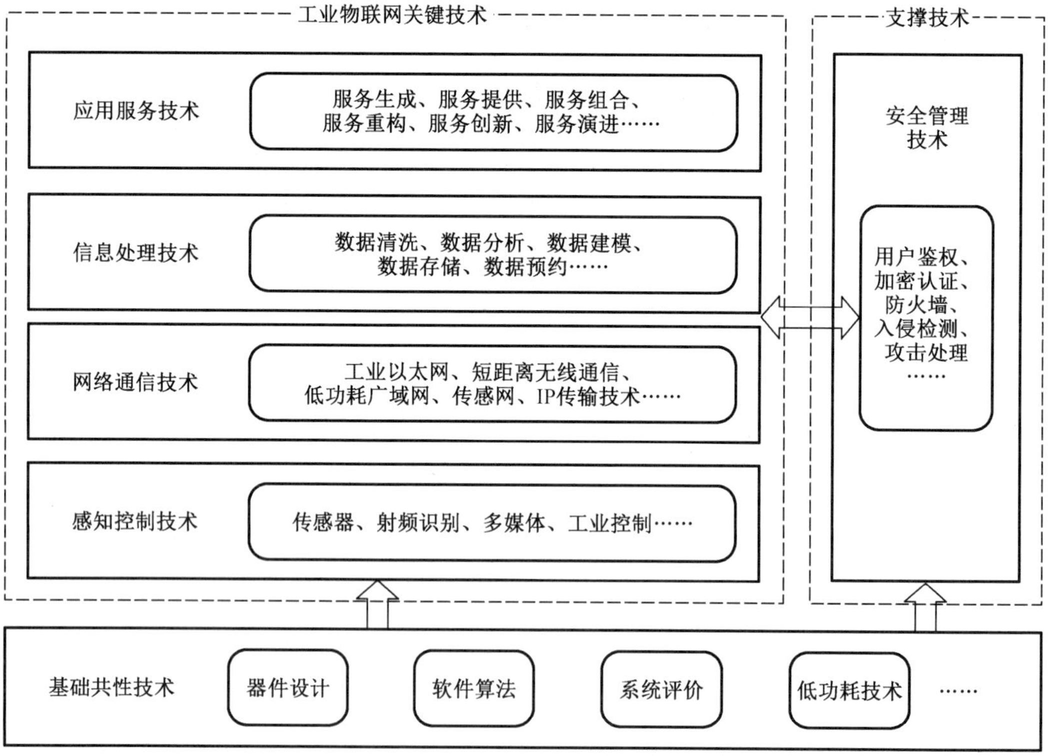

图 2-7　工业物联网技术体系

1. 感知控制技术

工业传感器能够测量或感知特定物体的状态变化，并转化为可传输、可处理、可存储、可控制的电子信号或其他形式的信息，是实现工业过程自动检测和自动控制的首要环节。RFID 主要完成对目标物体的自动识别，可对某一固定区域的设备进行唯一标识（身份信息)。工业控制系统包括监控和数据采集系统(SCADA)、分布式控制系统(DCS)、可编程逻辑控制器(PLC)等。

2. 网络通信技术

工业以太网、工业现场总线、工业无线网络是目前工业通信领域的三大主流技术。工业以太网是指在工业环境自动控制及过程控制中应用以太网的相关组件及技术。工业无线网络则是基于无线通信进行传感器组网及数据传输的技术,是无线技术在工业领域的延伸与应用,可以使工业传感器的布线成本大大降低,有利于传感器功能的扩展。其核心技术包括时间同步、确定性调度、跳信道、路由和安全技术等。

3. 信息处理技术

信息处理技术包括大数据、云计算、信息融合、分布式计算、智能决策等相关技术,主要完成对采集到的工业生产相关数据进行数据解析、格式转换、元数据提取、数据清洗、建模预测等工作,再按照不同的数据类型与数据特点进行分类存储、索引与应用,并以知识的形式参与生产运行决策。工业物联网中的信息处理趋于平台化与边缘化,云数据中心、小型数据中心、边缘控制器等将成为信息处理的硬件平台。

4. 应用服务技术

工业物联网的应用服务主要是面向行业或企业的生产、经营、销售等活动提供信息服务,包括服务生成、服务组合、服务重构、服务创新等。工业领域现有的电子商务系统、企业资源规划系统(ERP)、产品生命周期管理系统(PLM)、供应链管理系统(SCM)、客户关系管理系统(CRM)、办公室自动化系统(OA)等,可以视为特殊类型的服务。如何基于物联网融合这些子系统实现智能的生产运营管理,是待研究的一项重点技术。此外,人工智能、工业云、边缘计算等新技术,是支持应用服务创新的关键技术。

5. 安全管理技术

安全管理技术主要用于在应用服务基础上的顶层管理,以便实现对监测资源进行统一系统的规划、管理、服务、调控、决策等。其包括生产安全管理与运营安全管理两个方面。生产安全管理,主要是通过分析实时采集的生产现场数据和生产流程数据,确保人、机器、原材料等生产要素的安全和产品生产质量的过程,包括多维度现场监控、环境安全分级告警、产品质量监控、运维管理等。运营安全管理,主要指确保企业资源规划系统、产品生命周期管理系统、供应链管理系统、客户关系管理系统、办公室自动化系统等运营子系统的安全,包括预防非法入侵与病毒攻击、检测入侵行为、对入侵的快速响应等。

目前,物联网在人们的生活中已被广泛应用,主要表现有智能家居系统、智能交通系统、智能物流系统、平安城市应用、智能农业应用等,如图2-8所示。物联网可实现"万物互联",可以利用大数据技术对这些数据资源进行处理、分析和挖掘,做出归纳性的推理,从中挖掘出潜在的模式,帮助决策者调整市场策略,减少风险,做出正确的决策,以提高各部门的管理水平,使海量的数据资源转化为财富。

2.4.3 物联网在安全生产中的应用

安全在工业生产中是至关重要的。在安全生产中,企业是安全生产的主体,对安全生产负有全面责任。而在企业管理中,安全生产管理十分复杂,涉及生产过程中的各种设备设施的检测、维修、维护,生产操作人员的规范操作,防护设备的正确使用,特种作业过程中的监护管理等。物联网在安全生产中的应用主要包括以下几个方面。

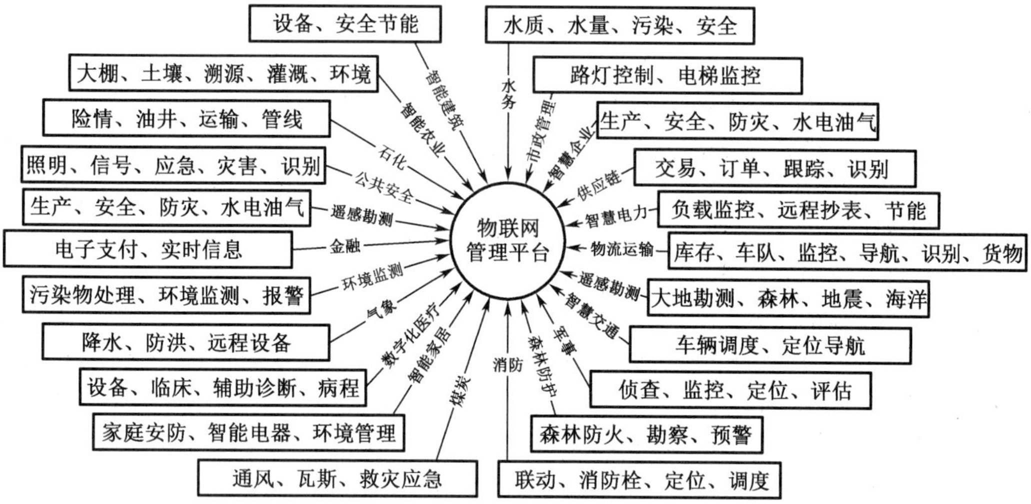

图 2-8 物联网在各行各业中的应用

1. 物联网在现场与生产过程中的应用

结合物联网广域控制的基本特性以及在生产现场使用计算机计划模型、通信技术，提升生产设备的自动化水平、安全性水平，方便设备操控人员的使用。尤其是在生产现场有大量复杂型的设备，要对其进行合理监控，智能化分析搜集所需要的数据信息，从而可以做出合理的智能化决策。通过安装在生产设备上的各种类型的传感器对物质属性、环境状态、行为态势等静态、动态信息进行大规模、分布式的信息获取与状态辨识，针对具体感知任务，采用协同处理的方式对多种类、多角度、多尺度的信息进行在线计算与控制，并通过接入设备将获取的信息与网络中的其他单元进行资源共享与交互。

物联网设备在进行生产过程的监控时，可以借助网络中流转的信息传递安全风险，达到全方位监控的目的。针对安全风险，制订出可行的处理方案，严格执行生产控制方法和设备检测工作流程，遵循国家、部门、行业的安全生产法律法规，特别是要采用强制性的标准，使用数据库、移动通信网络技术、嵌入式数据的采集终端设备。利用物联网应用开发技术，可以有效地加强工业生产中的安全管理，动态跟踪设备的运行状况，提高生产运营流程的可行性。物联网技术使这些物联网设备具备了“智能眼”的功能，在施工全过程中进行智能监管。通过施工前手续合规示险提醒、施工中前后端智能监管、施工后处罚评价完成财务付款闭环，如图 2-9 所示。

在设备安全监控管理中，将各种传感技术与设备运行状态进行融合，可实现对设备操作使用记录、设备故障诊断的远程监控。比如把感应器嵌入矿山设备、油气管道、化工设备中，可以感知危险环境中工作人员、设备机器、周边环境等方面的安全状态信息，将现有分散、独立、单一的网络监管平台提升为系统、开放、多元的综合网络监管平台，实现实时感知、准确辨识、快捷响应、有效控制，保障了设备安全。

在工艺安全监控管理中，物联网技术的应用提高了过程监控、参数采集、材料消耗监测的能力，实现了生产过程智能监控、智能诊断、智能决策和智能维护。比如化工企业应用各种传感器和通信网络，在生产过程中对加工产品的浓度、压力、温度等进行实时监控，从而提高了生产效率，保障了工艺安全。

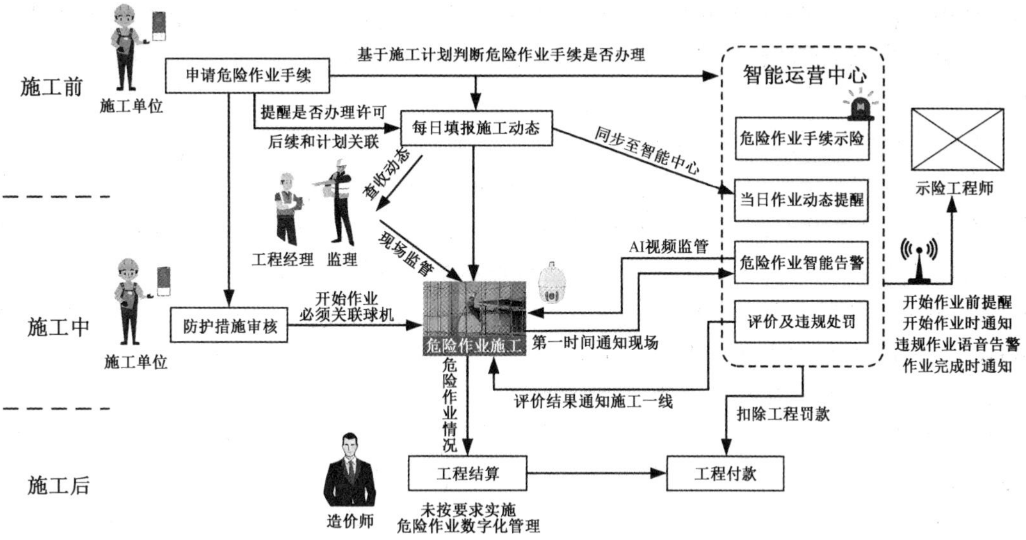

图 2-9　施工作业过程智能监管

在对重大危险源监控过程中，把技术成熟的物联网传感技术应用于重大危险源动态监控系统，可实现对重大危险源的压力、温度、泄漏等参数进行实时感应，并能在参数到达临界情况时，自动决策处理情况，并将声光报警信号及参数数据传输到重大危险源监控中心进行核实，若确认是事故，可立即进行政府端事故应急指挥并监督企业采取事故调度和启动应急预案，有效减少人员伤亡和财产损失。同时，由于物联网系统是一个开放、多元的综合管理平台，在保障物联网信息安全的前提下，按照统一的数据传输协议及监控标准，利用无线网络，可将物联网感应节点部署到交通不便、无人监控的生产场所，能有效解决安全监管人员力量不足的问题。

2. 物联网在人员与职业危害监管中的应用

在生产过程中，人的不安全行为是导致事故发生的重要原因，人的精神状况、工作态度等往往是事故的直接诱因。通过物联网，可以及时发现操作人员玩忽职守的现象，工作过程中出现异常的状态都能在系统中显示出来，如果加上表情识别系统等人工智能，能够及时发现工人操作过程中的麻痹大意，从而及时发出警报，避免人的不安全行为导致的后果。

通过对厂区内人员的动态管理，能及时发现各个工作岗位上工人的工作情况，也可以发现厂区内人员的动态分布，对在特殊时间段内不应该有人存在的危险区域保证没有人员。在特种作业过程中，能起到监护人的作用，甚至能发现作业过程中的违章行为。对诸如在有限空间作业的特种作业，能及时发现作业人员的状况，避免救援不及时导致的伤亡事故。

对作业人员在危险有害环境中的施工，例如存在粉尘、噪声危害因素的矿山、建材行业，存在电离辐射类危害因素的石油、冶金、机械加工行业，存在化学类危害因素及高温的化工、石油、冶金、有色金属、制药等行业，都可以应用物联网技术来进行防护。一是根据企业生产工艺及作业场所特点，选择合适的传感器，通过传感技术，实时监测作业场所中的职业危害因素,根据相关职业危害检测标准及法律法规,规定实时监控危害因素的上限值。二是当危害因素达到或超过设定的临界值时,及时发出预警,通知作业场所内的员工撤离,并将预警信息通过无线网络传输到各辖区安全监管部门存档。三是实施全面、系统的职业危害因素检测,协助做好职业危害登记、备案,建立职业卫生信息数据库,有效提高监管水平。

3. 产品供应链流向的安全监管

危险品的工业运作管理是指对化工品的运输、存储、销售等不同的作业环节,都需要加大安全检测。采用物联网设备,能够使用无线射频技术采集信息,企业要构建信息网络实时在线监测系统,提高对危险化学品的安全管控水平,可以利用物联网设备及时监督,预防事故,利用物联网技术处理危险货物的运转,有效降低危险货物运输时发生危险的概率,使用 GPS,利用地理信息系统(GIS)、计算机网络获取车辆的移动信息。通过移动网络发送指令信息,使用 GIS 技术能够精准地确定出危险化学品运输车辆具体位置信息,使用互联网技术能够及时检查驾驶车辆危险化学品转移信息,可以实现实时监督,减少事故发生的概率,预防事故发生,并保证监督、管理、控制、预防工作及时有效。在危险化学品存储、销售环节,通过物联网技术,能有效帮助政府安全监督监察部门(简称"安监部门")对危险化学品仓储、销售等环节进行实时监控,建立一个开放、多元的物联网供应链流向监控系统,以减少事故发生。通过智能化物联网,以驾押人员、危货槽车、路况安全为重点,通过多端硬件物联、数据接入、智能分析,实现危货运输的过程可视、运输透明、示险及时、数据可溯,保障危货运输的全流程安全。基于物联网危险化学品运输保障系统如图 2-10 所示。

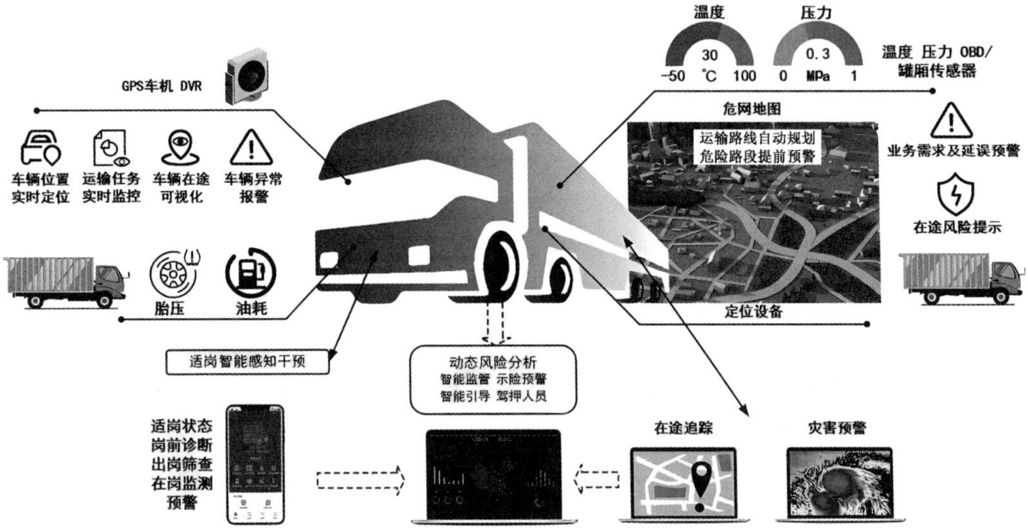

图 2-10　基于物联网危险化学品运输保障系统

4. 物联网在政府监督中的应用

政府监管部门可以利用物联网提供的便利及时了解各个企业的安全生产现状,督促企业完成安全隐患的治理,加强对企业的安全监督;对企业工艺的变更、新建、改建、扩建进行管理;对加上身份标识的企业的重大危险源,能通过现有的移动通信网络、无线接入网、无线局域网、卫星网等及时了解从感知层传送过来的信息,了解重大危险源的情况,对其安全监管做出指导;对移动危险源,可以从其出厂起全程监管,对其违反交通线路、司机连续疲劳驾驶等进行智能识别,从而在事故发生前就制止其违法违章行为。

利用物联网技术对现场安全生产进行检查,其核心是按照安全生产监督检查的工作程序和工作方法,通过实施信息整合的一体化解决方案,以国家、部委、地方和行业安全生产有关的法律法规、强制性标准等为基础,应用互联网、无线通信、数据库、多媒体影像、数据采集、掌上电脑、嵌入式软件等技术手段,实现安全生产检查过程信息采样、存储、传输、管理等各环节的全面信息化、自动化,形成一个向导型、智能化的业务体系,既可方便快捷地完成具体监督检查任务,又可有效地进行全局的控制管理,并最大限度地实现信息资源共享,进而提高安全监管水平和效率。

在安全生产检查的过程中,物联网为安监部门现场检查提供一套全新的工作方法,解决在监管工作中"查什么""怎么查""查的结果如何管理"三方面问题,对形成一个公平、公正、公开的安检结果具有一定的现实意义。

"查什么"是指确定现场安全生产检查内容。生产现场安检的规范化与程序化是整个物联网现场检查系统设计的基础。按照安监部门对安检工作的要求,针对某一企业或工艺过程,物联网系统通过移动设备嵌入式软件,对企业安全生产隐患、相关设计、施工、操作规程等信息分门别类地进行统计、整合,通过嵌入式软件引导确定需要检查的内容,有效避免检查过程中不按步骤、漏检的现象。

"怎么查"是要确定现场工作程序及评估标准,开发现场专家系统。监督检查工作所采用的评估标准,可通过物联网系统终端掌上电脑中内嵌的向导型、专家型软件,帮助检查人员完成作业场所安全监管。

"查的结果如何管理"在于建立基于物联网监控信息数据远程管理系统。对安全监管信息后期管理问题,应实现查询、统计功能,通过物联网系统实时接收现场监管的结果数据,并对数据及工作人员实施有效管理,使安监部门和企业的主管部门能方便快捷地管理每一位作业场所及每一位工作人员。物联网现场检查系统逻辑框图如图 2-11 所示。

5. 物联网在应急救援中的应用

将物联网技术在应急救援的过程中进行应用,可以迅速查找、调用周边资源开展应急工作,在快速获取相关灾害信息的同时,通过对感知的信息进行处理,可以有效地组织救援工作,减少或避免应急救援过程中人员在危险场所的暴露,从而减少应急中的二次伤害,进一步提高救援的效率。利用物联网技术可以感知灾区的温度、湿度、安全地区的范围等,从而使救援人员得到准确的救援信息,对灾区的人员进行安置,保证人们的生命安全。利用物联网技术建立的信息平台,可以使组织救援人员与现场调度人员随时进行沟通与联系,使组织人员能够正确、有效地组织救援工作。对于应急救援来说,物资的分配也是其中的重要工作,如医疗器械、饮用水、食物、帐篷等物资。在救援物资到达灾区后,通过 RFID 技术可以快速地获得相关物资的种类、质量等信息,并将其转化为数字化信息传达到传感网络,从而帮助组织救援的人员进行决策。在应急救援过程中,物联网技术能充分挖掘周围的有效救援力量,能对道路交通进行高效的规划,以使消防、医疗救援队伍能迅速、顺利地到达现场,为救援指挥提供决策依据;同时能解决矿难等地下灾难搜救难的问题,能及时发现遇险人员的生命体征,为其救治提供宝贵时间。

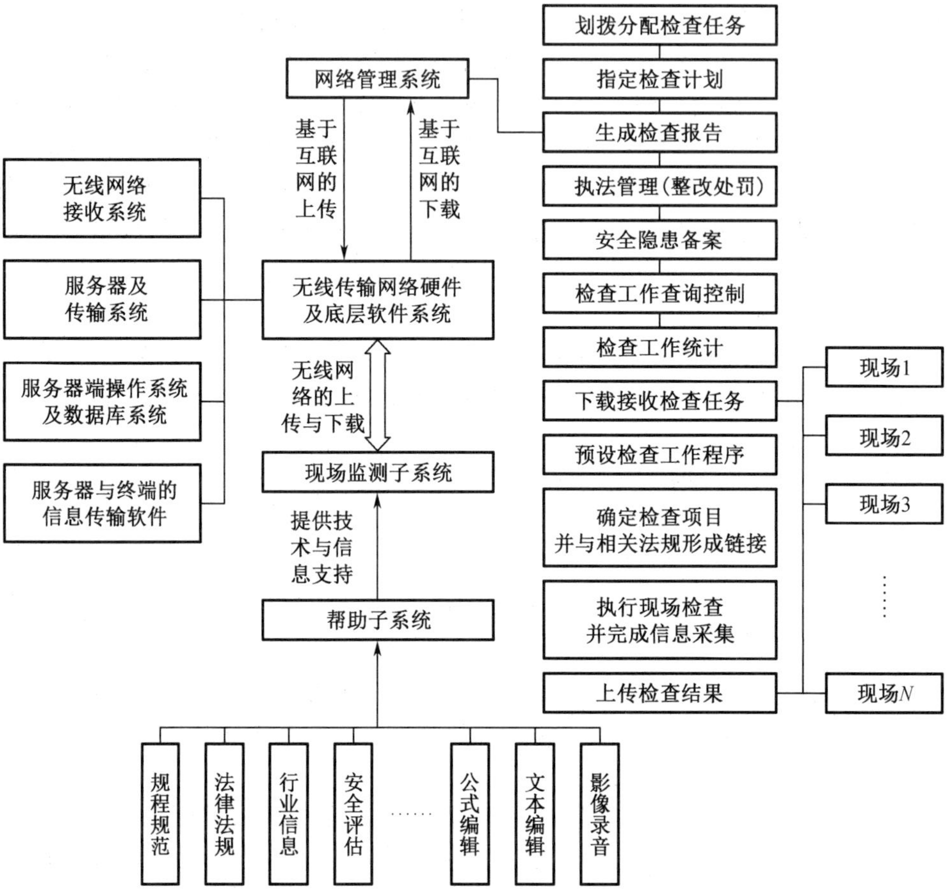

图 2-11　物联网现场检查系统逻辑框图

思考题

1. 简述工业生产过程中常见的监测内容。
2. 简述自动检测系统的组成。
3. 简述温度传感器的测温原理。
4. 简述压力检测方法的分类及特点。
5. 简述流量检测方法的分类。
6. 简述物位传感器按工作原理的分类。
7. 简述信号处理的基本过程。
8. 叙述数据通信的分类。
9. 叙述工业物联网技术的组成。
10. 简述物联网技术在安全生产中的应用。

第3章　作业场所中的安全监测技术

作业场所中的设备、人员、物料、环境等的安全是企业生产过程连续运行的关键。作业场所空气中气态的危险物质的浓度,是安全监测的重要组成部分。生产性粉尘是在生产过程中产生并能够较长时间悬浮于空气中的固体微粒。长期身处生产粉尘场所的劳动者,其肺部将积累呼吸性粉尘而导致尘肺病。尘肺病是最常见、危害最严重的一类职业病。车间或其他生产场所产生的高浓度、可燃性的粉尘,会导致爆炸,所以粉尘的可燃性和爆炸危险性等理化特性参数测试也应该是安全监测关注的方面。在生产过程中,设备运行带来的噪声,给所处作业环境人员带来影响。因此在作业场所中对有毒有害气体、生产性粉尘和噪声的安全监测是非常重要的。

3.1　有毒有害气体监测

3.1.1　有毒有害气体的种类与特性

人类在工业生产和日常生活中都会不可避免地排放各类气体,如汽车尾气(CO、SO_2等)的排放,新装修的房屋内甲醛等挥发性有机化合物(VOC)气体的溢出,工业生产中SO_2、O_3等气体的排放。这些气体会引发各种问题,甚至引发灾害和事故。

从气体可能产生危险的角度上讲,有毒有害气体一般可划分为以下三类。

(1)可燃性气体:可能引起爆炸、燃烧的气体,如天然气、瓦斯等。

(2)有毒气体:可能引起人员中毒的无机和有机类气体,如一氧化碳、苯等。

(3)窒息气体:可能由于存在量过大而引起氧气不足,造成人员窒息的气体,如二氧化碳、氮气等。

1. 可燃性气体

可燃性气体的涉及面十分广,凡在空气中可以燃烧的气体都属于可燃性气体,如日常生活中的城市煤气、液化石油气、工业原料气(乙烯、丙烷)、煤矿中的甲烷等。在石油化工生产中,有关规章规定:气体中的32种气体及爆炸下限含量在10%以下,或爆炸上限与爆炸下限含量差大于20%的气体称为可燃性气体。附表中所列的气体均为最常见的可燃性气体和有毒气体,也是石化生产环境中有可能存在的气体。

对生产环境中常见的可燃性气体进行安全监测时,以可燃性气体浓度为检测对象、以可燃性气体的爆炸极限为标准来确定测量与报警指标。能使火焰蔓延或爆炸的可燃性气体或蒸气的最低浓度,称为该气体或该蒸气的爆炸下限。同理,能使火焰蔓延的最高浓度称为该气体或该蒸气的爆炸上限。爆炸极限浓度通常用可燃性气体的体积分数来表示,爆炸下限用LEL(lower explosive limit)来表示,爆炸上限用UEL(upper explosive limit)来表示。

有些可燃性气体测量报警仪表以 LEL(%)作为测量单位,即以某种可燃性气体的爆炸下限为满刻度(100%),例如丁烷的 LEL = 1.8%,若以 1.8%作为 100%,则 1LEL%相当于 0.018%丁烷。

链烷烃类的爆炸下限可用下式估算:

$$\mathrm{LEL}=0.55C_0 \tag{3-1}$$

式中,C_0 为可燃性气体完全燃烧时的化学计量浓度。

在某些作业环境中,由于存在多种可燃性气体,当其与空气形成复杂可燃性气体混合物时,混合可燃气体爆炸下限可根据各组分已知的爆炸下限求出,即

$$\mathrm{LEL_H}=\frac{100}{\dfrac{C_1}{\mathrm{LEL}_1}+\dfrac{C_2}{\mathrm{LEL}_2}+\cdots+\dfrac{C_n}{\mathrm{LEL}_n}} \tag{3-2}$$

式中 $\mathrm{LEL_H}$——混合物爆炸下限;

$C_1, C_2, ..., C_n$——分别为各组分在总体积中所占的体积分数,且 $C_1+C_2+\cdots+C_n=100\%$;

$\mathrm{LEL}_1, \mathrm{LEL}_2, ..., \mathrm{LEL}_n$——分别为各组分爆炸下限。

式(3-2)引入算术平均的概念,其物理意义是若各种可燃气体同时着火,达到爆炸下限所必需的最低发热量由各组分可燃气体共同提供。

2. 有毒气体

在工业生产过程中使用或产生的对人体有害,能引起慢性或急性中毒的气体或蒸气称为有毒气体。有毒物质绝大部分为气体或蒸气(见附录)。需指出,附表中列出的可燃性气体和有毒气体中,有 13 种重叠,即这 13 种气体既是可燃性气体又是有毒气体,因此在测量仪表的选用上要特别加以注意。

在工业生产过程中进行有毒气体监测时,是以有毒气体浓度为检测对象,并以有毒气体的最高允许浓度为标准确定监测与报警指标。所谓最高允许浓度,是指人员工作地点空气中的有害物质在长期、分次、有代表性的采样测定中均不应超过的浓度值,以确保现场工作人员在经常性的生产劳动中不受到急性和慢性职业危害。我国采用最高允许浓度作为卫生标准。

有毒气体的浓度单位一般不采用质量分数表示,而是采用 ppm(ppm 为非法定计量单位)或 $\mathrm{mg/m^3}$ 来表示。ppm 值是指一百万份气体中,该气体所占的体积分数。ppm 使用相对浓度表示法,与体积分数的换算关系为

$$\mathrm{mg/m^3}=\mathrm{ppm}\times\frac{M}{24.45} \tag{3-3}$$

$$\mathrm{ppm}=\mathrm{mg/m^3}\times\frac{24.45}{M} \tag{3-4}$$

式中,M 为有毒气体的相对分子质量;24.45 为常数,是 25 ℃、101 325 Pa 时气体的摩尔体积。

3. 窒息气体

窒息气体是指吸入人体后能引起呼吸困难的气体。在工农业生产中常见的窒息气体有氯气、甲烷、二氧化碳、惰性气体、一氧化碳、氰化物、硫化物等。按对人体的作用,窒息气体又分为以下几类。

(1)单纯窒息气体:此类气体本身并没有毒性,只是随其浓度增加,空气中氧的含量相

应减少,才使人窒息,如二氧化碳、甲烷、氯气等。

(2)化学性窒息气体:此类气体进入人体后,能对血流或组织产生特殊化学作用,使氧的运送和组织利用发生障碍,造成全身组织缺氧而引起窒息,如一氧化碳、氰化氢等。

(3)刺激上呼吸道的气体:此类气体对鼻、咽喉等有刺激作用而引起炎症,如氨、二氧化硫等。

(4)刺激肺脏的气体:此类气体强烈刺激肺脏,引起肺炎、肺水肿等症,如光气、二氧化氮等。根据使用方式不同,气体测量仪表一般分为固定式和携带式两种类型。其中,固定式多用于连续监测报警;携带式多用于检查有毒气体的泄漏情况和事故预测。

(5)对中枢神经有损伤的气体:此类气体进入人体后使中枢神经麻痹、麻醉,引起中枢神经损伤,如汽油等。

一氧化碳是工业生产中分布最广的有害气体,一旦含碳物质不完全燃烧就会产生一氧化碳。由于一氧化碳与血红蛋白的亲和力要比氧与血红蛋白的亲和力约大 300 倍,故而容易阻碍氧的释放,造成缺氧。一氧化碳中毒表现为头痛、头晕、恶心、呕吐、四肢无力、面色潮红、口唇樱桃红色、脉快、烦躁、步态不稳、意识模糊甚至昏迷。一旦发现中毒者,应立即将其移到新鲜空气处,并尽快送医院抢救。

4. 有毒有害气体的危害特性

有毒有害气体的危害主要体现在燃烧性、毒害性、窒息性、腐蚀性、爆炸性,以及可能发生或加速氧化、分解、聚合等化学反应等方面。由于气体的扩散不受地形的限制,一些自然条件,比如风向、温度等都会影响气体的扩散速度,在泄漏和事故现场形成不断变化的燃烧爆炸或毒害危险区,进而波及更多的地方,发生比固体或液体泄漏更大的危险。

(1)燃烧性

可燃性气体的燃烧往往同时伴有发光、发热等激烈的反应,由于燃烧产物的体积急剧膨胀,会对周围的人员和环境造成巨大的压力冲击和高温破坏,因此,防护可燃性气体的发生、扩散,以及对火源的控制一直是石化、化工、煤矿、市政安全工作的重中之重。

根据燃烧条件,燃烧必须同时具备可燃物、助燃物、点火源及连续反应的链式环境。对易燃气体而言,一旦泄漏并与空气接触,就已存在可燃物和助燃物两个条件,如果泄漏持久,可燃性气体的浓度和空气(氧气)就会达到一定的比例范围,若再存在火源,则发生爆炸就无法避免,而不断泄漏的可燃性气体供应形成链式反应,可引起持续燃烧。

(2)毒害性

有毒气体的毒害性可以通过吸入或皮肤接触途径侵入人体,它们与人体组织发生化学或物理化学作用,从而对人体器官造成损害,破坏人体的正常生理机能,引起功能或器质性病变,导致暂时性或持久性病理损害,甚至危及生命。在各类涉及有毒化学品的工作场所,可能会存在各种各样的有毒气体。国家对有毒物质在作业场所空气中的最高容许浓度有明确规定[《工作场所有害因素职业接触限值　第 1 部分:化学有害因素》(GBZ 2.1—2019)]。

(3)窒息性

在实际工作中,由于不燃(惰性)气体存在而造成窒息危害(缺氧)的现象经常出现。大多数惰性气体,如二氧化碳、氮气等都无色无味,其化学性质稳定且不易分解。一旦窒息性气体大量存在,就会使氧气浓度下降,造成密闭空间内局部区域氧气含量下降。

在密闭空间或有限场所进行长时间消耗氧气的工作(比如焊接),也可能造成这种窒息危险。要预防工业气体窒息危害,必须按《缺氧危险作业安全规程》(GB 8958—2006),采取安全防护措施,加强氧含量检测,由专人监护作业,以防止危险发生。

(4)腐蚀性

很多具有强氧化还原性的有毒气体都具有腐蚀性,比如氯气就是一种具有高毒性及腐蚀性的有毒有害气体。在发生氯气泄漏突发事件时,氯气的毒性和腐蚀性都是此类气体的主要危险,必须对其加以防护。

(5)爆炸性

爆炸是指一个物系从一种状态转化为另一种状态,并在瞬间以机械功的形式放出大量能量的过程。爆炸分物理性爆炸和化学性爆炸两种。物理性爆炸是物质因状态和压力发生突变等物理变化而形成的,压缩气体超压及液化气受热气化引起的爆炸就属于物理性爆炸。物理性爆炸前后物质的化学成分及性质均无变化;化学性爆炸是指由于物质发生极其激烈的化学反应,产生高温、高压并释放出大量的热量而引起的爆炸。化学性爆炸后物质的性质和成分均发生变化。可燃气体混合物爆炸、分解爆炸属于化学爆炸。

在人类工作的任何环境中,都可能遇到有毒有害气体的威胁。因此,只要有人工作的地方,管理者都要关心在此工作环境中可能存在的有毒有害气体。

石油化工是有毒有害气体容易发生和产生危险的重要场所。石油化工的原料、中间体、产品大多属于危险化学品,其固有的巨大能量和危险性会给人们的生命财产安全带来极大的威胁,稍有不慎就会造成事故,带来巨大的灾难。

石油化工生产的特点决定了有毒有害气体检测在其中的重要性。石化生产过程中所使用的原材料、辅助材料、半成品和成品,如原油、天然气、汽油、液态烃、乙烯、丙烯等,绝大多数属易燃、可燃物质;另外,许多物料也是高毒和剧毒物质,如苯、甲苯、氰化氢、硫化氢、氯气等,这些物料若处置不当或发生泄漏,就会在空气中挥发产生有毒有害气体;同时,石化生产过程中还要使用、产生多种强腐蚀性的酸、碱类物质,它们可能会使设备、管线出现腐蚀而导致有毒有害气体泄漏。

石化生产装置呈现大型化和单系列的发展趋势,自动化程度高,只要某一部位、某一环节发生故障或操作失误,就会牵一发而动全身。同时,石化生产过程的连续性强,在一些大型一体化装置区、装置之间相互关联,物料互供关系密切,一个装置的产品往往是另一装置的原材料,局部的问题往往会影响全局。由于石化装置技术复杂、设备制造、安装成本高,装置资金密集,因此事故造成的财产损失巨大。

煤矿的安全工作已经成为煤矿生产中最大的威胁。我国经济发展对于能源需求不断加大,各地煤矿生产蒸蒸日上,据调查,全国国有重点煤矿有一半左右属于高瓦斯(甲烷)或瓦斯突出矿井,瓦斯事故已经成为煤矿安全生产的最大危害。

环境应急事故是有毒有害气体存在的另一个比较大的领域。环境事故中的气体泄漏可能是我们遇到的对环境造成威胁最大的一个方面。

城市基础设施的安全问题同样不可轻视,城市下水道爆炸事故屡见报端,人员进入地下密闭空间中毒、窒息死亡的事故也时有耳闻。

3.1.2 有毒有害气体测量仪表及原理

为了保护环境,保障人的身体健康,保证安全生产和预防火灾爆炸事故发生,必须首先确定生产和生活环境中可燃性气体的爆炸下限和有毒气体的最高允许浓度的阈限值,以及氧气的最低浓度阈限值,以便应用各种类型的测量仪器、仪表对这些气体进行检测。

1. 有毒有害气体测量仪表的分类

根据《作业场所环境气体检测报警仪通用技术要求》(GB 12358—2006),从所用气体传感器的基本工作方式和原理来划分,目前用于测量可燃气体和多种气体的仪器、仪表按功能、检测对象、检测原理、使用方式、使用场所、采样方式等分为以下几类。

(1)按功能分类,有气体检测仪、气体报警仪和气体检测报警仪三种类型。

(2)按检测对象分类,有可燃性气体检测报警仪、有毒气体检测报警仪和氧气检测报警仪三种类型,或者将适于多种气体检测的仪表统称为多种气体检测报警仪。

(3)按检测原理分类,一般可燃气体检测仪有催化燃烧型、半导体型、热导型和红外线吸收型;有毒气体检测报警仪有电化学型、半导体型等;氧气检测报警仪有电化学型等。

(4)按使用方式不同分类,气体测量仪一般分为携带式和固定式两种类型。其中,固定式装置多用于连续监测报警;携带式装置多用于携带检查泄漏和事故预测。

(5)接使用场所分类,根据石油化工场所防爆安全的要求,气体测量仪表有非防爆型和防爆型之分。其中,防爆型多制成固定式,用在危险场所进行连续安全监测。

(6)按采样方式分类,可以分为泵吸式和扩散式两类。前者利用泵吸作用将被测气体吸入,流经产生信号的部位,通常其灵敏度较高,响应时间较短;后者利用浓度差的推动力,被测组分通过扩散进入产生信号的部位处,其响应速度受扩散速度的制约,一般响应时间稍微长些。固定式检测报警系统多数采用扩散方式,仪器简单且能满足要求。

2. 有毒有害气体传感器的工作原理

气体传感器作为传感器的一种,其功能是将器件所在环境中存在的气体分子信号转化为可输出的信号(如电流、电阻等)。气体传感器由气敏部件、电源部件、信号采集部件及主板等部件组成。其原理是气敏材料与气体分子相互作用之后,气敏材料的性能会因此改变,通过测量性能的变化就可以间接地表征出环境中气体的参数。根据气体传感器的检测原理,常用的传感器分为以下几类。

(1)接触(催化)燃烧式气体传感器

接触(催化)燃烧式气体传感器,一般用于石油化工、造船厂、矿山及隧道等场合,以检测石油类可燃性气体的存放情况和防止危险事故发生。

此类仪器利用可燃性气体在有足够氧气和一定高温条件下发生催化燃烧(无焰燃烧),放出热量,从而引起电阻变化的特性,达到对可燃性气体浓度进行测量的目的。这类可燃气体测量仪器采用有代表性的气体传感材料 Pt 丝+催化剂(Pd、Pt、Al_2O_3、CuO),其具有体积小、质量小的特点。

(2)热传导式气体传感器

热传导式气体传感器利用被测气体与纯净空气的热导率之差和在金属氧化物表面燃烧的特性,将被测气体浓度转换成热丝温度或电阻的变化,达到测定气体浓度的目的。每种气体都有固定的热导率,混合气体热导率也可以近似求得,因为以空气为比较基准的校正较容易实现,所以用热导率变化法测气体浓度时,往往以空气为基准比较被测气体。

热传导式气体传感器可分为气体热传导式和固体热传导式两种。

①气体热传导式气体传感器。其利用被测气体的热导率与铂丝(发热体)的热导率之差所引起的温度变化的特性测定气体的浓度。这类气体传感器主要用于测定 H_2、CO、CO_2、

N_2、O_2 等气体的浓度，多制成易携带仪表。

②固体热传导式气体传感器。它是利用被测气体的不同浓度在金属氧化物表面燃烧引起的电阻变化特性，来达到测定被测气体浓度的目的。这类仪器多制成携带式仪器，可用于测定 H_2、CO、NH_3 等气体的浓度，也可用于测定其他可燃性气体的浓度。

(3)半导体式气敏传感器

半导体式气敏传感器是由金属氧化物或金属半导体氧化物材料做成的检测元件，它与气体相互作用时产生表面吸附或反应，引起以载流子运动为特征的电导率或伏安特性或表面电位变化。它既可以用于检测百分比浓度的可燃性气体，也可以用于检测 ppm 级的有毒气体。半导体式气敏传感器（比如由 SnO_2 构成）在清洁空气中的电导很低，一旦遇到还原性气体，比如一氧化碳或可燃性气体，其电导就会增加。如果控制传感元件的温度，则可以对不同的物质有一定的选择性。

半导体式气敏传感器的品种很多，其中金属氧化物半导体材料制成的数量最多，其特性和用途也各不相同。金属氧化物半导体材料主要有 SnO_2 系列、ZnO 系列及 Fe_2O_3 系列，由于它们的添加物质各不相同，因此能检测的气体也不同。半导体式气敏传感器适用于检测低浓度的可燃性气体及毒性气体，如 CO、H_2S、NO 及 C_2H_5OH、CH 等碳氢气体。

气体传感器的检测对象见表 3-1。

表 3-1　气体传感器的检测对象

分类	检测对象	应用场所
爆炸性气体	液化石油气、城市用煤气（发生煤气、天然煤气）	家庭、煤矿、办公室
有毒气体	一氧化碳（不完全燃烧的煤气）、硫化氢、含硫的有机化合物卤素、卤化物、氨气等	使用煤气灶的特殊场所、办公室
环境气体	氧气	家庭、办公室
	二氧化碳（防止缺氧）	家庭、办公室
	水蒸气（调节湿度、防止结露）	电子设备、汽车
	大气污染（SO_x，NO_x 等）	温室
工业气体	氧气（控制燃烧，调节空气燃料比）	发动机、锅炉
	一氧化碳（防止不完全燃烧）	发动机、锅炉
	水蒸气	电炊灶
其他	呼出气体中的酒精、烟等	—

一般来说，半导体气敏元件对气体的选择性比较差，并不适合精确地测定气体成分。这种元件能够检测某种气体是否存在，却不一定能够精确地分辨出是哪一种气体。对于某些危害健康，引起窒息、中毒或容易燃烧爆炸的气体，应注意其含量为何值时达到危险程度。在这种情况下，可以通过一种气敏元件，及时提供报警，以便及早采取措施，保证生命和财产的安全。所以半导体气敏元件在环境保护和安全监控中发挥着极其重要的作用。

(4)定电位电解式传感器

定电位电解式传感器属于电化学能式传感器中离子电池类传感器,通常用于气体检测,对还原性气体效果更明显,可检测 H_2、NH_3、N_2H_4、SO_2、NO、NO_2、CO 和 H_2S 等气体。定电位电解式传感器是目前气体检测中被广泛使用的主流传感器,是一种可用于库仑分析的传感器。由于定电位电解式传感器中产生电流,它也常被称为电流气体传感器或微型燃料电池。

用定电位电解式传感器检测不同气体时,灵敏度也不同。按灵敏度从高到低排序,依次是 H_2S、NO、NO_2、SO_2 和 CO。响应时间一般为几秒至几十秒,一般小于 1 min。定电位电解式传感器的寿命较短,最短只有半年,2~3 年寿命已属较长,仅少数 CO 传感器可长达几年。

(5)红外式吸收传感器

红外式吸收传感器的基本原理是依据每种气体分子都具有特定的红外吸收波长及朗伯比尔红外吸收定律,由气体对某一特征吸收波长处的红外吸收强度,确定被测气体的浓度。由两种或两种以上原子组成的分子具有永久性偶极矩,具有永久性偶极矩的分子能够吸收特定波长的红外线。红外光由红外光源发出,通过滤光器件滤除能产生吸收干扰的红外线后,剩下只能被待测气体吸收的红外线,其穿过被测气体时部分被吸收,透过的红外线由接收器转化成电信号。

红外吸收检测器分为点式和开路两种。点式即一体式,光源和检测器都设在一台仪器中;开路式检测器的红外光源与红外线接收器分开设置,二者间距可达 50 m,用于广阔的开放区域或无法安装点式检测器的场所。

(6)隔膜电极式传感器

隔膜电极式传感器是由离子选择性电极与疏水透气性的隔膜复合而成的检测器。气体透过隔膜溶解于电解质溶液中,形成离子化的气态离子,气态离子在电极上产生电位。隔膜电极式传感器比较适合于测定 NH_3 和 CO_2。

3.1.3 有毒有害气体的监测技术

通常进行气体浓度监测时,是在易燃易爆场所安装点型气体传感器,如接触燃烧式气体传感器、半导体气体传感器和电化学气体传感器,来检测气体的浓度或监测是否有可燃气体泄漏,但这种方式测量精度较低,易受环境因素干扰,常有误报、漏报现象。近年来,随着红外应用技术研究的不断深入,非色散红外吸收气体浓度监测和红外大面积气体泄漏监测技术不断发展,在石油、化工生产过程的气体浓度监测和大面积气体泄漏监测领域得到了广泛应用。因此,下面将对非色散红外吸收气体浓度监测技术和红外大面积气体泄漏监测技术进行重点介绍。此外,有毒有害气体利用化学方式也能实现更灵敏的监测。

1. 非色散红外吸收气体浓度监测技术

红外气体浓度测量方法主要有色散型红外吸收光谱法、傅里叶变换红外光谱法和非色散红外吸收法。其中,色散型红外吸收光谱法、傅里叶变换红外光谱法均采用分光元件和扫描方式,可以在很宽的红外波段,对气体浓度进行测量分析,虽然测量精度高,能同时对多种气体进行分析测量,但由于设备价格昂贵,只适用于在实验室进行气体分析。非色散红外吸收法与前述的光谱方法相比,具有结构简单、体积小、质量小、价格低廉和可靠性高等特点，非常适合生产过程气体浓度的在线测量和安全监测场所对气体泄漏的监测。

红外吸收式气敏传感器精度高、选择性好、气敏浓度范围大，但是价格相对较高，使用和维护难度较大。图 3-1 是量子型红外光敏元件气敏传感器的构成。红外光源产生的红外光入射到测量槽，照射到某种被测气体时，根据气体种类的不同，将对不同波长的红外光具有不同的吸收特性。同时，同种气体不同浓度时，对红外光的吸收量也彼此不同，因此，通过测量值可以知道到达光敏元件的红外光强度是否相同。红外光敏元件是将光信号变成电信号的器件。根据红外光源的波长和光敏元件输出电信号的不同就可以知道被测气体的种类和浓度。采用红外滤光片可以提高量子型红外光敏元件的灵敏度，也可以通过更换红外滤光片增加被测气体的种类和扩大被测气体的浓度范围。

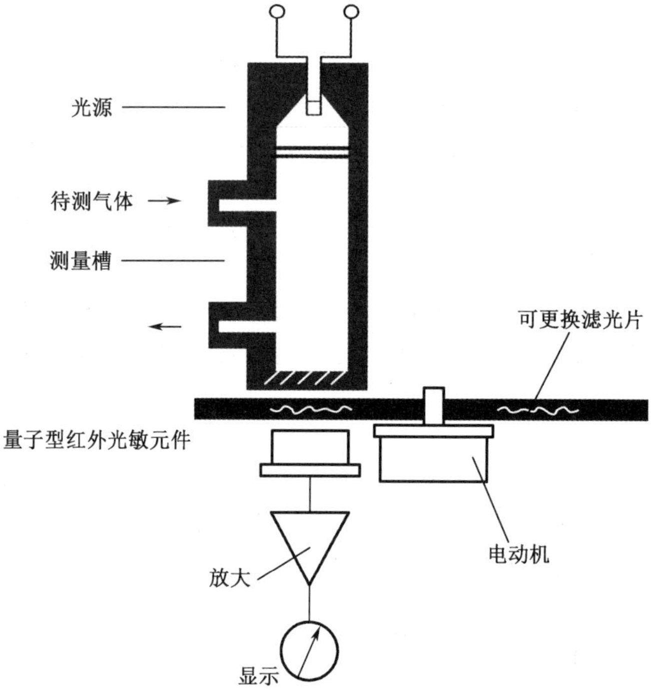

图 3-1　量子型红外光敏元件气敏传感器的构成

在烟气成分分析中，测量的不是热辐射，而是另一种形式的红外辐射。根据红外理论，许多化合物分子在红外波段都具有一定的吸收带，吸收带的强弱及所在的波长范围由分子本身的结构决定。只有当物质分子本身固有的特定的振动和转动频率与红外光谱中某一波段的频率相一致时，分子才能吸收这一波段的红外辐射能，将吸收到的红外辐射能转变为分子振动动能和转动动能，使分子从较低的能级跃迁到较高的能级。实际上，每一种化合物的分子并不是对红外光谱范围内所有波长的辐射或任意一种波长的辐射都具有吸收能力，而是有选择性地吸收某一个或某一组特定波段内的辐射。这个特定的波段就是所谓分子的特征吸收带。气体分子的特征吸收带主要分布在 1～25 μm 波长的红外区。特征吸收带对某一种分子是确定的、标准的，如同“物质指纹”。通过对特征吸收带及其吸收光谱的分析，可以鉴定和识别分子的类型，这是红外光谱分析的基本依据。根据上述原理制成的红外光谱分析仪器，即红外分光光度计，是对混合物进行定性分析、鉴定其中含有哪一种物质组分的理想仪器，甚至还可以进行定量分析，确定各种组分在混合物中的百分含量。

在测量中，人们感兴趣的往往是测定混合气体中某种已知组分的百分含量。例如，需要测定烟气中 CO、CO_2 或 O_2 的含量，作为燃烧过程的一个重要依据。在这种情况下，没有必要使用红外分光光度计来确定混合气体中含有哪些成分，只需选择真正代表混合气体中待测组分的一个特征吸收带，测量这个特征吸收带所在的一个窄波段的红外辐射的吸收情况，就可得到待测组分的含量。

红外气体分析仪可根据不同要求设计成不同的形式。单组分红外气体分析仪的工作原理可以由图 3-2 来说明。

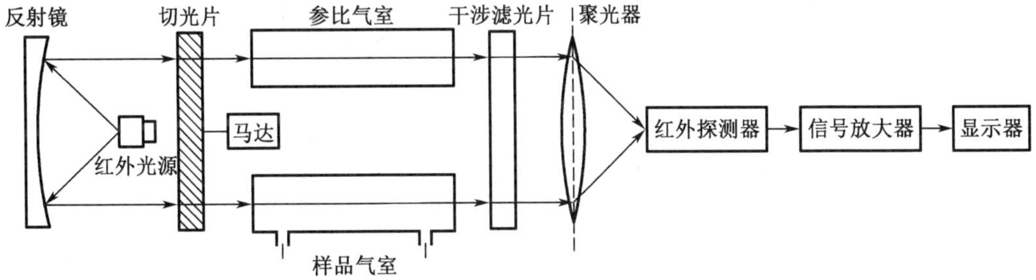

图 3-2 单组分红外气体分析仪的工作原理示意图

在图 3-2 中，单一红外光源产生的红外辐射由凹面反射镜反射后汇聚成平行的红外光，一束通过样品气室，另一束通过参比气室，然后再经过聚光器投射到红外探测器上。聚光器与气室之间有一块干涉滤光片，它只允许某一窄波段的红外辐射通过，该窄波段的中心波长就选取待测组分特征吸收带的中心波长。例如，待测组分是烟气中的 CO 含量。CO 在中近红外光谱区有一个以 4. 65 μm 为中心的特征吸收带，可选择这个带中的一个窄波段进行红外辐射测量。分析仪中选用的干涉滤光片，只允许中心波长为 4. 65 μm 的一个窄波段内（例如 4. 5~5. 0 μm）的红外光通过，红外探测器所接收的也仅仅是这个窄波段内的红外辐射。

在红外光源与气室之间，装有切光片。切光片是布有若干开孔的圆盘，如图 3-3 所示。其由同步电机带动，只要适当地安排样品气室、参比气室与切光片之间的相对位置，使得红外辐射穿过切光片上的开孔进入样品气室时，切光片上未开孔处恰好遮断进入参比气室的红外辐射的光路，而当切光片遮断进入样品气室的红外辐射光路时，它又恰好使红外辐射进入参比气室。这样，红外辐射在切光片的作用下，轮流通过样品气室和参比气室。红外探测器交替地接收通过样品气室和参比气室的红外辐射。

透射波长是被测气体中任何气体均不吸收的波长。在切光盘上还有同步孔，当参比滤光片对准气室时，同步灯的光可通过同步孔，使光敏管接收到信号，这样就可以区分是测量滤光片还是参比滤光片对准气室了。气室共有两个，即参比气室和工作气室。参比气室也称为滤波气室，它里面密封着与被测气体有重叠吸收波长的干扰成分。在切光盘的作用下，两种波长的红外光束交替地通过参比气室和工作气室，最后到达半导体锑化铟光电检测器上，并转化成与红外光强度相对应的电信号。

当测量气室中不存在被测气体组分时，锑化铟光电检测器接收到的是未被吸收的红外光，测量信号和参比信号相等，两者之差为零。当测量气室中存在被测气体组分时，测量光束的能量被吸收，锑化铟光电检测器检测到的信号要小于参比光束的信号，它们之间的差值被送到放大器中进行放大处理，得到的输出信号与被测气体组分的浓度成正比。

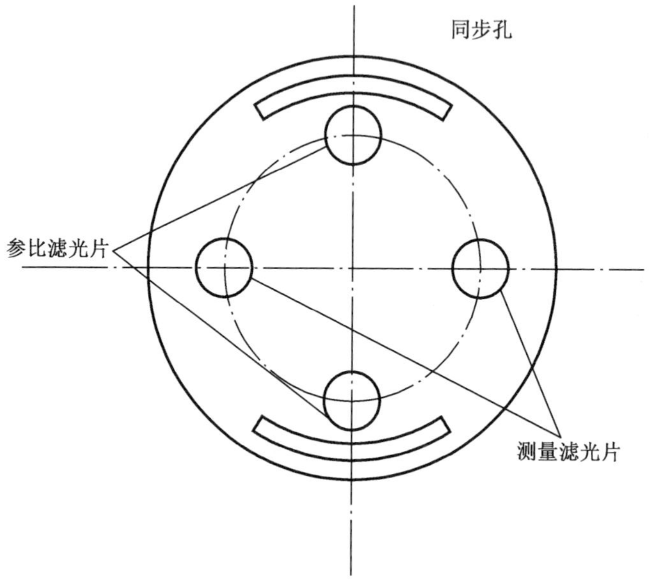

图 3-3 切光片示意图

在光路中，测量滤光片和参比滤光片先后把入射的红外光分成两组不同波长的红外光束，这样就使单光束系统按时间不同形成两个光束，相同的影响因素都可以通过后面的自动增益控制电路而得到补偿。

参比气室内封有某种不含待测组分的气体。例如，分析烟气中 CO 含量时，参比气室中可封入 N_2，样品气室中通以被分析的混合气体样品。当被分析的混合气体尚未进入样品气室时，两气室中均无待测组分，红外辐射不会在选定的窄波段上被吸收。因此，红外探测器上交替接收到的红外辐射通量相等，探测器只有直流响应，接在其后的交流选频放大器输出为零。如果样品气室中通以含有待测组分的混合气体，由于待测组分在其特征吸收带上对相应波段红外辐射的吸收作用，使通过样品气室的红外辐射被吸收掉一部分，吸收程度取决于待测组分在混合气体中的浓度，通过参比气室的红外辐射仍保持不变。这样，通过样品气室和参比气室的两束红外辐射的通量不再相等，红外探测器接收到的是交变的红外辐射，交流选频放大器输出信号不再为零。如待测组分浓度发生变化，输出信号也相应地随之变化。通过适当标定，可以根据输出信号的大小推测待测组分的百分含量。

近年来，对多种组分浓度同时进行自动连续分析的多组分红外气体分析仪的研制取得了很大进展。多组分红外气体分析仪与单组分红外气体分析仪的原理基本相同，其关键是信号的分离技术及对信号间相关干扰的处理。随着计算机技术、激光技术和分光技术的应用与发展，这类多组分红外气体分析仪可以达到更高的技术水平。图 3-4 是一种三组分红外气体分析仪工作原理示意图。

在图 3-4 中，红外光源所产生的平行红外辐射光束，通过切光器、样品气室被红外探测器接收。切光器上布置有六个气室。如果被分析的混合气体是由三种待测组分 A、B、C 所构成，那么切光器上的三个气室 R_a、R_b、R_c 就分别是组分 A、B、C 的参比气室。参比气室中分别被充以浓度为100%的待测组分,A、B、C 气体的窗口相应地安装对 A、B、C 组分无吸收作用的滤光片。切光器上的另外三个气室 S_a、S_b、S_c 分别是相应于 A、B、C 三种组分的分析气室,S_a 中充有一定浓度的 B、C 组分,S_b 中充以一定浓度的 A、C 组分,S_c 中则充以一定浓度的 A、B 组分。样品气室通入被分析的混合气体。电动机带动切光器转动,红外探测器就出现六个波峰,R_a 和 S_a 峰是相应于 A 组分的参比峰和分析峰,R_b 和 S_b 峰与组分 B 相对应,R_c 和 S_c 峰则与组分 C 相对应。小灯泡和光敏二极管给放大器提供一个同步信号,使分离器根据程序将三组信号分开并相减,分别在三个放大器上得到相应于待测组分 A、B、C 各自浓度的信号。

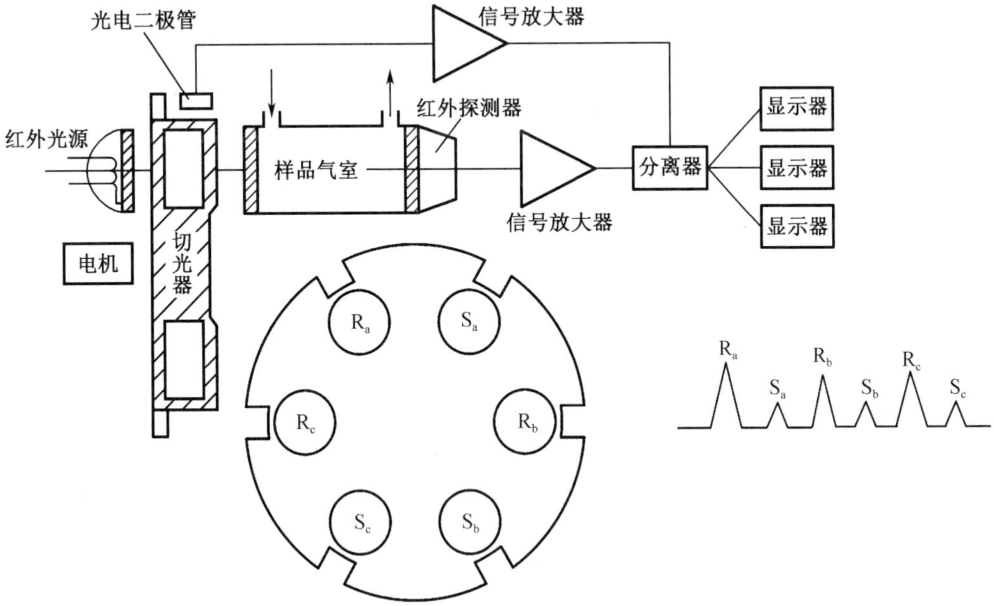

图 3-4 三组分红外气体分析仪工作原理示意图

单组分和多组分的红外气体分析仪都是以贝尔定律为分析原理的光谱仪器。严格地讲,贝尔定律只适合于描述在某一波长上红外辐射的吸收。在红外气体分析仪中,测量得到的不是在某一波长上红外辐射的吸收,而是在某一窄波段内红外辐射的吸收。这种情况比原理上的贝尔定律所描述的红外辐射吸收与待测组分浓度之间的关系复杂得多。因此,红外气体分析仪测定的红外辐射吸收与待测组分浓度之间的关系必须通过实际标定确定。

红外气体分析仪除了单原子气体(如 He、Ne、Ar 等)和双原子气体的同核分子(O_2、N_2、H_2 等)不能分析外,其他具有偶极距的气体分子都可以分析。此外,它还具有精度高、灵敏度高、反应迅速等优点。

2. 红外大面积气体泄漏监测技术

具有多原子结构的气体分子,都能引起强烈的红外吸收,并且各自都具有固定的特征红外吸收波长。红外大面积气体泄漏监测的原理,就是基于泄漏气体具有特征红外吸收波长。监测系统由发射器和接收器两部分组成,发射器发出的红外光束穿过被监测区域后,对应泄漏气体的特征红外吸收波长的红外光将被泄漏气体吸收,从而造成该波长到达接收器端的光强发生衰减,理论上可以证明该波长光强的变化量取决于泄漏气体的体积百分比浓度或爆炸下限浓度与该气体所占光路长度的乘积。

(1)红外大面积气体泄漏的双光束监测原理

为了消除大气散射,以及雨、雾、烟尘和大气湍流等环境因素的影响,在红外大面积气体泄漏监测中采用空间双光束监测方法,其探测波长位于被监测泄漏气体的特征红外吸收波长处,参比波长选择在对红外光不吸收的波段,并应尽可能接近探测波长。

假设在红外气体泄漏监测区域内分布有一泄漏气体云,设其为待测气体,如图 3-5 所示。其中,L 为光束传输路径长度,$L'=L_2-L_1$ 为待测泄漏气体占据的光路长度。

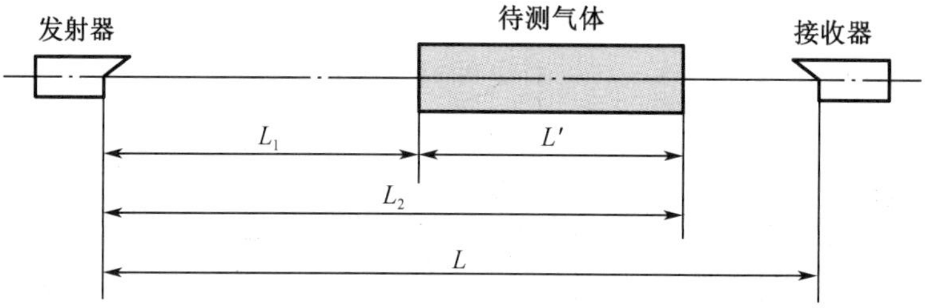

图 3-5 红外大面积气体泄漏监测示意图

根据光在介质中传播时光强变化所遵循的普遍原则——朗伯比尔定律,对于图 3-5 而言,参比波长 λ_1 和探测波长 λ_2 的光强变化分别为

$$I_{\lambda_1} = I_{0\lambda_1}\exp\left\{-\int_0^L[\alpha(\lambda_1,x)+\beta(\lambda_1,x)]\mathrm{d}x-\int_{L_1}^{L_2}[\alpha'(\lambda_1,x)+\beta'(\lambda_1,x)]\mathrm{d}x\right\} \tag{3-5}$$

$$I_{\lambda_2} = I_{0\lambda_2}\exp\left\{-\int_0^L[\alpha(\lambda_2,x)+\beta(\lambda_2,x)]\mathrm{d}x-\int_{L_1}^{L_2}[\alpha'(\lambda_2,x)+\beta'(\lambda_2,x)]\mathrm{d}x\right\} \tag{3-6}$$

式中,I_{λ_1}、I_{λ_2} 为波长 λ_1、λ_2 在接收端处的光强;$I_{0\lambda_1}$、$I_{0\lambda_2}$ 为波长 λ_1、λ_2 在发射端处的光强;L 为光束传输路径长度;L_2-L_1 为待测泄漏气体占据的光路长度;α、β 分别为大气的吸收系数和散射系数;α'、β'分别为待测泄漏气体的吸收系数和散射系数。

在选择波长 λ_1、λ_2 时,一般会选得比较接近,可以近似认为

$$\alpha(\lambda_1,x)=\alpha(\lambda_2,x)$$

$$\beta(\lambda_1,x)=\beta(\lambda_2,x)$$

$$\beta'(\lambda_1,x)=\beta'(\lambda_2,x)$$

将式(3-5)除以式(3-6)后再取对数,得

$$\int_{L_1}^{L_2}\alpha'(\lambda_1,x)\mathrm{d}x = \ln\left(\frac{I_{0\lambda_1}}{I_{0\lambda_2}}\right)-\ln\left(\frac{I_{\lambda_1}}{I_{\lambda_2}}\right) \tag{3-7}$$

实验证明,吸收系数 $\alpha'(\lambda_1,x)$ 与待测泄漏气体浓度 ρ 有关,对于 $\alpha'(\lambda_1,x)$ 可写成下列关系式:

$$\alpha'(\lambda_1,x)=K(\lambda_1)\rho(x) \tag{3-8}$$

式中 $K(\lambda_1)$——单位浓度待测泄漏气体的吸收截面(为常数);

$\rho(x)$——待测泄漏气体在路径 x 点处的浓度。

将式(3-8)代入式(3-7)有如下关系式:

$$\int_{L_1}^{L_2}\rho(x)\mathrm{d}x = \frac{1}{K(\lambda_1)}\ln\left(\frac{I_{0\lambda_1}}{I_{0\lambda_2}}\right)-\frac{1}{K(\lambda_2)}\ln\left(\frac{I_{\lambda_1}}{I_{\lambda_2}}\right) \tag{3-9}$$

式(3-9)表明,在保证发射器发射出的光强 $I_{0\lambda_1}$、$I_{0\lambda_2}$ 不变的情况下,等式右边的后一项就可以唯一确定待测泄漏气体的浓度信息,且保证在监测过程中,任何环境因素的影响对 I_{λ_1}、I_{λ_2} 所产生的作用是一样的。因此,在无泄漏气体的情况下,可以维持该项的相对恒定。可见双光束红外气体泄漏监测可以消除大气对红外光的衰减及在大气环境传输时随机变化的气候条件的影响,使通过测量接收器处光强度的变化来获得待测泄漏气体的浓度信息成为可能。

(2)红外大面积气体泄漏监测的监测量

系统对光强变化的监测,实际上是对待测泄漏气体浓度在扩散距离上分布总量的监测。因此,红外大面积气体泄漏监测的监测量的物理意义与点型气体浓度探测所表示的泄漏气体的浓度并不相同。

与点型气体浓度探测相比,红外大面积气体泄漏监测的监测量在系统原理上更具合理性。点型气体浓度探测这种单一浓度量的探测并不能真实地反映出气体泄漏的实际情况。由于泄漏气体的扩散,加上大气环境的影响,泄漏气体可能在大范围内维持较低的浓度,也可能在局部小范围内维持高浓度,单一浓度量的指示并不能表示出泄漏总量的多少。相反,红外大面积气体泄漏监测所得反映气体浓度在扩散距离上分布总量的监测量值,更能反映气体泄漏的整体情况。

实际情况下泄漏气体的扩散范围是不确定的,浓度也不一定均匀,如果要求系统在泄漏气体的扩散范围内对气体浓度场做出分布监测是不现实的。在不违背系统监测原理的基础上,可假设在泄漏气体的弥散路径 L_2-L_1 上气体是均匀的,其平均浓度设为 $\rho(\mathrm{LEL})$,则式(3-9)可写成

$$\rho(L_2-L_1)=\frac{1}{K(\lambda_1)}\left[\ln\left(\frac{I_{0\lambda_1}}{I_{0\lambda_2}}\right)-\ln\left(\frac{I_{\lambda_1}}{I_{\lambda_2}}\right)\right] \tag{3-10}$$

式中,ρ 与 L_2-L_1 的乘积即为红外大面积气体泄漏监测的监测量 Y,其监测量的量纲为 LEL · m,即

$$Y=\rho(L_2-L_1)=\frac{1}{K(\lambda_1)}\left[\ln\left(\frac{I_{0\lambda_1}}{I_{0\lambda_2}}\right)-\ln\left(\frac{I_{\lambda_1}}{I_{\lambda_2}}\right)\right] \tag{3-11}$$

红外大面积气体泄漏监测技术,具有监测灵敏度高、响应速度快、寿命长、监测距离远(最大距离可达 140 m)、保护面积大、抗干扰性能强和可靠性高等特点,可广泛应用于石油化工企业管道系统、大型油库、泵房、石油液化气站、油罐群及海上采油平台等场所气体泄漏的监测,对于防止火灾和恶性爆炸事故的发生具有积极作用。

3. 有毒有害气体比色管测量技术

除了仪器测量外,比色管测量技术是目前在工业、环保领域中用于检测有毒有害气体的方式。这种以化学显色反应为基础的测量方式的最大好处是可以弥补采用仪器检测时遇到的没有合适检测传感器的不足。比色管测量技术也可以看成一种实时检测技术,它既可以针对宽范围的有毒物质进行初步确认,也可以针对特定的物质进行测量。

商品化的比色管由一个充满硅胶、活性铝或其他介质的短玻璃管构成。其介质上涂敷能与特定待测有毒有害气体反应并改变颜色的化学物质。使用时,打碎玻璃管的两端,将管子插到一个手泵或自动泵上,吸取一定时间,特定气体会同管内介质反应出现一个颜色带,颜色带的长度同气体的浓度成正比。比色管的外部一般都有刻度,可以直接读出气体的浓度。比色管上还会标有其他操作信息,如抽取次数、采样体积等。

比色管的最大优点在于其可以对很多污染物提供实时检测,只要更换新的比色管就可以对新的污染物进行测量。同时,它还可以通过一个特定的顺序对未知化合物进行判定。比色管的缺点是污染物间存在交叉干扰,并且它也很难提供一个随时间变化的线性测量结果。由于湿度、操作水平等影响,比色管很难提供一个较为准确的测量结果,它的结果误差为20%~50%;同时,它对污染物的测量是非连续的,即“点测”。

3.2 生产性粉尘监测

粉尘一般指矿物开采或材料加工过程中产生的微细固体集合体。依据粉尘的存在状态,常把沉积于器物表面或井巷四壁之上的粉尘称为落尘;把悬浮于空气中或井巷空间中的粉尘称为浮尘(或飘尘)。落尘与浮尘在不同环境下是可以相互转化的。防尘技术研究的对象主要是悬浮于空气中的粉尘,所以一般所说的粉尘就是指这种状态的粉尘。

生产性粉尘是指生产过程中产生的并且能够较长时间悬浮于空气中的固体微粒。生产性粉尘是人类健康的天敌,是诱发多种疾病的主要原因。尘肺病是最常见、危害最严重的一类职业病。职业卫生安全检测所测定的粉尘主要是指作业场所的生产性粉尘,其与环境监测中监测大气中的颗粒物有所不同。粉尘检测主要包含粉尘性质、粉尘浓度、粉尘粒度、游离二氧化硅含量及粉尘爆炸性检测,其内容涵盖了职业健康、生产安全等重要内容。

3.2.1 粉尘的形成与种类

1. 根据粉尘的形成方式进行分类

许多工业生产过程都会产生粉尘,按照粉尘的形成方式可分为以下几类:

(1)固体物质的机械破碎,如钙镁磷肥熟料的粉碎、水泥粉的粉碎等;

(2)物质的不完全燃烧或爆破,如矿石开采、隧道掘进的爆破,煤粉燃烧不完全时产生的煤烟尘等;

(3)物质的研磨、钻孔、碾碎、切削、锯断等产生的粉尘;

(4)金属熔化,如生产蓄电池时熔化铅的工序产生的铅烟尘;

(5)成品本身呈粉状,如炭黑、滑石粉、有机染料、粉状树脂等。

在工业生产过程中接触粉尘的工作很多,例如,矿山的开采、爆破、运输;冶金工业中的矿石粉碎、筛分、配料;机械铸造工业中的原料破碎、清砂;钢铁磨件的砂轮研磨;石墨、珍珠岩、蛭石、云母、萤石、活性炭、二氧化钛等的粉碎加工;水泥的生产与包装;橡胶加工中的炭黑、滑石粉的使用等,若防尘措施不完善,均有大量生产性粉尘外逸。

2. 根据粉尘的性质进行分类

(1)无机粉尘。矿物性粉尘:石英、石棉和煤等粉尘。金属性粉尘:铜、铁、铅和锌等金属及其化合物粉尘。人工无机粉尘:水泥、金刚砂和玻璃纤维粉尘。

(2)有机粉尘。植物性粉尘:棉、麻、甘蔗、花粉和烟草等粉尘。动物性粉尘:动物皮毛、角质、羽绒等粉尘。人工有机粉尘:合成纤维、有机染料、炸药、表面活性剂和有机农药等粉尘。

(3)混合性粉尘。上述多种粉尘中,两种或两种以上粉尘的混合物称为混合性粉尘。生产过程中常见的是混合性粉尘。

在职业健康工作中,常依据粉尘性质,初步判断其对人体危害程度及作用机理。

3. 根据粉尘的粒径大小进行分类

粉尘粒径不同,能够进入人体呼吸系统(鼻咽区、气管和支气管区、肺泡区)的部位也不同,因此,对人体危害程度也不同。按粒径大小可将粉尘分为以下几类。

(1)降尘。降尘是指在空气自然环境条件下,能靠自身重力自然降落的颗粒物。降尘粒径通常大于 30 μm。降尘颗粒的理化性质接近于固体物质,表面自由能低,很少聚积或凝聚。由于降尘难以进入呼吸道,因此对人体健康的危害也较小。

(2)总悬浮颗粒物。其英文缩写 TSP。总悬浮颗粒物是指悬浮在空气中,粒径小于 100 μm 的固态和液态颗粒物的总称。粒径大于 10 μm 的颗粒物质量相对较大,被人体吸入后具有较大的惯性,在鼻腔陡弯处和咽喉部位与呼吸道内壁碰撞,致使大部分颗粒沉积在上呼吸道。

①可吸入颗粒物。可吸入颗粒物是指悬浮在空气中,能进入人体的呼吸系统且空气动力学当量直径小于 10 μm 的颗粒物,又称 PM_{10}。可吸入颗粒物可以被人体吸入,沉积在呼吸道、肺泡等部位从而引发疾病。颗粒物的直径越小,进入呼吸系统的部位越深。

②胸部颗粒物。在可吸入颗粒物中,能穿过咽喉的颗粒物称为胸部颗粒物,粒径为 5~10 μm,由于重力作用,大部分沉降在气管和支气管区。

③呼吸性粉尘。可吸入颗粒物中,可达到肺泡区(无纤毛呼吸性细支气管、肺泡管、肺泡囊)的颗粒物,称为呼吸性粉尘。呼吸性粉尘能够进入人体肺泡甚至血液系统中,直接导致心血管病等疾病。空气动力学当量直径小于 2.5 μm,又称 $PM_{2.5}$。$PM_{2.5}$ 的比表面积较大,通常富集在各种重金属元素[如砷(As)、硒(Se)、铅(Pb)、铬(Cr)等]和有机污染物[如多环芳香烃化合物(PAHs)、二噁英(PCDD/Fs)、挥发性有机物(VOCs)等]中,多为致癌物质和基因毒性诱变物质,危害极大。

可见,颗粒物粒径不同,在人体呼吸系统中沉积部位也不同。因此,研究 PM_{10} 和 $PM_{2.5}$ 对保障劳动者职业安全健康具有重要的意义。

4. 根据粉尘的物理状态进行分类

(1)固态颗粒物。固态颗粒物主要是烟和粉尘。烟是指燃烧过程产生的或燃烧产生的气体转化形成的颗粒物,其粒径为 0.01~1 μm;粉尘是指工业生产中的破碎和运转作业所产生的颗粒物,其粒径大于 1 μm。也有学者认为,粉尘是指 1~75 μm 的大气颗粒物,而小于 1 μm 的粉尘称为亚微粉尘。

(2)液态颗粒物。液态颗粒物主要是雾和雾尘或尘雾。雾是大量微小水滴或冰晶形成的悬浮体系,按其对大气能见度的影响可分为浓雾(粒径小于 10 μm)和轻雾(粒径大于 40 μm)。尘雾是工业生产中的过饱和蒸气为凝结核凝聚,以及化学反应和液体喷雾所形成的悬浮体系。一般认为尘雾的粒径小于 10 μm。

(3)固液混合态颗粒物。固液混合态颗粒物主要是烟尘,是指燃烧、冶炼等工业生产过程中释放的尘粒,为凝结核所形成的烟、雾混合体系,其粒径一般小于 1 μm。

5. 根据粉尘的成分、有无毒性及爆炸性进行分类

(1)按粉尘的成分可分为煤尘、岩尘、石棉尘、水泥尘,以及动物粉尘、植物粉尘等。

(2)按粉尘有无毒性可分为有毒粉尘、无毒粉尘、放射性粉尘等。

(3)按粉尘爆炸性可分为易燃粉尘、易爆粉尘和非燃粉尘、非爆炸性粉尘。

3.2.2 生产性粉尘的职业危害

在2015年颁布的《职业病危害因素分类目录》中,粉尘为职业病危害因素6大类中的第一大类,涵盖了矽尘、煤尘、石墨粉尘等52个子类。生产性粉尘的种类和性质不同,对人体的危害也不同。

1. 致纤维化

尘肺是长期吸入生产性无机粉尘所致的以肺组织纤维化为主的一类全身疾病的统称,其病理特点是肺组织发生弥漫性、进行性的纤维组织增生,引起呼吸功能严重受损,而致劳动能力下降乃至丧失。游离二氧化硅具有极强的细胞毒性和致纤维化作用,因此,粉尘致纤维化的程度和该类粉尘中游离二氧化硅含量有关。尘肺是长期吸入高浓度粉尘所引起的最常见的职业病。其中,硅肺是纤维化病变最严重、进展最快、危害最大的尘肺。

2. 中毒

粉尘中含有铅、镉、锰、砷、铍等毒性元素,在呼吸道溶解被吸收进入血液循环后,会引起全身中毒。

3. 损伤

吸入的生产性粉尘首先进入呼吸道刺激呼吸道黏膜,使黏膜毛细血管扩张,黏液分泌增加,以加强对粉尘的阻留作用。黏膜毛细血管的长期扩张会导致黏膜肥大,发生营养不良而致萎缩,形成萎缩性鼻炎。硬度较大、边缘锐利的粉尘颗粒还可以机械性地直接损伤黏膜细胞,引起鼻炎、咽炎、喉炎。有些金属粉尘则直接损伤鼻黏膜形成溃疡和穿孔。粉尘散落于皮肤上,可堵塞汗腺、皮脂腺,而引起皮肤干燥,易于发生继发感染,形成粉刺、毛囊炎等。金属粉尘、烟草粉尘等对角膜的刺激及损伤可致角膜感觉迟钝,角膜混浊等。

4. 炎症

长期吸入大量粉尘,可损伤呼吸道黏膜,继发感染引起慢性炎症,因此,导致接尘工人产生慢性支气管炎。有机粉尘中带有细菌或真菌,可引起肺真菌病,皮毛粉尘中的炭疽杆菌可引起肺炭疽病。

5. 致癌

放射性粉尘的射线易引发肺癌,石棉粉尘可引起支气管肺癌和间皮瘤,放射性矿物质粉尘可致肺癌,金属粉尘镍、铬酸盐等也和肺癌高发有关。近年来硅尘和肺癌的关系在学术界的争论受到人们的关注。一些流行病学的研究结果提示硅尘暴露和肺癌的高发有一定关系。国际癌症研究机构依据这些研究结果,已把硅尘列为人类致癌物。

6. 沉积

吸入某些惰性金属粉尘可引起金属粉尘在肺内的沉积,如锡、锑、铁等。一般来说,这些金属粉尘的沉积对肺功能没有明确的损害,也没有致肺组织进行性纤维化的证据。但作为一种异物沉积在肺内,会引起肺组织的反应,有的可引起急性支气管炎或支气管哮喘。

3.2.3 粉尘采样方法与仪器

粉尘浓度的测定方法主要有离线滤膜测尘法、快速直读测尘仪测定法、在线监测方法等。

按照分离过滤原理,在采样头部加设前置装置,对进入采样器的含尘气流中的大颗粒粉尘进行淘析后再用滤膜取样。采样器的工作原理如图 3-6 所示。

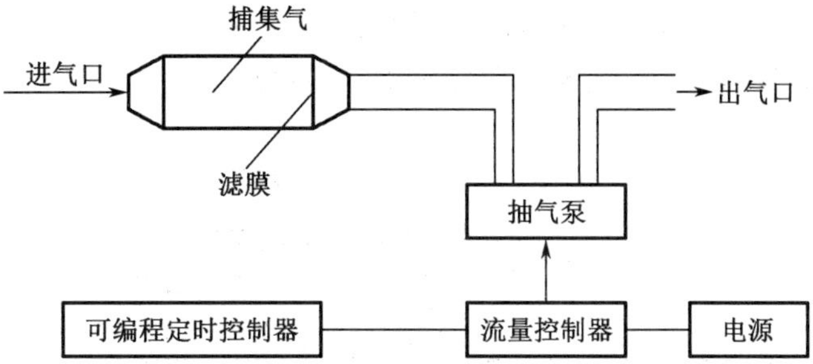

图 3-6 采样器的工作原理图

1. 滤膜重量法

此法具有采样简便、操作快速及准确性较高的优点。在矿井下高湿环境或有水雾存在的情况下采样时，样品称量前应做干燥处理；在有油雾的空气环境中采样时，可用石油醚除油，再分别计算粉尘浓度和油雾浓度。

用粉尘采样器（或呼吸性粉尘采样器）抽取采集一定体积的含尘空气，含尘空气通过滤膜时，粉尘被捕集在滤膜上，根据滤膜的增重按下式计算粉尘的质量浓度：

$$C=\frac{m_2-m_1}{Qt}\times 1\ 000 \tag{3-12}$$

式中 C——粉尘的质量浓度，mg/m^3；

m_2——采样后的滤膜质量，mg；

m_1——采样前的滤膜质量，mg；

Q——采样流量，L/min；

t——采样器采样时间，min。

滤膜重量法测定粉尘浓度所需仪器装置比较简单，但操作复杂、速度慢。在作业现场使用的操作简便、灵活、快速的粉尘浓度测定方法有 β 射线吸收法、光散射法及压电晶体差频法。

2. 光散射法

当光束通过散布着固体颗粒的含尘气流时，会发生吸收和散射，所接收到的散射光强度发生变化，其变化大小与被测悬浮物颗粒的体积成正比，若已知被测粉尘的密度，即可计算出被测环境中粉尘的质量浓度。光散射粉尘浓度传感器是通过探测变化的光信号，建立光强度与气室内粉尘浓度的关系，经过换算而实现粉尘浓度测量的，其结构原理如图 3-7 所示。采用光散射法测量空气中的粉尘浓度具有快速、简便、连续的特点。

在抽气动力作用下，将空气样品连续吸入暗室，当平行光束穿过暗室，照射到空气样品中的细小粉尘颗粒时，会发生光散射现象，产生散射光。颗粒物的形状、颜色、粒度及其分布等性质一定时，散射光强度与颗粒物的质量浓度成正比。散射光经光电传感器转换成微电流，微电流被放大后再转换成电脉冲数，利用电脉冲数与粉尘浓度呈正比的关系便能测定空气中粉尘的浓度，即

$$C=K(R-B) \tag{3-13}$$

式中 C——空气中 PM_{10} 质量浓度，mg/m^3，采样头装有粒子切割器；

R——仪器测定颗粒物的测定值（电脉冲数），R = 累计读数/t，即 R 是仪器平均每分钟

产生的电脉冲数(t 为设定的采样时间,min);

B——仪器基底值(仪器检查记录值),又称暗计数,即无粉尘的空气通过时仪器的测定值,相当于由暗电流产生的电脉冲数;

K——颗粒物质量浓度与电脉冲数之间的转换系数。

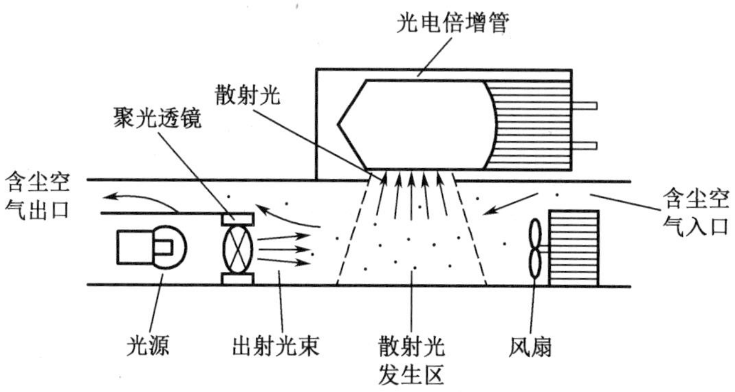

图 3-7　光散射粉尘浓度传感器结构原理图

当被测颗粒物质量浓度相同,而粒径、颜色不同时,颗粒物对光的散射程度也不相同,仪器测定的结果也就不同。因此,在某一特定的采样环境中采样时,必须先将滤膜重量法与光散射法所用的仪器相结合,测定计算出颗粒物质量浓度与电脉冲数之间的转换系数 K 的值,这相当于用重量法对仪器进行校正。光散射法仪器出厂时给出的 K 值是仪器出厂前用标准粒子校正后的 K 值,该值只表明同一型号的仪器 K 值相同、仪器的灵敏度一致,不是实际测定样品时可用的 K 值。

实际工作中 K 值的测定方法是:在采样点将滤膜重量法、光散射法测定所用相同采样器的采样口放在采样点的相同高度和同一方向,同时采样 10 min 以上,根据式(3-13),用两种仪器所得结果或读数计算 K 值,得

$$K=\frac{C}{R-B} \tag{3-14}$$

式中,C 为滤膜重量法测定 PM_{10} 的质量浓度值,mg/m^3;R 为光散射法所用仪器的测量值(电脉冲数);B 为仪器基底值(仪器检查记录值),又称暗计数,即无粉尘的空气通过时仪器的测定值,相当于由暗电流产生的电脉冲数。

例如,用滤膜重量法测得某现场颗粒物质量浓度 $C=1.5\ mg/m^3$,用某型光散射法仪器同时采样测定,仪器读数为 1 260(电脉冲数),已知采样时间为 10 min,$B=3$(电脉冲数),则

$$R=1\ 260/10=126(\text{电脉冲数})$$

$$K=1.5/(126-3)=0.012$$

有时,可能由于颗粒物诸多性质不同,在同一环境中反复测定的转换系数 K 值也有差异,这主要是由粉尘颗粒的性质随机发生变化及仪器显示值本身的随机误差造成的。因此,应该取多次测定 K 值的平均值作为该特定环境中的 K 值。只要环境条件不变,该 K 值就可用于以后的测定计算。产生粉尘的环境条件及物料变化时,要重新测定 K 值。

3. β 射线吸收法

该测量方法基于的原理是:让 β 射线通过特定物质后,其强度将衰减,衰减程度与所穿过

的物质厚度有关，而与物质的物理、化学性质无关。β射线测尘仪的工作原理如图3-8所示。

它是通过测定清洁滤带（未采尘）和采尘滤带（已采尘）对β射线吸收程度的差异来测定采尘量的。因采集含尘空气的体积是已知的，故可得知空气中含尘浓度。

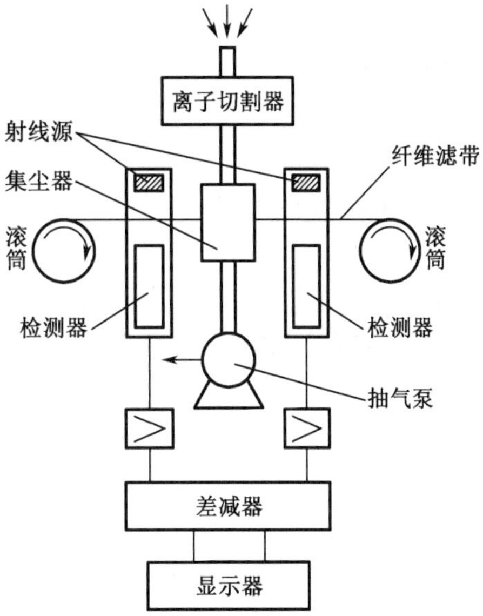

图3-8 β射线测尘仪的工作原理图

4. 压电晶体差频法

压电晶体差频测定仪以石英谐振器为测尘传感器，其工作原理如图3-9所示。

空气样品经粒子切割器剔除粒径大的颗粒物，使粒径范围小的颗粒物进入测量气室，测量气室内有由高压放电针、石英谐振器及电极构成的静电采样器。气样中的粉尘因高压电晕放电作用而带上负电荷，继而在带正电荷的石英谐振器表面放电并沉积，除尘后的气样流经参比气室内的参比石英谐振器排出。因参比石英谐振器没有集尘作用，当没有气样进入仪器时，两振荡器固有频率相同（$f_1=f_2$）、$\Delta f=f_1-f_2=0$，无信号输出到电子处理系统，数显屏幕上显示“0”。当有气样进入仪器时，则测量石英振荡器因集尘而质量增加，使其振荡频率（f_1）降低，两振荡器频率之差（Δf）经信号处理系统转换成粉尘浓度并在数显屏幕上显示。测量石英谐振器集尘越多，振荡频率（f_1）降低也越多，两者具有线性关系，即

$$\Delta f=k\cdot\Delta M \tag{3-15}$$

式中 k——由石英晶体特性和温度等因素决定的常数；

ΔM——测量石英晶体质量增加值，即采集的粉尘质量，mg。

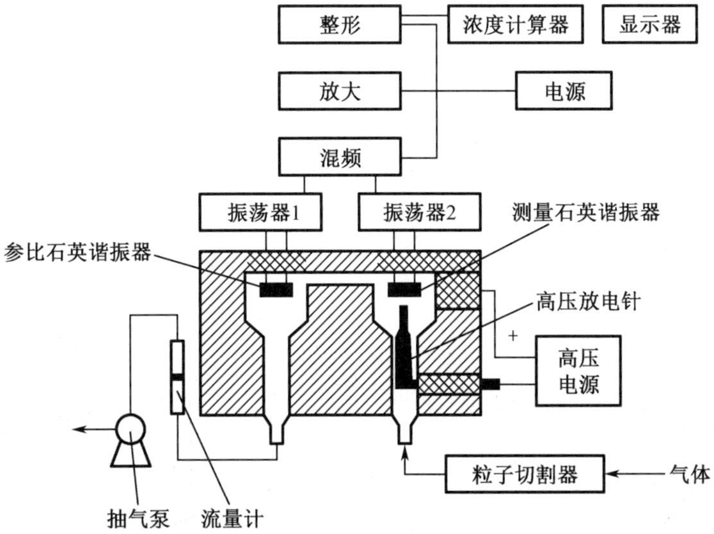

图3-9 压电晶体差频测定仪工作原理图

如空气中粉尘浓度为 $C(\mathrm{mg/m^3})$，采样流量为 $Q(\mathrm{m^3/min})$，采样时间为 $t(\mathrm{min})$，则

$$\Delta M = CQt \tag{3-16}$$

代入式(3-15)得

$$C = \frac{1}{K} \cdot \frac{\Delta f}{Qt} \tag{3-17}$$

因实际测量时 Q、t 值均已固定，故

$$C = A \cdot \Delta f \tag{3-18}$$

可见，通过测量采样后两石英谐振器频率之差(Δf)即可得粉尘浓度。当用标准粉尘浓度气样校正仪器后，可在显示屏幕上直接显示被测气样的粉尘浓度。

3.2.4 粉尘分散度的测定

粉尘分散度是指粉尘各粒径区间的粉尘质量或数量占总质量或数量的百分比。粒径小的粉尘粒子比例越大，粉尘分散度越高；反之，分散度越低。分散度可以反映作业场所粉尘危害的大小。我国现行作业场所劳动卫生检测标准采用数量分散度表示粉尘分散度，规定的测定方法主要采用滤膜溶解涂片法和自然沉降法。

1. 滤膜溶解涂片法

滤膜溶解涂片法又称滤膜法。其原理是把采样后的滤膜溶解于有机溶剂中，形成粉尘粒子的混悬液，制成标本，在显微镜下测定，如图 3-10 所示。

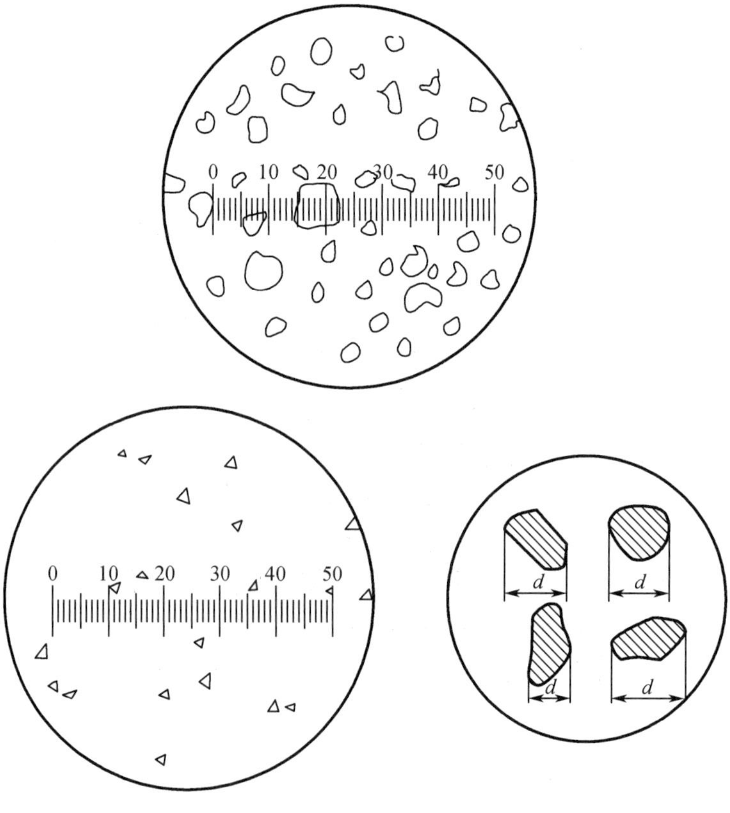

图 3-10　粒径测定示意图

将采集粉尘后的聚氯乙烯纤维滤膜放在洁净干燥的瓷坩埚或烧杯中，用吸管加入 2 mL 乙酸丁酯，再用玻璃棒轻轻地充分搅拌，制成均匀的粉尘混悬液，立即用滴管吸取一滴，滴于载物玻片上，用另一载物玻片呈 45°角推片，贴上标签、编号，注明采样地点及日期。如不能及时检测，应把制好的标本保存在玻璃平皿中，避免外界粉尘的污染。测定时，先在 400~600 倍的放大倍数下，用物镜测微尺校正目镜测微尺每一刻度的间距，即将物镜测微尺放在显微镜载物台上，目镜测微尺放在目镜内。在低倍镜下(物镜 4X 或 10X)，找到物镜测微尺的刻度线，将其刻度移到视野中央，然后换成测定时所需倍数，在视野中心使物镜测微尺的任一刻度与目镜测微尺的任一刻度相重合。然后找出两尺再次重合的刻度线，分别数出两种测微尺重合部分的刻度数，计算出目镜测微尺一个刻度的间距。

分散度的测定方法：取下物镜测微尺，将粉尘标本放在载物台上，先用低倍镜找到粉尘粒子，然后用 400~600 倍的放大倍数观察(倍数与校正时相同)。用目镜测微尺无选择地依次测定粉尘粒子的大小，至少测量 200 个尘粒，填写记录表(表 3-2)，算出百分数。

表 3-2 粉尘数量分散度测量记录表

粒径/μm	<2	2~4	5~9	≥10
尘粒数/个				
百分数/%				

显微镜放大倍数的选择：若粉尘粒径的分布范围较窄，可用一个放大倍数观测，一般选用物镜的放大倍数为 40 倍，目镜放大倍数为 10~15 倍，总放大倍数为 400~600 倍。对微细粉尘可用更大的放大倍数。

该方法中尘样经溶剂稀释、搅拌等操作，部分大颗粒，尤其是因荷电性凝集的尘粒可能破碎；可溶于有机溶剂的粉尘，在乙酸丁酯中溶解变形，因此，它反映尘样在空气中的真实性较自然沉降法差。该方法对可溶于有机溶剂中的粉尘和纤维状粉尘不适用，应采用自然沉降法。

2. 自然沉降法

自然沉降法又称格林氏沉降法或沉降法。自然沉降法的原理：将现场含尘空气采集到格林氏沉降器(图 3-11)的金属圆筒中，使尘粒自然沉降在盖玻片上，在显微镜下测定，按粒径分组计算其尘粒数的百分率。

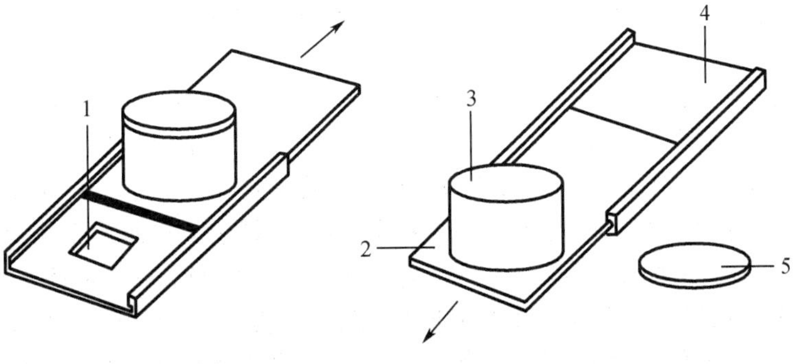

1—凹槽；2—滑板；3—圆筒；4—底座；5—圆筒盖。

图 3-11 格林氏沉降器的结构

操作步骤:将盖玻片用铬酸洗液浸泡,用水冲洗后,再用95%乙醇擦洗干净后晾干,然后放在沉降器的凹槽内,推动滑板至与底座平齐,盖上圆筒盖以备采样。采样时将滑板向凹槽方向推动,直至圆筒位于底座之外,取下筒盖,上下移动数次,使含尘空气进入圆筒内,盖上圆筒盖,推动滑板至与底座平齐,然后将沉降器水平静置 3 h,使尘粒自然降落在盖玻片上。将滑板推出底座外,取出盖玻片贴在载物玻片上,编号并注明采样日期及地点,然后在显微镜下测量。

粉尘分散度的测量及计算与滤膜溶解涂片法相同。

自然沉降法测定的尘粒,其形状没有变化,测定结果能较真实地反映现场粉尘的状态。采样前应洗净载玻片和盖玻片,保证无尘;采样时要用采样点的气样充分置换沉降器中原有气体;采样后在尘样的送检、存放过程中要避免震动和污染,特别是静置采样时必须保证不受震动,温度变化小,以利于尘粒的自然沉降;应在空气清洁场地安放和取出盖玻片,以免污染。测定时必须选择标定时的光学条件,应测定 200 个以上尘粒,若测定尘粒数太少,则代表性差,粉尘分散度结果误差大。

3.2.5　粉尘监测监控系统

目前人们对粉尘监测监控系统的研究有很多。在粉尘监测监控系统中,当粉尘浓度超限时,会与其他抑尘自动装置联动实现自动喷雾降尘。当粉尘浓度传感器与煤矿井下的监测系统联网使用时,可实现煤矿井下粉尘浓度的连续监测。图 3-12 所示为粉尘浓度超限自动喷雾降尘装置原理图。粉尘浓度超限自动喷雾降尘系统可根据作业场所粉尘浓度进行设限喷雾:当作业场所粉尘浓度高于设定值时开始喷雾,低于设定值时停止喷雾,从而实现高效喷雾降尘,节约了水、电。

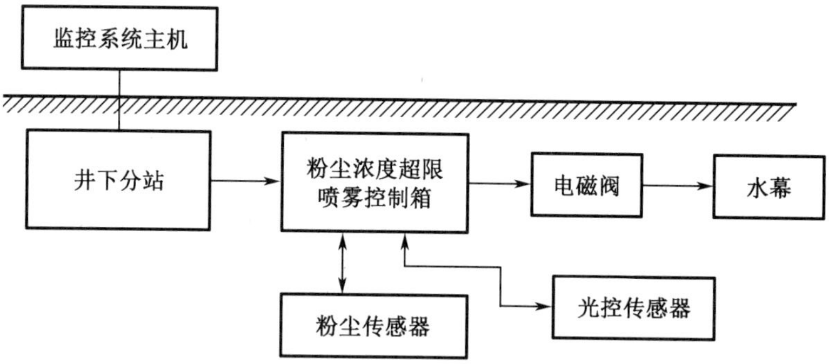

图 3-12　粉尘浓度超限自动喷雾降尘装置原理图

粉尘浓度超限自动喷雾降尘系统可实现井下粉尘浓度的自动监测与监控,具有喷雾装置的自动化控制、粉尘浓度超限报警,以及地面远程监测与监控、信息管理系统等功能。在该系统现有功能基础上,建立了粉尘自动监测与喷雾装置的自动化系统,实现了远距离粉尘在线实时监测、监控与信息管理功能,降低了工作面粉尘浓度;体现了工作面无尘化管理。对井下粉尘的综合治理,改善了工作环境,减小了职业危害,具有重要的现实意义和社会效益。

粉尘实时监测监控系统实现了煤矿井下粉尘在线连续监测与监控,具有井下粉尘浓度超标报警、自动净化水喷雾、远程监控等功能;煤矿井下粉尘浓度的自动监测监控系统在产生粉尘的场所安装粉尘实时监测监控子系统,能自动监测粉尘浓度,实现粉尘浓度超限时实现报警功能。粉尘实时监测监控系统示意图如图 3-13 所示。

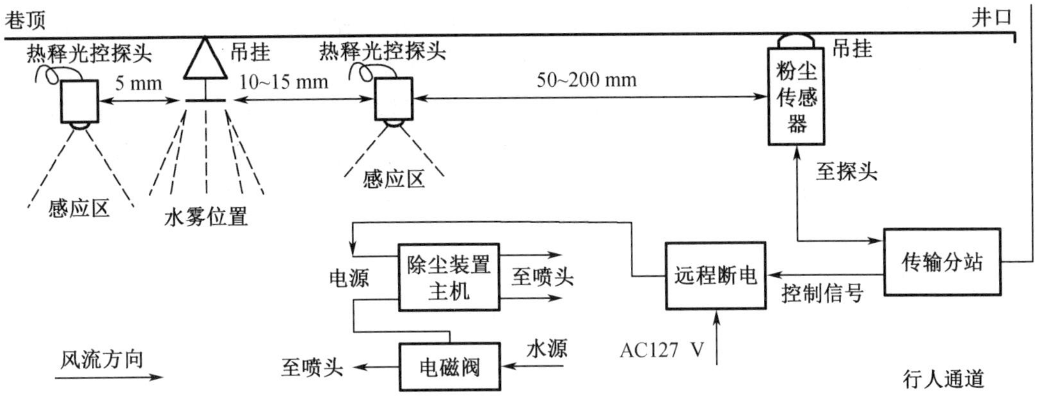

图 3-13 粉尘实时监测监控系统示意图

系统利用粉尘浓度传感器、红外探测传感器、水流控制传感器及自动喷雾系统组成监测传感器模块。粉尘浓度传感器能够保证实现在线连续检测粉尘浓度，且测量准确、操作维护方便。例如报警浓度的设置与显示功能，可设置粉尘监测浓度区间为 0.1～500 mg/m^3，报警浓度为 10 mg/m^3(可调)，当粉尘浓度大于 10 mg/m^3(可调)时自动喷雾，直到粉尘浓度降到报警浓度以下，喷雾自动停止，报警解除。红外探测传感器与自动喷雾系统结合，可实现当有人通过时，喷雾系统自动停止喷雾；水流控制传感器用于判断喷雾系统电磁水阀是否打开或关闭，确保喷雾系统的正常工作。

系统可实现其他各种信号的采集、处理和控制功能的兼容接入，可循环显示从现场采集到的数据，为现场监测人员提供方便；同时可将现场粉尘浓度的数据及有关信息通过网络上传到服务器或云端，实现远程的管理。通过对系统控制和收发数据，接收各个现场控制器采集的测量数据，然后进行汇总、处理，储存到数据库，并能动态地实时显示到屏幕上，软件可以打印出图形及报表等。该模块实现了实时数据显示、储存，历史数据、曲线查询，用户权限设定，数据备份等功能。

3.3 噪声的监测

噪声污染、水污染、空气污染、固废污染等都是当代的主要环境污染。噪声污染与其他污染不同，它属于物理性污染。一般情况下它并不致命，并且与声源同时产生、同时消失。噪声源分布很广，集中处理比较困难。人类生产、生活的各个领域都有噪声的存在，并且能够直接被感觉到，噪声所造成的干扰不会像物质污染那样只有在产生后果后才被发现，所以噪声通常是受到抱怨和控告最多的环境污染。

从物理学观点来看，噪声是无规律、不协调的声音，即频率和声强都不相同的声波无规律的杂乱组合。噪声不应单纯根据声音的客观物理性质来定义，还应根据人们的主观感觉、当时的心理状态和生活环境等因素来决定。从生理学观点来看，凡是干扰人们休息、学习和工作，以及对人们所要听的声音产生干扰的声音，即不需要的声音，统称为噪声。《工业企业设计卫生标准》(GBZ 1—2010)将噪声定义为“一切有损听力、有害健康和有其他危害的声响”。噪声的主要特征:一是噪声是感觉公害,二是噪声具有局限性和分散性。

环境噪声的来源有四种:一是交通噪声,包括汽车、火车和飞机等所产生的声音;二是工厂噪声,如织布机、冲床、汽轮机、发动机等所发出的声音;三是建筑施工噪声,如打桩机、挖掘机、搅拌机等发出的声音;四是社会生活噪声,如高音喇叭、收录机、报警器等发出的过强的声音。

若按噪声产生的机理,可将人为活动产生的噪声分为空气动力性噪声、机械性噪声和电磁性噪声三大类。

噪声的主要危害是损伤听力,干扰人们的休息和工作,干扰语言交流,诱发疾病,甚至危害人体健康,强噪声还会影响设备正常运转和损坏建筑结构。

3.3.1 噪声测量的主要参数

在进行噪声测量时,常用声压级、声强级和声功率级表示其强弱,用频率或频谱表示其成分,也可以用人的主观感觉进行量度,如响度级等。

1. 声压与声压级

声波是在弹性介质中传播的疏密波,即纵波,其压力随着疏密程度的变化而变化。所谓声压,指某点上各瞬间的压力与大气压力的差值,单位为 N/m^2,即帕(Pa)。

在空气中,正常人耳刚能听到的 1 Hz 声音的声压为 2.0×10^{-5} Pa,称为听阈声压,并规定其为基准参考声压,记为 p_0。当声压为 20 Pa 时,能使人耳产生疼痛,称之为痛阈声压。声音的强弱变化和人的听觉范围非常宽广,用声压的绝对值来衡量声音的强弱很不方便,为此,引用一个成倍比关系的对数量,称为声压级。声压级是一个相对比较的无量纲量。定义相对于声压 p 的声压级 L_p 为

$$L_p = 20\lg\left(\frac{p}{p_0}\right) \tag{3-19}$$

式中 L_p——声压级,dB;

p——声压,Pa;

p_0 为基准参考声压,即频率在 1 000 Hz 时的听阈声压,其值为 2.0×10^{-5}Pa。

2. 声强与声强级

声波作为一种波动形式,具有一定的能量,因此,也常用能量的大小来表征其强弱,即用声强和声功率来表示。声强是在传播方向上,单位时间内通过单位面积的声能量,用 I 表示,单位为 W/m^2。声强与参考声强取($I_0=10^{-12}$ W/m^2)值常用对数的 10 倍来表示,称为声强级 L_I,亦是一种无量纲量,定义为

$$L_I = 20\lg\left(\frac{I}{I_0}\right)\ (\text{dB}) \tag{3-20}$$

3. 声功率及声功率级

声功率是声源在单位时间内发射出的总能量,用 W 表示,单位为瓦(W)。声功率 W 和参考基准声功率 W_0(取 10^{-12} W/m^2)的比值常用对数的 10 倍来表示声功率级 L_W,定义为

$$L_W = 20\lg\left(\frac{W}{W_0}\right)\ (\text{dB}) \tag{3-21}$$

一般不能直接测量声功率,而要根据测量的声压级来换算确定。

表 3-3 列出了一些具有实际价值的声源输出功率的峰值，可以作为实测的参考。可以把这些声源的声功率与一些常用的小型设备所消耗的能量进行比较，如日光灯 40 W、烘炉 500 W、台式电风扇 60 W、小搅拌器 100 W、小手电筒 1 W 等。可以看出，人的耳朵是一种灵敏度特别高的声音探测器。

表 3-3 常见声源输出声功率值的近似值

声源	峰值功率/W	声源	峰值功率/W
男生会话	2.0×10^{-3}	低音提琴	5.0×10^{-2}
女生会话	4.0×10^{-3}	钢琴	0.27×10^{-2}
单簧管	5.0×10^{-2}	管乐器	0.31×10^{-2}

3.3.2 噪声的分析与评价

1. 噪声的频谱分析

(1)倍频程分析

要消除噪声和研究噪声对周围环境的影响，须对噪声进行频谱分析，了解其频率组成及相应的能量大小，从中找出噪声源，进而控制噪声。噪声的频谱分析是按照一定宽度的频带进行的，即分析各个频带对应的声压级。因此，讨论频带声压级时，除了指出参考声压外，还必须指明频带的宽度。在噪声研究中，常采用倍频程分析。两个频率相差 1 倍频程意味着其中心频率之比为 2；相差 2 倍频程意味着其中心频率之比为 2^2，以此类推。相差 n 倍频程时两个中心频率之间的关系式为

$$n=\log_2\left(\frac{f_2}{f_1}\right) \text{或} \frac{f_2}{f_1}=2^n \tag{3-22}$$

式中，n 是任意正实数，其值越小，倍频程分得越细。常用的还有 1/3 倍频程，即在两个相距为 1 倍频程的频率之间插入 2 个频率，其 4 个频率比例为 $1:2^{1/3}:2^{2/3}:2$。按倍频程均匀划分的频带，其中心频率分别为各频带上、下限频率的比例中项，即

$$f_n=\sqrt{f_1f_2} \tag{3-23}$$

(2)频谱分析

声源做简谐振动所产生的声波为简谐波，其声压和时间关系为一条正弦曲线。单频率的声音称为纯音，乐器可以发出纯音。由强度不同的许多频率纯音组成的声音称为复音。组成复音的强度与频率的关系图称为声频谱，简称声谱。

由一系列分离频率成分组成的声音的频谱图为离散线谱，如乐器频谱，其频谱中除了有一个频率最低、声压最高的基频音外，还有与基频成整倍数的较高频率的泛音，或称陪音、谐频音。音乐的音调由基音决定，泛音的频率和强度影响音色。不同的乐器可以有相同的基频，其主要区别在于音色。噪声由许多频率和强度不同的成分组合而成，其频谱中声能连续分布在宽广的频率范围内，成为一条连续的曲线，称为连续谱。对于宽广连续的噪声谱，很难对每个频率的成分进行分析，而是按倍频程和 1/3 倍频程等划分频带。此时的频谱是不同的倍频带

与倍频带级(即声级),如锣声、鼓风机的声音频谱,既有连续的噪声谱,又有线谱,二者混合,形成有调噪声混合谱。分析有调噪声时,应特别注意频谱中较为突出的频率成分。

噪声频谱中最高声级分布在 350 Hz 以下,称为低频噪声;最高声级分布在 350~1 000 Hz,称为中频噪声;最高声级分布在 1 000 Hz 以上,称为高频噪声。机械噪声测量和分析项目中最主要的是噪声频谱。噪声频谱表示一定频带范围内声压级的分布情况,频谱中各峰值所对应的频率(带)就是由某种声源产生的,找到了主要峰值声源,就为噪声控制提供了依据。

2. 噪声的响度分析及评价

可听声对人类产生的总效果除了上面提到声压、声频率之外,还有声音持续时间、听者的主观情况等,人的耳朵对高频声波敏感,而对低频声波迟钝。为了把客观上存在的物理量和人耳感觉的主观量统一起来,引入一个综合声音强度量度——响度(响度级)。

(1)纯音的等响曲线

听阈和痛阈的数值都是定义在 1 000 Hz 纯音条件下的量。当声音的频率发生变化时,听阈和痛阈的数值也将随着变化,为了使在任何频率条件下,主、客观量都能统一,就需要在各种频率条件下,对人的听力进行试验。这种试验得出的曲线称为等响曲线。经过大量试验测得的纯音的等响曲线表达了典型听者认为响度相同的纯音的声压级同频率的关系。因为频率不同时,人耳的主观感觉不同,所以对应每个频率都有各自的听阈声压级和痛阈声压级。

(2)宽带噪声的响度

纯音响度可以通过测量它的声压级和频率,按等响曲线来确定它的响度级,然后根据它们的关系,确定它的响度。但绝大多数的噪声是宽带声音,评价它的响度比较复杂,或者由计算求得,或者由通过计权网络,由仪器直接测定。

(3)等效连续声级与噪声评价标准

考虑噪声对人们的危害程度,除了要注意噪声的强度和频率外,还要注意噪声作用的时间。反映这三者作用效果的噪声量度称为等效连续声级。

我国工业企业噪声检测规范(草案)规定:稳定噪声,测量 A 声级;不稳定噪声,测量等效连续声级,或测量不同 A 声级下的暴露时间。计算等效连续声级,即用等效连续声级作为评定间断的、脉动的或随时变化的不稳定噪声的大小。近年来,为了减少噪声的危害,人们提出了保护听力、保障生活和工作环境安静的噪声允许标准。

3.3.3 噪声测量仪器

测量噪声的强度、大小是否超过标准,了解噪声对人体健康的危害程度,研究或降低噪声等,都需要使用噪声测量仪器。噪声测量是对测量仪器的操作使用,了解噪声测量仪器的基本结构和工作原理,掌握仪器的功能和适用场合,学会仪器的正确使用方法。随着现代电子技术的飞速发展,噪声测量仪器发展也很快。在噪声测量中,人们可根据不同的测量与分析目的,选用不同的仪器,采用相应的测量方法。常用的测量仪器有传声器、声级计和声级频谱仪等。

1. 传声器

传声器是将声波信号转换为相应的电信号的传感器。其原理是:声造成的空气压力,推动传声器的振膜振动,进而经变换器,将此机械振动变成电参数的变化。

根据变换器的形式不同,常用传声器有电容式、动圈式、压电式和永电体式。

(1)电容式传声器

电容式传声器是精密测量中最常用的一种传声器,其稳定性、可靠性、耐震性及频率特性均较好。图3-14所示为电容式传声器的结构。振膜是一张拉紧的金属薄膜,其厚度为0.002 5~0.05 mm,它在声压作用下,发生变形位移,起着可变电容器的动片作用。可变电容器的定片是背极,背极上有若干个经过特殊设计的阻尼孔。振膜运动时造成的气流将通过这些小孔产生阻尼效应,以抑制振膜的共振振幅。壳体上开有毛细孔,用来平衡振膜两侧的静压力,以防止振膜破裂,然而动态的应力变化(声压)很难通过毛细孔作用于内腔,从而保证仅有振膜的外侧受到声压的作用。当振膜受到声压作用而发生变形时,传声器的电容量发生变化,从而使通过电阻 R 的电流随之变化,其输出电压也随之变化。根据需要,可对 e_1 进行必要的中间变换。电容式传声器幅频特性平直部分的频率范围为10 Hz~2 kHz。

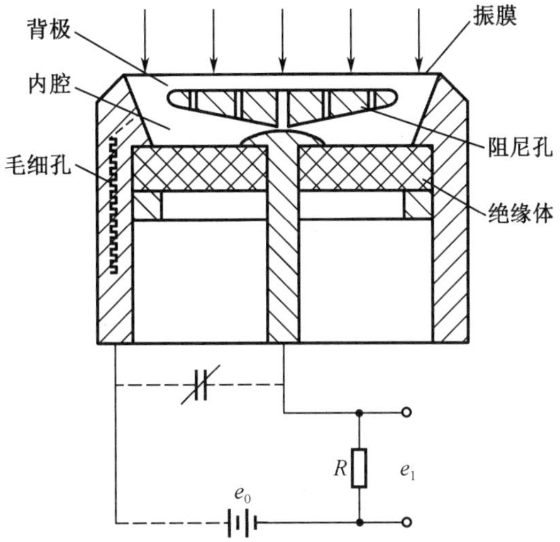

图3-14 电容式传声器的结构

(2)动圈式传声器

动圈式传声器的结构如图3-15所示,一个轻质振膜的中部有一个线圈,线圈放在永久磁场的气隙中,在声压作用下,振膜和线圈移动并切割磁力线,产生感应电势,其速度与线圈移动速度成正比。

这种扬声器精度较低,灵敏度也较低,体积大,其突出特点是输出阻抗小,即使接较长的电缆,也不会降低其灵敏度。此外,温度和湿度的变化对其灵敏度影响不大。

(3)压电式传声器

图3-16所示为压电式传声器的原理图。图中金属箔形膜片与双压电晶体弯曲梁相连,当膜片受声压作用而变位时,双压电元件产生变形,在压电元件梁端面出现电荷,通过变换电路便可以输出电信号。压电式传声器膜片较厚,其固有频率较低,灵敏度较高,频率响应曲线平坦,结构简单,价格便宜,广泛用于普通声级计中。

(4)永电体式传声器

永电体式传声器的工作原理与电容式传声器相似。其特点是尺寸小、价格便宜,既可用于高湿度的测量环境,也可用于精密测量。

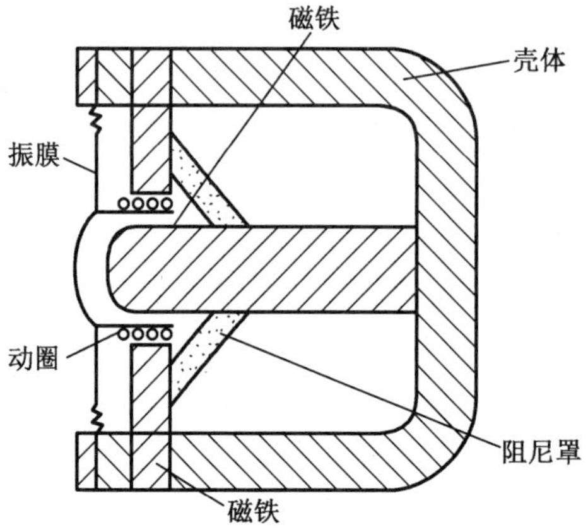

图 3-15 动圈式传声器的结构

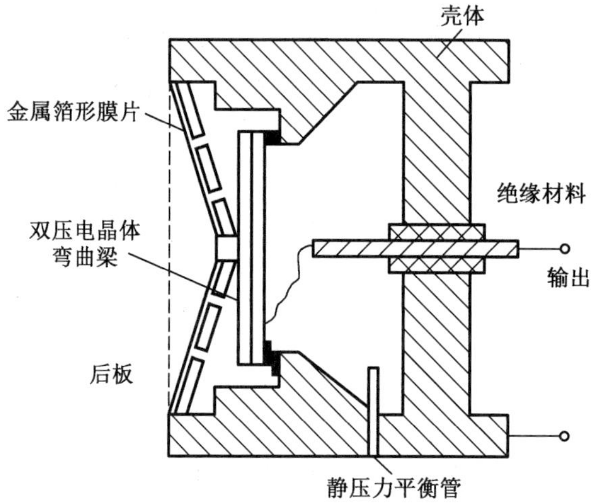

图 3-16 压电式传声器的原理图

2. 声级计

声级计是用于环境噪声监测的声学测量仪器。根据《电声学 声级计 第 1 部分:规范》(GB/T 3785.1—2023),声级计测量的是人耳听觉范围的声音,按照性能分为两级:1 级和 2 级。1 级声级计和 2 级声级计的主要区别是允差极限和工作温度范围不同,2 级规范的允差极限大于或等于 1 级。规范标准规定在 1 kHz 频率处,对 1 级声级计的允差为±1.1 dB,2 级声级计为±1.4 dB。1 级声级计的工作温度范围为-10~50 ℃,2 级声级计的工作温度范围为 0~40 ℃。环境噪声测量时通常要求测量仪器精度为 2 级及 2 级以上。声级计多设计为便携式,可用于现场测量。便携式声级计如图 3-17 所示。

声级计可以根据不同监测需求选配不同功能模块。环境噪声监测中声级计常用测量功能如下。

(1)测量指数时间计权声级的常规声级计,可测量 F、S、I 时间计权的瞬时声级和最大声级。

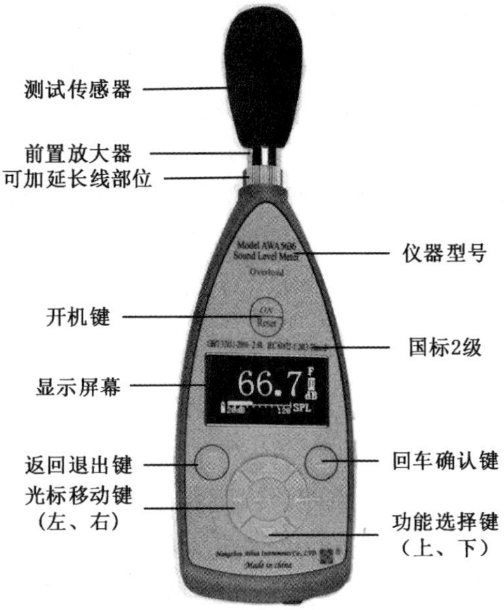

图 3-17 便携式声级计示意图

(2)测量时间平均声级的积分平均声级计,可测量一段时间的连续等效声级,适用于声环境质量监测和工业企业、社会生活等各类噪声源的排放噪声监测。

(3)测量声暴露级的积分声级计(或称声暴露计)。

(4)具有噪声统计分析功能的噪声统计分析仪,可测量累计百分数声级。

(5)具有测量倍频带声压级功能的声级计,适用于测量室内结构传播固定设备的低频噪声。

(6)测量机场周围区域飞机噪声,可记录飞行事件的时间历程并按《机场周围飞机噪声测量方法》(GB 9661—1988)处理飞机噪声信号得到评价量。

环境噪声监测中除最常用的便携式手持声级计之外,还有用于长期固定监测的环境噪声自动监测设备、可同时双通道测量的双通道手持式声级计、可多通道测量的多通道数据采集仪等。声级计可以包括扩展的模拟和数字信号处理器,可以具有多路模拟和数字输出,还可包括通用计算机、记录仪、打印机和其他必要的设备。

使用声级计测量声压时,必须经常校准,以确保声压计读数的精确度。声校准器是一种当耦合到规定型号和结构的传声器上时,能产生规定声压级和规定频率的正弦声压的装置,用于声级计的校准。

常见的声校准器的标称声压级(标称频率)一般为 94 dB(1 000 Hz)或 114 dB(250 Hz)。

《声校准器》(GB/T 15173—2010)将声校准器的准确度等级分为实验室标准(LS 级)、1 级和 2 级。其中 LS 级的允差限最小,2 级的允差限最大。LS 级声校准器一般只在实验室中使用,而 1 级和 2 级声校准器多在现场使用。1 级声校准器主要与 IEC 61672.1 中规定的 1 级声级计配套使用,2 级声校准器主要与 2 级声级计配套使用。

3. 声级频谱分析仪

声级频谱分析仪是测量噪声频谱的仪器,它的基本组成大致与声级计相似。但是在声级频谱分析仪中,设置了完整的计权网络(滤波器),其借助滤波器的作用可以将声频范围内的频率分成不同的频带进行测量。例如,作为倍频程划分时,滤波器置于中心频率 500 Hz,通过声级频谱分析仪的是 355~710 Hz 的噪声,其他频率则不能通过,因此在声级频谱分析仪上所显示的就是频率为 355~710 Hz 噪声的声压级,其他以此类推。由于声级频谱分析仪能分别测量噪声中所包含的各种频带的声压级,所以,它是进行噪声频谱分析不可缺少的仪器。一般情况下,进行频谱分析时,都采用倍频程划分频带。如果对噪声要进行更详细的频谱分析,就要用窄频带分析仪,如用 1/3 频程划分频带。在没有专用的声级频谱分析仪时,也可以把适当的滤波器接在声级计上进行频谱测定。

3.3.4 环境噪声测量要求与方法

1. 现场调查和资料收集

环境噪声来源于工业企业生产、建筑施工、道路交通和社会生活,监测前应调查有关工程的建设规模、生产方式、设备类型及数量,工程所在地区的占地面积、地形和总平面布局图、职工人数、噪声源设备布置图及其声学参数;调查道路、交通运输方式及机动车流量等;调查地理环境、气象条件、绿化状况及社会经济结构和人口分布等。

2. 测点选择

监测点的选择因不同的噪声监测内容而异。测点一般要覆盖整个评价范围,重点要布置在现有噪声源对敏感区有影响的点上。点声源周围布点密度应高一些。对于线声源,应根据敏感区分布状况和工程特点,确定若干测量断面,每一断面上设置一组测点。为便于绘制等声级线图,一般采用网格测量法和定点测量法。

(1)一般户外监测点应距离反射物至少 3.5 m,传声器距离地面高度至少 1.2 m,必要时可置于高层建筑上,以扩大监测范围。使用监测车进行测量时,传声器应固定在车顶部 1.2 m 高度处。手持声级计时,应使人体与传声器相距 0.5 m 以上。

(2)在噪声敏感建筑物外进行测量时,传声器距离墙壁或窗户 1 m,距离地面高度 1.2 m 以上。

(3)在噪声敏感建筑物室内进行测量时,传声器距离墙面和其他反射面至少 1 m,距离窗户约 1.5 m,距离地面 5 m。

3. 测量频次和时间

对于城市区域声环境、城市道路交通例行监测,昼间监测每年进行 1 次,夜间监测每 5 年进行 1 次;对于城市功能区声环境例行监测,每年每季进行 1 次,各城市监测日期应相对固定。

监测时间根据不同的监测内容要求有所不同,具体见表 3-4。

表 3-4　监测时间

项目名称	监测时间
区域环境噪声	白天时间一般选在上午 8:00—12:00,下午 14:00—18:00;夜间时间一般选在 22:00—5:00
道路交通噪声	白天正常工作时间内

表 3-4(续)

项目名称	监测时间
厂界噪声	在工业、企业的正常生产时间内进行,分昼间和夜间两部分
功能区噪声	24 h,每小时测量 20 mm,或 24 h 全时段监测
扰民噪声	白天时间一般选在 6:00—22:00;夜间时间一般选在 22:00—6:00
建筑施工厂界噪声	在各种施工机械正常运行时间内进行,分昼间和夜间两部分
机动车辆噪声	白天时间一般选在上午 8:00—12:00,下午 14:00—18:00;夜间时间一般选在 22:00—5:00

4. 测量气象条件选择

噪声监测的气象条件一般为无雨雪、无雷电、风力小于 4 级(风速小于 5 m/s)。

5. 测量仪器

测量仪器精度为Ⅱ型及Ⅱ型以上积分平均声级计,或环境噪声自动监测仪器。仪器的示值偏差不能大于±0.5 dB,测量时传声器应加防风罩。

6. 数据处理和监测报告

环境噪声监测应根据评价工作需要分别给出各种噪声的评价量:等效连续 A 声级 L_{eq}、累计百分声级 L_N、昼间等效声级 L_d、夜间等效声级 L_n 及昼夜等效声级 L_{dn} 等,并按相应公式进行处理。根据监测的有关数据和调查资料写出监测报告。

环境噪声监测技术要点见表 3-5,环境噪声污染源监测技术要点见表 3-6。

表 3-5 环境噪声监测技术要点

项目名称	功能区噪声	交通噪声	区域环境噪声
布点原则	各选择具有代表性的 2 个以上的长期测点,这些测点可通过优化布点确定	按城市主次干线布点,测点选在两路口之间,距路口>50 m;长度<100 m 的路段,测点选在路段中间	将现有城区或待测区域划分成等距网格,网格数目应多于 100 个,测点应位于网格中心,若中心点不宜测量,可将测点移至宜测量的位置。监测点位调整时,应维持原有的点位不变,仅在新扩展的城市建设区按原网格尺寸增加测点
传声器设置	传声器高度≥1.2 m,水平设置,带风置。测量环境噪声时,背向最近反射体,测量道路交通噪声时,垂直指向道路	传声器置于道路两侧第一排建筑面向道路一侧户外 1 m,距水平支承面 1.2 m 处,水平设置,垂直指向道路,带风罩	传声器水平设置,带风罩,高度 1.2 m,距最近反射体 1 m 以上且背向反射体

表 3-5(续)

项目名称	功能区噪声	交通噪声	区域环境噪声
监测周期	每季度1次,于3月、6月、9月、12月进行	每年1次,于春季或秋季进行	每年1次,于春季或秋季进行
监测时间	24 h,每小时测30 min或24 h全时段监测	白天正常工作时间	白天正常工作时间
气象条件	无雨,风速<5.5 m/s	无雨,风速<5.5 m/s	无雨,风速<5.5 m/s
适用仪器	精度2级以上的噪声统计分析仪,测量前后用声校准器校准测量仪器的示值偏差≤2 dB	精度2级以上的噪声统计分析仪,测量前后用声校准器校准测量仪器的示值偏差≤2 dB	精度2级以上的噪声统计分析仪,测量前后用声校准器校准测量仪器的示值偏差≤2 dB
仪器计权	A计权、快挡	A计权、快挡	A计权、快挡
采样间隔	1 s	1 s	1 s
采样时间	每小时采样20 min	每小时采样20 min	每小时采样10 min,当声级涨落>10 dB时,采样20 min
调查项目	测点高度、声场情况、功能区名称	测点时段内的车流量及分类、路段长、路段宽	影响测点的主要声源类别(生活、交通工业、施工)和测点所在地的功能类别

表 3-6 环境噪声污染源监测技术要点

项目名称	工业企业厂界噪声	建筑施工场界噪声	扰民噪声
布点原则	测点选在法定厂界处1 m的噪声敏感处,如厂界有围墙,测点应高于围墙。测点数目根据监测目的确定,若了解企业厂界噪声分布,应采用等间隔或等声级方法在整个厂界布点,声级间隔可选择3 dB或5 dB;若了解厂界噪声扰民情况,则应在企业周围有敏感建筑物的厂界按上述方法布点;若建立区域环境噪声源档案,可在企业噪声级最高处选择一个测点	根据被测建筑施工场地的建筑作业方位和活动形式,确定噪声敏感建筑或区域的方位,并在建筑施工场地边界线上选择离敏感建筑物或区域最近的点作为测点。由于敏感建筑物方位不同,对于一个建筑施工场地,可同时有多个测点	在受到外来噪声影响的居所外1 m处或办公建筑物外1 m(如窗外1 m)处设测点
传声器设置	高度1.2 m以上,带风罩,若厂界与居民住宅相连时,测点应选在居室中央,室内限值应比相应标准值低10 dB	距地面高1.2 m的边界线敏感处,如边界有围墙,可将传声器置于1.2 m以上的高度,但要在测量报告中注明	高度1.2 m以上的噪声敏感处,传声器指向声源,带风罩

表 3-6(续)

项目名称	工业企业厂界噪声	建筑施工场界噪声	扰民噪声
监测时间	在工厂正常生产时间内进行,分昼夜两部分	分昼夜两部分,在各种施工机械(含运输机械)正常运行状态下	视需要进行
气象条件	无雨、风速度<5.5 m	无雨、风速度<5.5 m	无雨、风速度<5.5 m
适用仪器	精度2级以上,噪声统计分析仪,测量前后用声校准器校准测量仪器的示值偏差≤0.5 dB	精度2级以上,噪声统计分析仪,仪器的动态范围≥50 dB	精度2级以上,噪声统计分析仪,测量前后用声校准测量仪器的示值偏差≤2 dB
采样时间	稳态噪声测量1 min的等效声级;周期性噪声测量1个周期的等效声级;非周期性、非稳态噪声测量整个正常工作时间的等效声级	白天以20 min的等效声级表征该点的昼间噪声值,夜间以8 h平均等效声级表征该点的夜间噪声值	视噪声时间特征而定
采样间隔	1 s	1 s	1 s
背景噪声	厂界外噪声源产生的噪声	当建筑场地停止施工时,受建筑施工噪声影响的住宅区、机关、学校、商业区及公共场所等相对低噪声级区域	主要扰民声源以外的噪声源产生的噪声

第4章 建筑结构健康监测

4.1 引 言

建筑基础设施是确保国民经济稳定、可持续发展的物质基础,它们的健康状况和安全性评价更是人民生命和财产安全的重要保障。结构健康监测技术(structure health monitoring,SHM)是“用最少的人力来实现对结构进行自动、连续的监测和观察”。其具体做法是通过测量结构在超常荷载前后的响应来推断结构特性的变化,探测和评价结构的损伤,或者通过持续监测来发现结构的长期退化。

对于土木工程结构,健康监测系统可监测结构在地震或者爆炸下的损伤,或者监测结构在周围环境及人的活动下的长期损伤。这些信息可以为结构的安全评估提供重要参考,也可以用于结构的维护及其剩余寿命的评估。通过对大型桥梁、高层建筑、水利工程、隧道工程的长期健康监测和数字化管养系统,可以较全面地把握结构服役全过程的受力与损伤演化规律并给出相应的管养建议,是保障其服役安全的有效手段之一。

建筑安全除了靠合理的设计、正确的施工来保障外,还要依赖竣工后的定时维修和维护,但目前维修和维护普遍缺乏及时性、主动性。此外,一些大型的建筑(如道路、桥梁、堤坝、高层建筑、大空间公共建筑等)结构受自然因素、环境因素和人为因素等影响,会不断出现各种各样的损伤,并逐渐积累,导致建筑结构的抵抗力不断衰减,抵抗各种灾害的能力也在不断下降,积累到一定程度便会导致建筑安全事故发生。如果对建筑结构健康采取适当的监测措施,从建筑的建造到使用的整个生命周期,对建筑结构的健康状况进行检测和监测,诊断建筑结构是否安全可靠,则可为建筑的维修维护、结构加固、安全使用等做出及时和科学有效的决策支持,最大限度地避免建筑安全事故的发生。

建筑结构健康监测涉及的内容很多,按照《工业建筑可靠性鉴定标准》(GB 50144—2008)所述,一般是指利用目测了解建筑结构或构件的外观情况,如结构是否有裂缝,基础是否有沉降,混凝土构件表面是否存在蜂窝、麻面,钢结构焊缝是否存在夹渣、气泡、咬边,连接构件是否松动等,主要是进行定性判别;此外还指通过工具或仪器测量,了解结构构件的力学性能和几何特性。观察到的情况要详细写出记录,测量的数据要做好原始记录,并对原始记录进行必要的统计和计算。

4.2 结构健康检测与监测系统

4.2.1 结构检测的方法与分类

建筑结构检测的范围很广,凡是影响结构安全的因素,都可以成为检测内容。从这个角度来说,检测内容根据其属性可以分为几何量(如结构的几何尺寸、地基沉降、结构变形、混凝土保护层厚度、钢筋位置和数量、裂缝宽度等)、物理性能(如材料强度、地基的承载能力、桩的承载能力、预制板的承载能力、结构自振周期等)和化学性能(混凝土碳化、钢筋锈蚀等)。

1. 结构检测方法

(1)非破损检测法。常用的非破损检测法有测定混凝土强度的回弹法、超声波法,以及回弹法、超声波法综合运用的综合法。

(2)半破损检测法。半破损检测法有取芯法、拉拔法等。

(3)破损检测法。该方法主要用于数量较多的预制构件,随机选取有代表性的构件,进行破坏性试验,以测定其极限承载能力。

2. 检测的原则

建筑结构的检测是一项技术性很强的工作。一个建筑物要检测哪些内容,需由鉴定委托人视结构的复杂程度、房屋的现状和委托鉴定的目的而定。现场检测费钱费时,有些检测项目检测时对房屋的正常使用还会造成一定的影响,因而检测的内容、范围和数量必须在检测开始前,经与委托单位协商后明确。检测工作一般应遵循以下 4 个原则。

(1)“必需、够用”原则。检测的范围、内容和数量应根据鉴定评级的需要来确定,既不能随意省略检测内容,也不能盲目扩大检测内容。

(2)针对性原则。建筑结构的种类很多,结构现状千差万别,必须在初步调查的基础上,针对每一个具体的工程制订检测计划。

(3)规范性原则。测试方法必须符合国家有关的规范标准要求,测试仪器必须标准,测试单位必须具备资质,测试人员必须取得上岗证书。

(4)科学性原则。被测构件的抽取、测试手段的确定、测试数据的处理要有科学性,切忌头脑里先有结论,而把检测作为证明来对待。

随着无线传感器网络技术的发展,由于其部署方便、应用灵活、施工容易和维护便捷等特点,越来越多的建筑开始利用无线传感器网络技术进行结构健康监测。

4.2.2 结构健康监测系统的组成

结构健康监测系统是通过对结构的物理力学性能进行无损监测,实时监控结构的整体行为,对结构的损伤位置和程度进行诊断,对结构的服役情况、可靠性、耐久性和承载能力进行评估,使结构在突发事件下或使用状况严重异常时触发预警信号,为结构的维修、养护与管理决策提供依据和指导。

结构健康监测应用有限元建模技术、结构损伤识别理论、智能化的传感系统和信号处理技术等，具有以下重大的经济价值和社会效益：

（1）实现实时或准实时的损伤检测，对结构出现的损伤进行定性、定位和定量分析，实现防患于未然；

（2）对检测出来的损伤进行原因分析，并且提供维修建议；

（3）在新建的结构完工后、使用前进行安全验证测试；

（4）在结构突发事件之后进行剩余寿命评估；

（5）监测所得的数据和分析结论可以提高设计人员对于大型复杂结构的认识，为以后的设计和建造提供依据。

健康监测系统的设计首先应该考虑建立该系统的目的和功能。对于特定的结构，建立健康监测系统的目的是可以进行结构监控与评估，或是设计验证，也可以是研究发展。监测系统的规模、所采用的传感仪器和通信设备等需要考虑投资的限度。

一般大型结构健康监测系统需对以下几方面内容进行监控：

（1）正常荷载作用下的结构响应和力学状态；

（2）结构在突发事件（如地震、意外大风或其他严重事故等）之后的损伤情况；

（3）结构构件的耐久性，主要是监控构件疲劳状况的真实情况；

（4）结构重要非结构构件和附属设施的工作状态；

（5）结构所处的环境条件，如风速、温度、地面运动等。

因此，结构健康监测不是传统结构检测技术的简单改进，而是运用现代化传感设备与光电通信及计算机技术，实时监测结构在服役阶段各种环境条件下的响应和行为，获取反映结构状况和环境因素的信息，由此分析结构健康状态、评估结构的可靠性，为结构的管理与维护提供科学依据。在偶发事件发生后，可通过监测数据识别结构的损伤和关键部位的变化，对结构的安全性和可靠性做出客观、定量的评估。

结构健康监测系统主要由传感器系统、信息采集与处理系统、信息通信与传输系统、信息分析与监控系统 4 个子系统组成（图 4-1）。

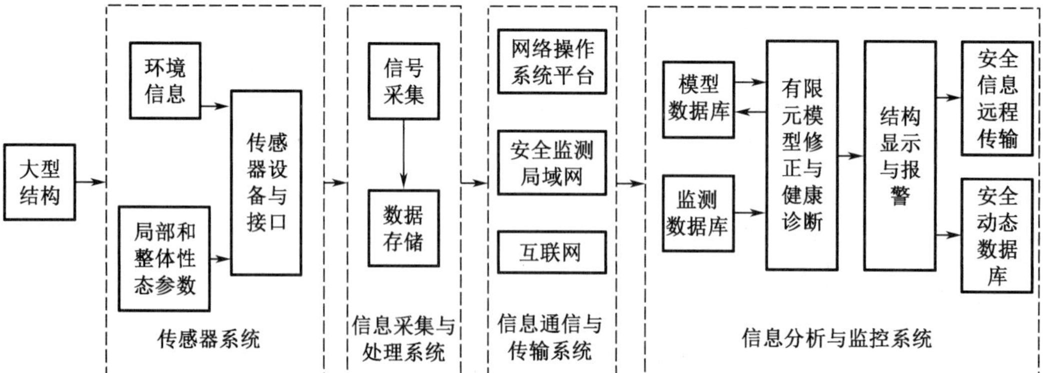

图 4-1　结构健康监测系统示意图

（1）传感器系统。该系统主要通过传感器将待测的物理量转变为电信号，包括加速度计、风速风向仪、位移计、温度计、应变计、信号放大处理器及连接界面等。

(2)信息采集与处理系统。该系统包括信号采集器及相应的数据存储设备等,安装于待测结构中,采集传感系统的数据并进行初步处理。

(3)信息通信与传输系统。该系统将采集并处理过的数据传输到监控中心,包括网络操作系统平台、安全监测局域网与因特网的连接等。

(4)信息分析与监控系统。该系统包括高性能计算机及分析软件。采集并处理过的数据被传输到该子系统,利用具备损伤诊断功能的软硬件分析接收到的数据,判断损伤的发生、位置和程度,对结构健康状况做出评估,如发现异常,发出报警信息。

结构健康监测系统的优劣主要由以下3个因素决定:

(1)传感器的灵敏性和精度,以及数据传输和采集设备的性能;

(2)测点的空间分布,即传感器的最优布置问题;

(3)测试数据的分析处理能力。

4.2.3 结构健康监测技术应用

1. 大跨度桥梁

大跨度桥梁是各国经济快速发展的重要基础设施,也是重要的生命线工程。结构健康监测系统能够监测桥梁的运营状况及健康状态,对该系统所采集到的数据进行分析即可评价大桥的动力特性,为保障桥梁的安全运营、发现桥梁早期安全隐患提供硬件支持和技术依据,同时可以大大节约桥梁的维修费用,避免频繁大修、关闭交通所引起的重大损失。结构健康监测系统监测内容一般有:环境监测,如大气温度、风、腐蚀、水文波浪、桥墩基础冲刷状况;结构特性监测,如结构静力影响系数、结构动力特性;结构静动态响应监测,如整体结构几何变形、构件应力变化及分布状况、斜拉索索力状况、钢构件疲劳状况、桥墩沉降状况。这些结构健康监测系统的安装和运行对大桥的日常维护、管理和灾害预警具有十分重要的作用。

2. 建筑结构

建筑结构是除桥梁外应用较多健康监测系统的结构,主要包括超高层建筑、大型复构重要历史建筑。

随着超高层建筑日益蓬勃发展,以及人们对于超高层建筑与大型空间结构安全性的关注,这些建筑或结构也安装了一些健康监测系统。针对超高层建筑的结构特点、监测环境及荷载作用,超高层建筑结构健康监测主要包括风荷载、环境气候、地震、竖向不均匀变形、结构顶层水平变形和基础沉降、层间位移、关键构件和节点的应力及结构振动等。高层建筑结构监测的内容有荷载和结构响应监测,一般包括:

(1)环境风速、风压监测;

(2)环境温度、湿度、雨量、气压监测;

(3)地震监测;

(4)长期健康监测;

(5)沉降监测;

(6)建筑主体倾斜度监测;

(7)关键部位的应变、应力监测;

(8)建筑主体静位移监测、结构模态、阻尼监测、关键截面加速度响应、腐蚀度监测。

安全评定分为构件安全评定和整体安全评定。安全评定的结果通过可视化技术在监控中心的监视器上实时显示,并把安全评定的结果存入中心服务器的数据库中。此外,中心服务器内数据库的数据可以通过局域网将有关的结果传输到相关单位,也允许系统开发人员远程维护。

3. 水利工程结构

水库大坝安全是影响国民经济发展的重要组成部分之一,大坝安全监控管理系统也是国家的重要需求。大坝安全综合评价系统可以为大坝正常运行的状况提供真实数据,并对其安全隐患提出报警,从而能对大坝有针对性地进行隐患管理,改善安全运行条件。系统可以预测大坝溃堤时的灾害事故,相关部门也能够保证上下游居民的安置,并报告给相关人员做好物资准备。大坝安全监控工作中最重要的就是渗压与渗流量这两个变量。大坝内部监测内容包括大坝承受力、大坝内部开裂情况、大坝内部温度、大坝渗透压及钢筋承受力等。而在对大坝内容进行安全监控的同时,对大坝外部环境的安全监测也尤为重要。外部环境监测主要包括对周围环境的监控、对水位的监控,以及对降雨、温度等气象因素的检测。

4. 隧道工程结构

隧道工程对于改善公路线型、节省占地、节省工程投资有重要意义,特别是在山区高速公路隧道修建短隧道中,有着较大的优势。隧道工程的安全关系着人类生命安全和社会经济活动,隧道地质条件恶化、结构失稳和退化所造成的崩塌、火灾等事故,严重威胁着隧道安全。对隧道结构的健康状况做出评估是非常必要的,实时地监测和预报结构的性能,包括对隧道结构的沉降、收敛、裂缝、应力、环境温湿度等参数的监测,及时发现和估计结构内部损伤的位置和程度,预测结构的性能变化和剩余寿命并做出维修决定,合理疏散人民群众,对提高工程结构的运营效率,保障人民生命财产安全具有极其重大的意义。因此,为了确保隧道结构的安全稳定,有必要采取一系列措施,实时监测隧道结构的健康状态,预警事故的发生。

5. 海洋平台结构

海洋平台结构健康监测的目的是能够通过长期、连续和在位的监测,及时掌握平台的运行状况,识别结构的隐性损伤并预警,以及评估结构的健康寿命,从而避免生命和财产的损伤,确保安全生产。方法是对海洋平台的原型系统进行在位、全尺度、长期和连续的监测,将海洋平台及其现场海域环境作为整体的系统进行分析,基于监测的数据,提取能够反映海洋平台结构变化的特征,并依据其变化的规律诊断结构的损伤。海洋平台的健康监测有它自身的特点,其环境荷载的非平稳性、结构的复杂性和失效模式的不确定性都是影响识别隐性损伤的不利因素。

除上述的结构类型外,健康监测技术在地下水管网、油气管网等方面也有应用。

4.3 结构健康检测与监测技术

结构健康检测与监测技术在无损检测技术方面既包括超声检测、射线检测、涡流检测、声发射检测、红外成像检测等基本技术，还涉及光纤传感监测、压电传感监测、GPS传感监测等先进检测技术的基本原理、工程应用的介绍。此外智能信息处理也在结构监测中发挥着重要作用。智能信息处理技术涉及信息科学的多个领域，是现代信号处理、神经网络、模糊逻辑、进化计算、数据融合(信息融合)、分形理论、粗糙集等理论和方法的综合应用，将不确定的知识和信息逐步改变为可靠、精确、确定且有用的知识和信息。

4.3.1 超声检测技术

超声波是由机械振动源在弹性介质中激发的一种机械振动波，其实质是以应力波的形式传递振动能量，其必要条件是要有振动源和能传递机械振动的弹性介质(实际上包括了几乎所有的气体、液体和固体)，它能透入物体内部并可以在物体中传播。

工业无损检测技术中应用的超声检测(ultrasonic testing，UT)利用了超声波在物体中的多种传播特性，例如反射、透射与折射、衍射与散射、干涉、衰减、谐振及声速等的变化，可以用于测量物体的几何尺寸，探测表面与内部缺陷的大小与位置，判断材料的显微组织变化等，是无损检测技术中发展最快、应用最广泛的一种极为重要的无损检测技术，在无损检测技术中占有非常重要的地位。

1. 基本原理

超声检测是利用超声波良好的方向性和所具有的能量特性来对材料内部的缺陷进行定性、定量和定位的。其主要特点包括：

(1)检测成本低、速度快、可现场检测；

(2)难以得到缺陷直观图像，定性困难，精度不高；

(3)对面积型缺陷检测较好，对体积型缺陷难以检测；

(4)适合检测较厚的工件，不适合检测较薄的工件；

(5)应用广泛，可适用众多试件；

(6)材料的材质、晶粒度对检测有影响，例如对于奥氏体不锈钢材料现在还尚未有成熟的超声检测方法；

(7)需要耦合剂，耦合剂的存在影响检测精度和可靠性，也影响超声检测的自动化探伤；

(8)工件的不规则形状等会影响超声检测的适用性；

(9)超声检测环境友好，对人体无影响。

2. 应用范围

利用专门的声速测定仪或利用普通的超声脉冲反射型探伤仪或超声测厚仪，将未知声速的材料与已知声速的标准试样相比较，可以测出材料的声速或者声速变化。

(1)材料物理常数的测定。根据物理学中的关系式，一般有：声速 $C=\sqrt{E/\rho}$，ρ 为材料密度，E 为材料的弹性模量。由于声速受材料的各向异性、形状及界面的影响，并且根据超声波的振动模式不同而要分别采用各自的弹性模量。

(2)测量温度。利用介质中的声速与介质的温度相关的特性，可以非接触测量介质温度，用于指示介质的熔点、沸点及相变，测量介质的比热、熔解热、反应热和燃烧热，测量介质的纯度等。

(3)测量流量。超声波在流动介质中传播时，相对于固定坐标系统，其传播速度与静态条件下的速度不同，它与介质的流速有关(因存在多普勒效应所致)，因而可以根据声速的变化确定流速并进一步确定流量(流体横截面积×流速)。

(4)测量液体的黏度 η。由于声阻抗 Z 与$(\eta\rho)^{1/2}$(η 为液体的黏度，ρ 为液体的密度)存在正比关系，且 $Z=\rho C$，因此通过测量声速 C 并确定液体的密度 ρ 后，即可确定液体的黏度。

(5)应力测量。超声波在材料中的传播速度与材料内存在的应力有近似线性的变化(称为超声应力效应)，因此可以用来测量混凝土预应力构件的强度、金属的强度和残余应力、紧固件(例如紧固螺栓)上的拉伸应力等。

(6)硬度测量。利用表面波在金属表面淬硬层中的速度变化特性，可以确定金属表面的硬度或者硬化层的深度。

(7)缺陷检测。当被检工件中存在缺陷时，与无缺陷的相同工件相比，其固有频率将会发生改变，因而谐振状态也会发生变化(谐振频率改变)，从而可以据此检测出缺陷的存在。

(8)测定金属表面裂纹的深度。利用表面波沿金属表面直接传递和存在表面裂纹时瑞利波绕过裂纹传递的时间差，根据表面波的传播速度，可以计算得出裂纹的深度。这种方法称作时间延迟法或渡越时间法。

(9)厚度测量。当探头发射的超声波脉冲通过被测物体到达材料分界面时，脉冲被反射回探头，通过精确测量超声波在材料中传播的时间可确定被测材料的厚度。凡能使超声波以一恒定速度在其内部传播的各种材料均可采用此原理测量。

超声波的速度特性，可应用于混凝土强度检测、球墨铸铁的强度及石墨球化率的测量、陶瓷土坯的湿度测量以确定进窑焙烧的时机，以及测量石油储分的密度、氯丁橡胶乳液的密度等。

4.3.2 射线检测技术

射线检测是利用各种射线对材料的透射性能及不同材料对射线的吸收、衰减程度的不同，使底片感光成黑度不同的图像，从而探明物质内部结构或所存在缺陷的性质、大小、分布状况，并做出评价判断。该方法是一种行之有效而又不可缺少的检测材料或零件内部缺陷的手段。

1. 基本原理

射线检测是利用 X 射线或 γ 射线通过物质衰减程度与被通过部位的材质、厚度和缺陷的性质有关的特性，使胶片感光成黑度不同的图像来实现的，如图 4-2 所示。当一束强度为 I_0 的 X 射线平行通过被检测试件(厚度为 d)后，其强度为 I_d。若被测试件表面有高度为 h 的凸起，则 X 射线强度将衰减为

$$I=I_0 e^{-\mu(d+h)} \tag{4-1}$$

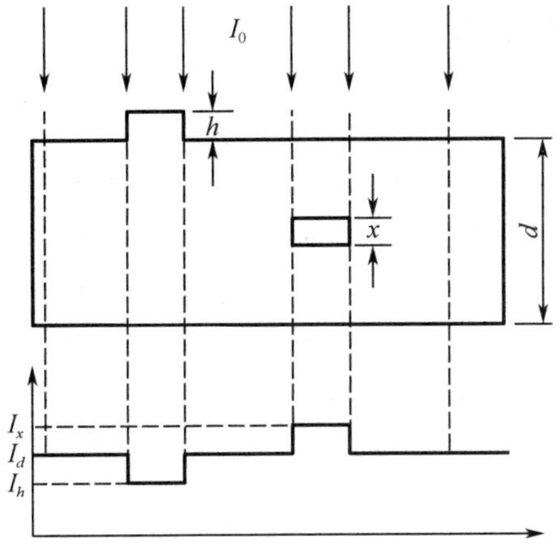

图 4-2 射线检测原理

又如在被测试件内，有一个厚度为 x、吸收系数为 μ' 的某种缺陷，则射线通过后，强度衰减为

$$I_x = I_0 e^{-[\mu(d-x)+\mu' x]} \tag{4-2}$$

若有缺陷的吸收系数小于被测试件本身的线吸收系数，则 $I_x > I_d > I_h$，于是在被检测试件的另一面就形成一幅射线强度不均匀的分布图。通过一定方式将这种不均匀的射线强度进行照相或转变为电信号指示、记录或显示，就可以评定被检测试件的内部质量。

2. 检测方法

常用的检测方法是照相法，即将射线感光材料（通常用射线胶片）放在被透照试件的背面接收透过试件后的 X 射线，如图 4-3 所示，胶片曝光后经暗室处理，就会显示出物体的结构图像，再根据胶片上影像的形状及其黑度的不均匀程度，就可以评定被检测试件中有无缺陷及缺陷的性质、形状、大小和位置。此法的优点是灵敏度高、直观可靠、重复性好，是射线检测法中应用最广泛的一种常规方法。

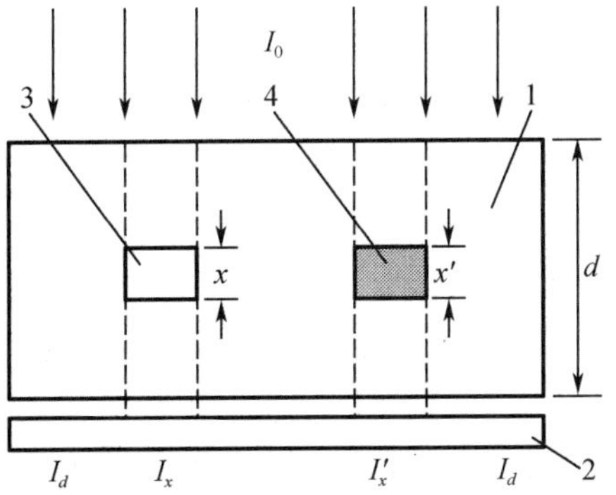

1—被透照式件；2—射线感光胶片；3—气孔（缺陷）；4—夹渣（缺陷）。

图 4-3 射线照相原理示意图

4.3.3 涡流检测技术

1. 基本原理

当导体处在变化的磁场中或相对于磁场运动时,由电磁感应定律可知,其内部会感应出电流。感应电流在导体内部自成闭合回路,呈漩涡状流动,因此称之为涡流。

当载有交变电流的检测线圈靠近导电试件时,由于激励线圈磁场的作用,试件中会产生涡流。涡流的大小、相位及流动形式受到试件导电性能的影响。涡流也会产生一个磁场,这个磁场反过来又会使检测线圈的阻抗发生变化。通过测定检测线圈阻抗的变化,就可以判断出被测试件的性能及有无缺陷等。

2. 检测方法

涡流检测方法有三种,如图 4-4 所示。

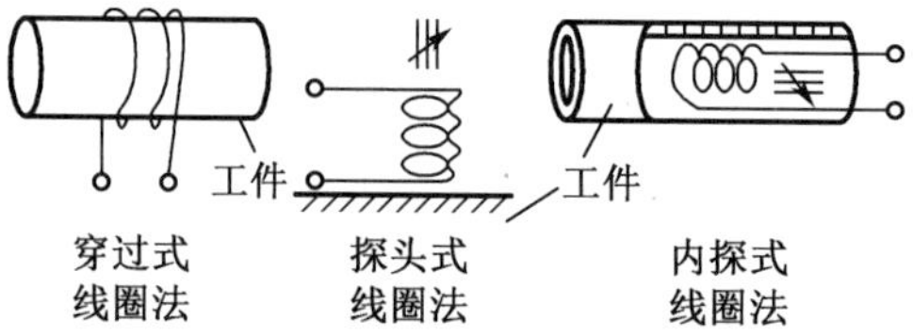

图 4-4 涡流检测的方式示意

(1)穿过式线圈法。检测线圈套在试件上,其内径与试件外径接近,该方法用于检测棒材、管材、丝材等。

(2)探头式线圈法。平面检测线圈直接置于试件平表面上进行局部检测,为了提高检测的灵敏度,通常在线圈中加有磁芯以提高线圈的品质因数。

(3)内探式线圈法。将螺管式线圈插入管材或试件的孔内作内壁检测,线圈中也多装有磁芯以提高检测灵敏度。

涡流检测适用于钢铁、有色金属、石墨等导电材料的制品,如管材、丝材、棒材、轴承、锻件等,它能用于检测这些材料的表面和近表面的缺陷,根据电导率与合金成分相关的特点,可以通过测定材料的电导率来对金属材料进行分选;根据电导率与合金的显微组织相关,可以利用涡流检测对金属材料的热处理质量进行监控;涡流检测还可用于测量工件厚度和导电金属表面涂镀层厚度,以及用于一些其他无损检测方法难以进行的特殊场合下的检测,例如深内孔表面与近表面缺陷的检测。

涡流检测的优点是检测速度快,检测成本低,操作简便,探头与被检工件可以不接触,不需要耦合介质,能在高温状态下进行检测,检测时可以同时得到电信号,可以直接输出指示的结果,也可以实现屏幕显示,对于对称性工件能实现高速自动化检测,并可实现永久性记录等。

涡流检测的缺点是只适用于导电材料,难以用于形状复杂的试件。由于透入深度的限制,只能检测薄壁试件或工件的表面、近表面缺陷(对于钢而言,目前涡流检测的一般透入深度能达到 3~5 mm),检测结果不直观,需要参考标准,根据检测结果还难以判别缺陷的种类、性质、形状和尺寸等。涡流检测受干扰影响的因素较多,例如工件的电导率或磁导率不均匀、试件的温度变化、试件的几何形状，以及提离效应、边缘效应等都能对检测结果产生影响，以致产生误显示或伪显示等。

最新的涡流检测技术包括远场涡流检测技术、涡流阵列检测技术、脉冲涡流检测技术。

4.3.4 红外成像检测

1. 基本原理

将热量注入工件表面，其扩散进入工件内部的速度及分布情况由工件内部性质决定。另外，材料、装备及工程结构构件等在运行中的热状态是反映其运行状态的一个重要方面。热状态的变化和异常，往往是确定被测对象的实际工作状态和判断其可靠性的重要依据。红外成像检测可分为主动式（在试件背面或正面进行人工加热，从而向被检试件注入一定的热量，形成温度场用于检测成像）和被动式（依靠自然界环境温度或试件自身存在热源而产生热辐射，从而对其温度场被动成像进行检测）两种。通常所说的红外成像检测是指被动式红外检测。红外成像检测是热交换过程中显示工件内部的缺陷，适用于运行中设备的质量控制。无论是主动式还是被动式，对于温度场的检测成像都是依靠红外热像仪。

2. 检测仪器

红外热像仪是通过吸收目标物体的能量辐射生成红外图像和温度测量的仪器。利用红外热像仪测量目标本身与背景间的红外辐射能量差异可以得到不同红外线辐射能量而形成的红外热图像。当材料表面的温度差大于红外热像仪的最小可测温度时，即可在红外热像仪上观察到人眼不能直接看到的试件表面温度分布的热图像（非可见光图像），可以分析、判断材料中是否存在缺陷，从而达到检测的目的。

4.3.5 压电智能传感检测技术

1. 基本原理

当压电材料中的介电晶体（无对称中心的异极晶体）沿某一方向受到机械外力（拉应力、压应力或切应力等）作用时，会产生相应应变（变形），使带电粒子发生相对位移。同时其内部产生介电极化现象，导致在介电晶体的两个表面产生符号相反的束缚电荷，其电荷密度与作用力呈比例关系。当作用力方向改变时，电荷的极性也随之改变，当去掉外力后，它又重新恢复到不带电的状态。压电材料的这种没有电场作用，由机械应力的作用而使介电晶体产生极化并形成晶体表面电荷的性质称为压电性，这种现象称为压电效应。

（1）压电体受到外机械力作用而发生电极化，并导致压电体两端表面内出现符号相反的束缚电荷，其电荷密度与外机械力成正比，这种现象称为正压电效应。

（2）压电体受到外电场作用而发生形变，其形变量与外电场强度成正比，这种现象称为逆压电效应。具有正压电效应的固体，也一定具有逆压电效应。

（3）正压电效应和逆压电效应总称为压电效应。晶体是否具有压电效应，是由晶体结构的对称性所决定的。

压电材料经过极化处理之后具有各向异性，每一项性能参数在不同方向上所表现的数值也不同。压电陶瓷材料的性能参数包括压电常数、介电常数、弹性常数、机电耦合系数、频率常数、机械品质因数及介质损耗等，压电智能材料众多的性能参数是其广泛应用的重要基础。压电弹性体除具有一般弹性体的弹性性质外,还具有电学特性。压电体受到外力作用,产生应力和应变,还会在压电体表面产生可以移动的电荷,形成电位移。压电材料上述特性,集传感和驱动功能于一体,以及频带宽、灵敏度高、响应速度快、结构简单、工作可靠、质量小、能耗低、成本低等优越特性,使其在建筑结构健康监测与损伤识别中有着广泛的应用前景。

2. 压电传感器的种类

压电传感器按极化方向的不同,可分为以下几种。

(1)应变传感器

应变传感器在垂直于构件的方向得到极化。当构件产生应变时,贴于构件上的传感器产生电荷,通过对电极电量的测量,得出应变量的大小。

(2)力传感器

力传感器的极化方向与所测力的方向平行,所产生电荷量的大小与所测力的大小呈正比变化,因而可以测出力的大小。

(3)剪切模态传感器

剪切模态传感器的极化方向与剪应变方向相切。当构件纵向产生应变时,传感器通过连于其上的连接桥产生受剪变形,从所测到的电荷大小得出构件纵向产生的应变值。

在压电传感/驱动结构中,压电材料与主体结构按连接方式有嵌入式和粘贴式两种;分布形式又有连续分布式和小片离散分布式两种。分散粘贴点式压电换能器不但制作方便,而且有利于有限元建模分析,便于进行结构与监测系统的设计。因此,人们对表面粘贴小片离散分布式压电传感结构的研究相对较多。

随着对压电传感器与驱动器的深入研究,已经实现了用同一压电元件既作传感器又作驱动器,即自感知驱动器。自感知驱动技术的关键在于如何区分施加在压电元件上的驱动信号和由于结构变形而产生的电荷信号。

4.3.6 基于振动的无损检测技术

1. 基本原理

基于振动理论的结构无损检测方法是通过某种激励,使结构产生一定的振动响应,继而通过测振仪器直接测量出激励力与系统振动的响应,然后通过数字信号分析得到系统的模态参数,再根据结构模态参数的变化判断有无隐患和损伤。结构中特定部分的质量和刚度损失而引起的模态参数变化,一般都会在模态测量中有所反映。当模态测量值与完好的系统模态值之间出现了差异时,就表示该系统出现了损伤或破损,进而确定损伤的位置及程度。另外,在相同激励条件下,有无损伤的同一结构的振动响应也是不同的,因此具体检测可从以下几个方面进行:

(1)将被测结构的实测值与完好结构的模态参数和物理参数的理论解或设计值进行比较,判断被测结构是否有损伤及损伤位置和大小;

(2)根据被测结构与完好结构模态参数和物理参数实测值的比较进行判断;

(3)根据被测结构健康阶段与目前状态的模态参数和物理参数实测值的比较进行判断;

(4)根据激励和响应的关系及其他综合分析方法进行判断。

基于结构振动的损伤检测的基本问题就是如何从给定的结构动力特性的测量中确定损伤的出现、位置和程度。通常结构损伤位置的确定等价于在结构中用一个可测的量来确定结构的刚度和承载能力有所下降的区域。从损伤结构得到的结构动态特性参数,如固有频率和振型均可以和未损伤结构的系统质量矩阵和刚度矩阵相关联,则该方法即是通过比较未损伤结构与损伤结构的振动信息来进行损伤检测。

基于振动的损伤检测方法起决定作用的是计算模型的建立和振动测试参数的估计,尤其是信息特征量的选择。从逻辑上讲,要进行损伤识别和定位,首先需要解决的是损伤标识量的选择问题,即决定以哪些物理量为依据能够更好地识别和标定损伤的位置和程度。一般认为,用于损伤识别的物理量可以是全局量(如结构的固有频率等),但用于损伤直接定位(不依赖于有限元计算模型)的物理量最好是局域量,并且需满足以下四个基本条件:

(1)对局部损伤敏感;

(2)是位置坐标的单调函数;

(3)在损伤位置,损伤标识量应出现明显的峰值变化;

(4)在非损伤位置,损伤标识量的变化幅度应小于预先设定的阈值。

损伤标识量可以是结构的物理参数,如刚度矩阵、质量矩阵、阻尼矩阵等,或是模态参数如振型、频率等。

2. 检测方法

基于振动的结构损伤检测方法按照识别区域可以分为时域法和频域法,从研究和应用的角度可以分为模型修正法和动力指纹分析法。

(1)时域法

时域法是基于状态空间的现代控制理论的重要分支。早期的研究技术需要同时知道系统的输入和输出信号,根据系统的运动方程,通常是用有限元的动力平衡方程,或者系统的状态方程,由系统假设或测量的已知条件推导合适的辨识公式,再运用已经成熟的各种动态系统辨识方法来完成结构系统参数的辨识。由于实际系统的输入数据很难测量到,所以出现了许多利用输出数据进行结构模态参数识别的方法,如神经网络法。

(2)频域法

传统的结构模态分析方法是基于传递函数的频域分析方法,即通过频响函数、功率谱和相关分析得到结构的模态频率、振型、阻尼等。目前,多数基于振动的损伤检测方法都是利用频域数据来进行结构的损伤检测与诊断。频域法的优点是信号的谱图非常明显并且容易提取,缺点是离散傅里叶变换对信号所作的周期性假设可能导致信号失真。

(3)模型修正法

模型修正法主要是用实验结构的振动响应数据与原先模型的计算结果进行综合比较,利用直接或间接测得的模态参数、加速度记录、频响函数等,通过一定的条件进行优化,不断地修正模型中的刚度分布,从而得到结构刚度变化的信息,实现结构损伤检测与诊断。该方法在划分和处理子结构上具有很大的优越性,但由于测试模态不完备、测试自由度不足及测量噪信比较高等原因,往往导致解不唯一。

(4)动力指纹分析法

动力指纹分析法是寻找与结构动力特性相关的动力指纹,通过这些指纹的变化来判断结构的真实状况。经常用到的动力指纹有频率、振型、模态应变、功率谱、MAC(模态保证标准)、COMAC(坐标模态保证标准)等。

4.3.7 光纤健康检测技术

1. 基本原理

光纤传感包含对外界信号(被测量)的感知和传输两种功能。所谓感知(或敏感),是指外界信号按照规律使光纤中传输的光波的物理特征参量发生变化,测量光参量的变化即“感知”外界信号的变化。这种“感知”实质上是外界信号对光纤中传播的光波实施调制。

所谓传输,是指光纤将受外界信号调制的光波传输到光探测器进行检测,将外界信号从光波中提取出来并按需要进行数据处理,也就是解调。因此,光纤传感技术包括调制与解调两方面的技术,即外界信号(被测量)如何调制光纤光波参量的调制技术(或加载技术)及如何从已被调制的光波中提取外界信号的解调技术(或检测技术)。

外界信号对传感光纤中光波参量进行调制的部位称为调制区。根据调制区与光纤的关系,可将调制分为两大类。一类为功能型调制,调制区位于光纤内,外界信号通过直接改变光纤的某些传输特征参量对光波实施调制。这类光纤传感器称为功能型或本征型光纤传感器,也称内调制型传感器,光纤同时具有“传”和“感”两种功能。与光源耦合的发射光纤同与光探测器耦合的接收光纤为一根连续光纤,称为传感光纤,故功能型光纤传感器亦称全光纤型或传感型光纤传感器。另一类为非功能型调制。调制区在光纤之外,外界信号通过外加调制装置对进入光纤中的光波实施调制,这类光纤传感器称为非功能型或非本征型光纤传感器。发射光纤与接收光纤仅起传输光波的作用,称为传光光纤,其不具有连续性,故非功能型光纤传感器也称传光型光纤传感器或外调制型光纤传感器。

根据被外界信号调制光波的物理特征参量的变化情况,可将光波的调制分为光强度调制、光频率调制、光波长调制、光相位调制和偏振调制等五种类型。由于现有的任何一种光探测器都只能响应光的强度,而不能直接响应光的频率、波长、相位和偏振态这四种光波物理参量,因此光的频率、波长、相位和偏振调制信号都要通过某种转换技术转换成强度信号,才能为光探测器接收,实现检测。

2. 光纤光栅传感器的应用

土木工程中的结构监测已经成为光纤光栅传感器应用的最活跃领域。光纤光栅传感器既可贴在已有结构的表面,也可以在浇筑时埋入结构,从而实现对结构的实时测量,监视结构缺陷的形成和生长。另外,多个光纤光栅传感器可以串接成传感网络对结构进行检测,传感信号可远程接入中心监控室进行分析、处理。其主要的应用如下。

(1)结构内部应力、应变监测

结构内部的应力、应变监测是光纤传感器最主要的应用之一,主要使用微弯强度型和干涉型传感器进行监测。前者最大的优点是易于实现光纤阵列,可对结构进行分布式检测,而且用光时域反射技术可以方便地对损伤位置进行定位;缺点是对信号不敏感,必须采用其他辅助手段,如增加变形装置、刻蚀等。

(2)强度测量

用光纤传感器可以实现对混凝土强度的非破坏性测量

(3)裂缝监测及结构整体性评估

通过监测关键部位埋置的光纤中光强急剧减少或完全不通就可方便地探测出混凝土中裂缝的产生和生长,并通过光时域反射仪(OTDR)或光极域反射仪来确定出断裂的位置。

同样原理还可确定混凝土中的钢筋、空洞、蜂窝状的存在,以及位置或者密度的变化。

(4)大体积混凝土固化及养护期的监测

由于刚浇筑的混凝土具有高湿度、强碱性、大水化热、强腐蚀性和收缩量大等特点,绝大多数传感器和仪器都不适合用于混凝土的收缩应变监测。而光纤传感器能克服这些不利因素,并且利用埋入式光纤传感器和 OTDR 技术测量大体积混凝土内部温度的分布,所得数据有足够的准确性和精确度

(5)结构腐蚀监测

在光纤上剥去一段保护层,使纤芯裸露出来,将其埋入钢筋混凝土中,利用探测器接收物体的色谱信息,分析后即可得出所测物体所产生的化学变化,从而判断结构的腐蚀情况。

4.3.8 GPS+北斗结构健康监测技术

1. 基本原理

通过接收来自 GPS+北斗卫星导航系统的信号和基准站的信息,并对接收到的数据进行实时差分处理,可计算出待监测点的三维坐标,从而实现实时厘米级甚至毫米级精度的动态测量和实时高精度连续静态测量。利用北斗系统进行变形监测具有显著的优势:

(1)各监测站之间无须通视,是相互独立的观测值;

(2)可以实现全天候定位,可以在台风、暴雨等恶劣天气环境中进行持续监测;

(3)高精度测定位移自动化程度高,所测三维坐标可直接存入监控中心服务器,并进行安全性分析,延时短、实时性强,且各监测点可实现同步测量,从而实现高度自动化的无人值守监控;

(4)定位速度快、精度高、量程大,可满足道路、桥梁、山地、矿山的需求;

(5)基准站和待监测点的距离几乎不受限制。

2. 监测系统的建立

结构监测的特点可以总结为不同特性的位置变化,不同的监测目的对监测系统的实时性、时间分辨率和位移测量的精度要求也不同。由于监测系统的这 3 个指标之间的相互约束,要求在监测系统设计时,要根据实际情况进行优化。下面主要介绍几种典型的结构监测系统的建立和实施。

(1)振动测量

GPS+北斗高频振动测量系统主要用于测量结构在负载特别是动态负载作用下位置变化的规律性,如风载作用下高层建筑振动及风载和车流作用下桥梁的振动等。通过实测数据确定结构的安全运行能力,为其他结构的设计和相关研究工作提供基础数据资料。这种监测系统要求具有较高的时间分辨率,但不需要实时性。系统在结构监测站和参考点上安置 GPS/北斗导航接收机,以一定的采样频率记录观测数据,观测结束后处理数据,得出振动的时间序列。在进行数据处理时要考虑各种误差源影响的模型化,提高位置变化的求解精度。

(2)振动监测

GPS+北斗高频振动监测系统主要用于实时测量结构在负载作用下的振动参数,为结构的安全运营提供保证。如监测悬索桥在台风作用下产生的路面变形以确保车辆的安全行驶。这种监测系统要求具有较高的时间分辨率和形变响应的实时性。时间分辨率要保证

能测量出形变量显著的最高频率的振动分量,形变响应的时延要保证系统能够安全示警。受时间分辨率和实时性的影响,其位移测量精度一般在 20 mm 左右。考虑环境相关误差源,改正后的精度可以提高到 3~10 mm。

(3)形变监测

形变监测系统主要用于监测结构的缓慢位置变化或周期较长的振动,如重力负载作用下结构的形状变化,结构基础的整体运动和形变。该系统也可以用于滑坡地震等局部地球动力学现象引起的地表变化监测。由于被监测的位置变化比较缓慢,在局部时间区间内可以用线性变化模型代替,系统的实时性和时间分辨率要求都较低,一般每隔几分钟甚至一小时给出一个形变量。系统的精度要求较高,一般根据形变的线性特性,用一定时间间隔内的观测数据减小随机误差和多路径效应的影响,以达到提高精度的目的。GPS+北斗导航的接收机的数据采样时间一般为 5~15 s,位移更新时间为 15~60 min,可根据形变的线性程度而定。

系统的构成和数据流程与高频振动监测系统的集中处理方式一致。观测数据由实时传输改为定时传输,数据处理软件采用高精度后处理静态定位软件。

4.3.9 智能信息处理技术

信号处理的主要目的是寻求一种简便而有效的方法来描述信号,以便让信号所包含的主要信息显示出来。各种用于结构健康监测与诊断的损伤指标或对结构损伤状态敏感的特征参数,如频率、振型、曲率、模态柔度、应变能等都是利用信号处理技术对结构的响应进行识别,得到结构的模态参数如频率、振型与阻尼等,进而得到损伤指标。

1. 信号处理技术

信号处理技术是一门非常重要的科学,它研究信号处理的理论、方法和技术。该技术由多种信号论的三个主要分支共同发展而来,即信号的采集、信号的处理和信号的分析。信号处理技术的目的是改善信号性能,提高信号的可靠性,以实现信号处理系统的最佳性能,达到最佳效率。它采用了许多复杂的技术来提高信号处理系统的功能性和特性,比如信号增强、信号模式、信号分离及信号检测。信号处理技术主要有傅里叶变换、快速傅里叶变换、Wigner-Ville 分布、小波/包分析、希-黄变换(HHT)、盲源分离等。信号处理技术应用十分广泛,具有重要的现实意义和应用价值,它也是计算机、信息科学和电子学研究中不可缺少的技术手段。

2. 神经网络

结构损伤检测的核心技术是模式识别。模式识别是将理论分析得到的损伤模式特征库与实测的模式进行匹配,一般先通过分析各种不同的损伤序列或破坏模态来建立模式库,然后观察实测振动信号的变化,并将它与可能发生损伤的模式数据库进行比较,选择最相似的模式。神经网络本身具有模式匹配与记忆的能力,而且对于具有一定噪声的模式识别效果更好。运用模式识别进行损伤检测与用神经网络进行损伤检测是两种不同的诊断方法,但二者有着密切相关的联系。用神经网络实现模式识别损伤检测之所以适合结构的损伤检测,主要有下面几个原因。

(1)神经网络具有自学习、联想、记忆及模式匹配的能力。训练过的神经网络能够存储有关过程的知识,能直接从定量的历史学习中学习,可以根据对象的正常历史数据训练网络,然后将此信息与当前测量数据进行模式匹配与比较,从而确定损伤。

(2)神经网络具有滤出噪声及在有噪声情况下得出正确结论的能力。可以训练神经网络来识别损伤信息,使其能在噪声环境中有效地工作,这种滤除噪声的能力使得神经网络适合在线健康检测与诊断。

(3)神经网络具有分辨原因及损伤类型的能力。

3. 模糊理论

模糊理论被广泛地应用于模式识别、优化、数学规划、控制与决策等领域。由于损伤/故障的存在使实测结构响应具有很强的模糊性、多层次性、相似性等特点,很难进行精确的推理,可应用模糊聚类方法确定样本的亲疏程度来实现模式分类与损伤识别。模糊逻辑系统的成败取决于模糊规则库的产生和模糊推理。虽然它能精确处理不确定信息,并进行高阶的信息处理和逻辑推理,但它对模糊规则的自动提取及模糊隶属函数的自动生成存在困难;而这些难点正是神经网络的优点。研究发现,模糊系统与神经网络在知识表示、存储、运用和获取等方面存在一定的异同。

(1)从知识的表示方式看,模糊系统可以表达人或专家的经验知识,便于理解;神经网络只能描述大量数据之间的复杂函数关系,是一个"黑箱",难于理解。

(2)从知识的存储方式看,模糊系统将知识存于规则库中;神经网络将知识存于权系数中,两者都具有分布存储的特点。

(3)从知识的运用方式看,模糊系统和神经网络都具有并行处理的特点,模糊系统同时激活的规则不多,计算量小;神经网络涉及的神经元很多,计算量大。

(4)从知识的获取方式看,模糊系统的规则靠专家提供或设计,难于自动获取;神经网络的权系数可以从输入输出样本中学习,不需要设置。

由于模糊逻辑和神经网络各自的特点及相同的地方,将模糊技术和神经网络有机结合组成模糊神经网络(FNN),可大大拓宽神经网络处理信息的范围和能力:使其不仅能处理精确信息,也能处理模糊信息或其他不精确信息;同时神经网络的自学习使模糊规则的自动提取及模糊隶属函数的自动生成得以实现。规则库的建立与学习可以通过神经网络自适应学习,在结构健康监测方面具有较高的识别精度和鲁棒性。

4. 数据融合

数据融合又称信息融合,是针对一个系统中使用多个和(或)多类传感器这一特定问题展开的一种新的数据处理方法。它的定义可概括为:充分利用不同时间与空间的多传感器数据资源,采用计算机技术对按时间序列获得的多传感器观测数据,在一定准则下进行分析、综合、支配和使用,获得被测对象的一致性解释与描述,进而实现相应的决策和估计,使系统获得比它的各组成部分更充分、更可靠的信息。

数据融合主要包括传感器(信号获取)、数据预处理、数据融合中心和结果输出等环节。多传感器系统是硬件基础,多源信息是数据融合的加工对象,协调优化和综合处理是数据融合的核心。数据融合的关键技术是融合中心,即特征提取和融合计算。其中融合计算是数据融合系统的核心,特征提取是融合计算的前提。融合计算中的常见融合算法有加权平均、卡尔曼滤波、贝叶斯估计、D-S证据理论、模糊理论、神经网络、支持向量机、小波分析理论、遗传算法等。

数据融合在结构健康监测及设备故障诊断中的应用包括:

(1)多传感器形成了不同通道的信号;

(2)同一信号形成了不同的特征信息;

(3)不同诊断途径得出了有偏差的诊断结论。

数据融合诊断的最终目标是综合利用各种信息提高诊断准确率。从本质上讲,结构健康监测(故障诊断)系统是对运行的各种状态信息和已有的各种知识进行综合处理,最终得到关于系统运行状况和故障状况的综合评价。数据融合的过程实际上是信息的提纯过程,在故障诊断中是按最大从属原则进行融合的,即因果程度高者定为诊断结论。在这一点上,结构健康监测与数据融合技术具有相同的目的和要求。从功能模型上来看,诊断的对象作为信息源提供原始的信息,通过进行各种信息处理,以监测诊断结果的形式,达到诊断的目标。将数据融合技术应用于故障监测、报警及故障诊断系统中,能够更精确地获取结构运行状态的估计,提高诊断的置信程度。因此,数据融合技术在结构健康监测及诊断中的应用是可行的。

5. 粗糙集

粗糙集理论不需要任何预备或额外的先验知识,能有效分析和处理不精确、不一致、不完整等各种不完备数据,并从中发现隐含的知识,揭示潜在的规律。它只依赖于数据本身,不需要样本之外的先验知识或者附加信息,因此挑选出来的决策属性可以避免主观性。粗糙集处理的数据类型包括确定性的、非确定性的、不精确的、不完整的、多变量的、数值的、非数值的。粗糙集使用上、下近似来刻画不确定性,使得边界有了清晰的数学意义,并且降低了算法设计的随意性。

知识约简是粗糙集的核心内容之一,它是研究知识库中哪些知识是必要的,以及在保持分类能力不变的前提下,删除冗余的知识。通过知识约简可以在保持分类一致的约束下简化数据,从而削减冗余对象与属性,寻求属性的最小子集。粗糙集理论在信息处理、自动控制、故障诊断、模式识别、机器学习、决策分析等领域受到了人们的关注。

为了降低海量数据的空间维数,并有效地处理来自健康监测系统大量的不确定数据,可将粗糙集与数据融合等技术结合用于健康监测。数据离散方法及约简准则对损伤识别精度有一定的影响,提出的方法不仅可以降低数据的空间维数,而且具有很好的损伤识别精度及鲁棒性。

6. 进化计算

进化算法是一种基于自然选择和遗传变异等生物进化机制的全局性概率搜索算法,其运用了迭代的方法。进化计算代表性的技术有遗传算法(GA)、粒子群算法(PSO),它们是基于适者生存、优胜劣汰的进化原则来搜索下一代的最优个体,以达到满足要求的最优解。作为一种优化算法,进化算法不需要对目标函数进行求导,且求解是全局性的,因此被较广泛地应用于结构优化、传感器布设、故障诊断与损伤检测等领域。

进化计算来自生物仿生学的计算技术,它具有并行计算、较好地处理不确定性、不需要显式表达式和求导,以及获得的解是全局最优解等优点;缺点是计算比较复杂,耗时比较多。目前,进化计算的发展非常迅速,得到了学术界的广泛认可。

4.4 建筑结构健康监测应用

4.4.1 桥梁的结构监测

为了保障高速铁路(简称高铁)线路的安全和正常运营,有必要对高铁桥梁,特别是大跨度高铁桥梁进行结构健康监测。大跨度高铁桥梁由于跨度大、需通行高速列车,相较于一般桥梁而言,其对结构的刚度与强度要求更高,相应地,其监测重点与常见的公路桥梁和普通铁路桥梁也不尽相同。此外由于列车的高速通行,桥梁结构状态变化快,需在对健康监测数据实时处理的基础上对桥梁结构进行快速评估与预警,因此,以工程需求为导向确定桥梁监测系统的设计原则,科学系统地融入桥梁健康监测预警方法,并最终形成大跨度高铁桥梁监测预警系统的技术框架至关重要。

大跨度高铁桥梁健康监测的主要目的是保障结构的可靠性,包括桥梁结构的运营状态、承载能力、耐久性能及行车平顺性等,保证其能满足预定的功能需求。高铁桥梁的结构性能一般体现为强度与刚度两个方面,根据结构具体特征和应用环境的不同,健康监测需关注的内容和指标要求也略有不同。与一般桥梁相比,大跨度高铁桥梁需保证列车的高速平稳通过,对复杂服役条件下轨道及桥梁变形限值等影响行车平顺性的因素均有较高要求,且作为线路的下部基础,桥梁结构自身需要具有较高的刚度;此外,铁路桥梁在服役过程中会承受列车及温度荷载等复杂环境条件的共同作用,因此需要保证桥梁结构具有足够的强度。因此,上述因素在健康监测系统设计及搭建时,必须要进行通盘考虑,重点监测。

在大跨度高铁桥梁结构健康监测预警方法框架中,以温度、应变及挠度为重点监测指标,在对监测数据有效处理的前提下,实现对桥梁关键应变参数、变形性能及承载性能的监测预警,保证系统监测数据处理的时效性及桥梁性能状态信息反馈的准确性。

1. 桥梁结构健康监测系统概述

桥梁立面图如图 4-5 所示,安装结构健康监测系统的桥梁为主跨 630 m 的钢桁梁斜拉桥,采用三桁三索面结构,钢桁主梁为板桁结合结构,主桁为“N”形桁架结构,三片主桁中心间距 17.1 m,桁全宽 34.2 m,桁高 15.5 m,节间长 15 m。该大桥为双层桥面布置,上层为公路桥,桥面为钢正交异性板,承载六车道高速公路,设计时速 100 km;下层为铁路桥,为正交异性整体桥面,通行双线高铁(设计时速 250 km)和双线 I 级干线(设计时速 160 km),采用有砟轨道结构。大桥主梁典型横断面图如图 4-6 所示。

桥梁结构健康监测系统软件采用 B/S(浏览器/服务器)和 C/S(客户机/服务器)结构相结合的混合软件模式,可在监测中心对系统进行控制管理,也可在远程通过浏览器登录进行操作。桥梁结构健康监测系统采用 Windows 操作系统,系统内的中央数据库采用 SQL Server,桥梁结构健康监测系统网络拓扑结构图如图 4-7 所示。

该系统的主要工作内容如下:

(1)各数据采集外站的数据可实时采集、存储与传输;

(2)控制采集启停,实现各个采集站同步采集;

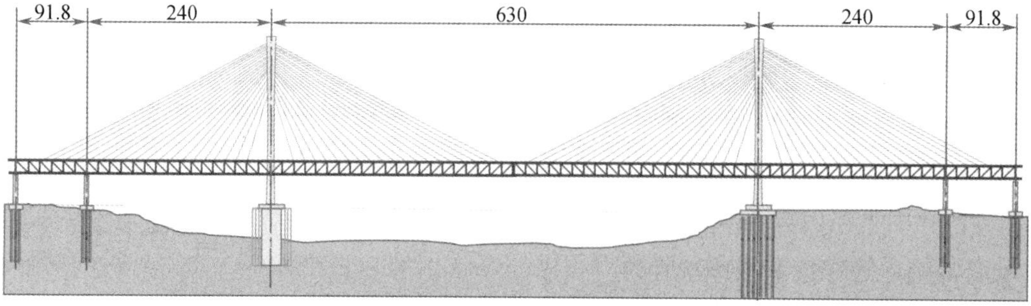

图 4-5　桥梁立面图

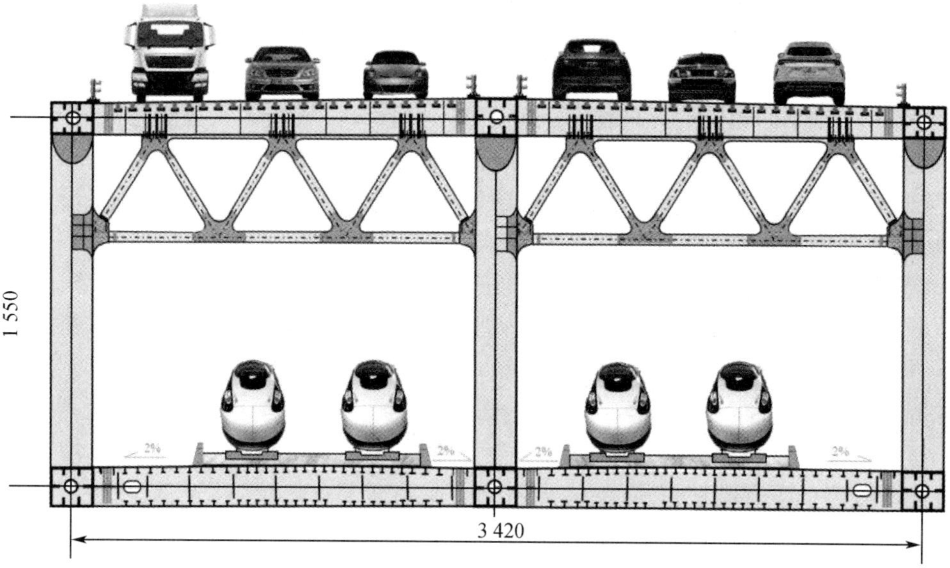

图 4-6　大桥主梁典型横断面图

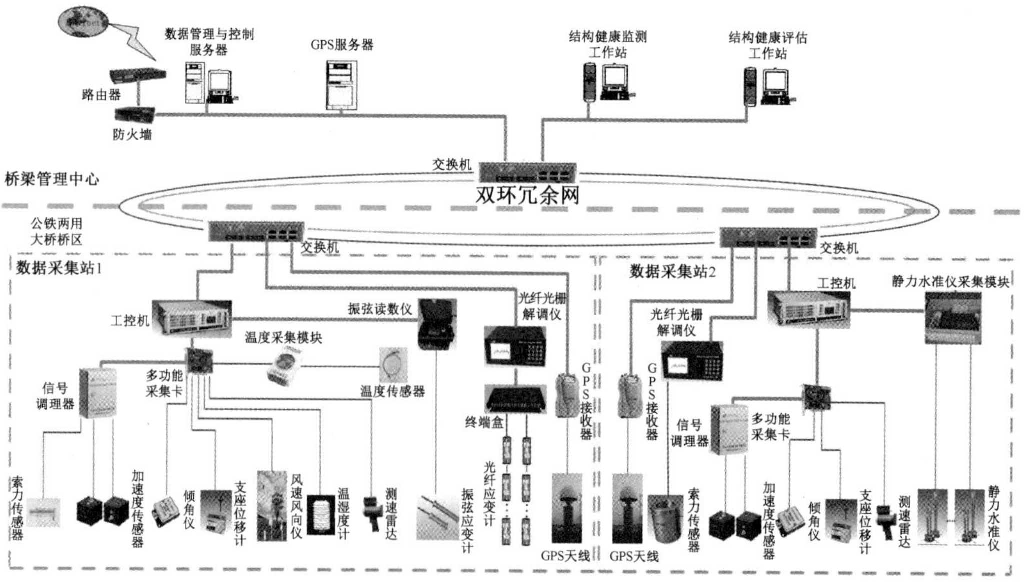

图 4-7　桥梁结构健康监测系统网络拓扑结构图

(3)对外站、传感器、网络设备的运行状况进行判别及异常报警;
(4)设置传感器参数,设置报警限;
(5)数据库的建立、运行与维护;
(6)实时监测数据显示输出(示值、时域波形、频域波形、趋势);
(7)对采集信号进行处理(滤波、抽样、信号加窗、FFT、相关性分析及统计等);
(8)监测数据查询、统计、输出及打印(列表、时域波形、频域波形、趋势、报表);
(9)若监测数据超过预设报警阈值则进行报警;
(10)提供互联网远程用户访问系统功能,进行系统维护;
(11)通过采集数据对桥梁状况进行评估、预警。

大跨度高铁桥梁结构健康监测系统组成框架图如图4-8所示。

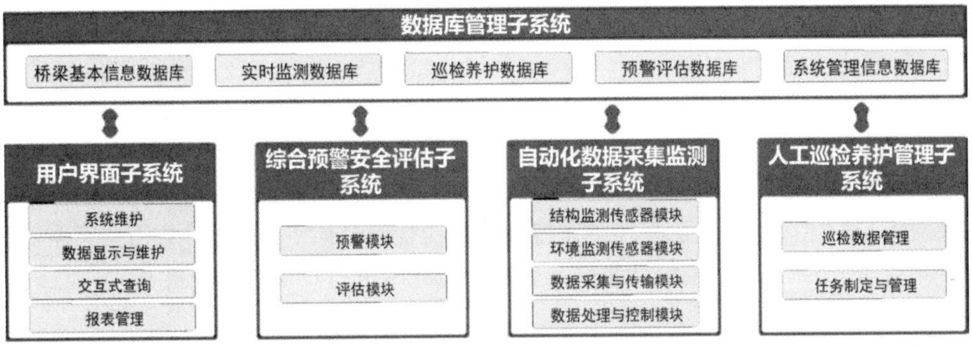

图4-8 大跨度高铁桥梁结构健康监测系统组成框架图

2. 监测内容及部位分析

根据监测系统需求和总体设计,结合以上因素和结构计算分析,桥梁结构健康监测内容分析如下。

(1)桥址环境监测

高铁桥梁的环境监测包括桥梁所在地的气候温度监测、相对湿度监测及风荷载监测等内容。

温度和湿度也是桥梁的主要环境荷载作用来源,在环境温度作用下,桥梁会产生较大的变形,并影响结构应力、应变等物理量。环境温度和湿度对混凝土结构和钢结构都有不可忽视的影响,如湿度便是影响混凝土徐变和强度的一个重要因素。风荷载是大跨度桥梁的重要荷载,对结构的振动影响很大,是了解高铁桥梁结构动力响应和变形所需的必要监测内容。

(2)结构温度监测

温度对结构的作用模式可分为均匀升降温、梯度温差两种类型。不同的温度荷载类型对结构的影响不同,此外结构构造对温度的分布也有明显影响。通过对比桥梁结构温度的监测数据,可以掌握桥梁结构温度对结构荷载、轨面平顺、主梁线形等的作用机理和影响。因此要考虑桥梁各部件的温度差别,对主梁温度分布进行监测。

考虑到本桥主梁为桁架梁,同类节段温度分布相差不大,选择结构典型截面集中布置,分布于索塔主梁处及跨中部位。在监测桥梁结构温度分布时,应与应变及变形监测进行结合,以便进行温度修正与相关分析。

(3)空间变位监测

斜拉桥在运营中,其跨中下挠和塔顶纵偏是反应桥梁结构的安全性、适用性及稳定性的重要指标之一。监测桥梁的空间位移变化及相应的轨道几何形态变化,可掌握高铁桥梁线形变化的幅度和趋势,进而对桥梁结构的安全性、稳定性,以及高速行车的安全性、舒适性进行评价。

(4)主梁线形监测

主梁线形是大跨度桥梁结构力学行为特征的直接体现,反映了桥梁的刚度特征,是衡量高铁桥梁正常使用的重要指标。对于通行高速列车的大跨度桥梁,由于结构体量大,静载所产生变形也大,将直接影响铁路轨道的平顺性,关系列车的通行安全,因此是需要重点监测项目。大桥通过压差式挠度传感器对主梁各控制截面挠度进行监测,从而获得结构的线形。挠度传感器布置根据主梁运营期设计荷载下挠度包络计算值,选择具有代表性截面进行布设。

(5)拉索索力监测

斜拉索是斜拉桥结构的主要承重构件之一,也是联系主梁和主塔的纽带,因此斜拉索在正常水平范围内的受力状态是斜拉桥运营安全的重要保障。大桥桥面为双层桥面交通,其下层为高速铁路,车桥耦合振动效应显著,在活载的作用下拉索的应力幅度变化较大,因此需要对斜拉索索力进行监测。监测系统结合施工监测拉索专项监测,共用拉索索力传感器和采集设备,将全部拉索监测数据纳入健康监测系统进行长期监测分析。

(6)应变监测

大桥为钢桁斜拉桥,结构全部采用钢构件,在周围温度、湿度、风场等环境作用及列车通行荷载等的耦合作用下,主桁构件受力复杂,在薄弱处容易发生局部屈曲等病害,特别是在列车过桥时的交变动力荷载作用下,容易出现金属疲劳现象,并且由于列车荷载大,应力变幅也较大,疲劳破坏的危险性也会增加。考虑到以上因素,需要对大桥关键部位、关键构件在多源荷载耦合作用下的应变进行监测。

根据大桥的总体受力特征,选择跨中、索塔、辅助墩等关键部位的关键截面进行应力应变持续监测。在大桥的监测截面内,重点监测各弦杆构件的受力状况;同时将施工监控部分测点传感器纳入健康监测进行长期监测,掌握结构整体受力水平;关注局部应力监测,加强疲劳分析。

(7)动力响应监测

为掌握桥梁结构在交通、地震动等动力荷载,以及风、温度、湿度等环境作用的共同作用下的动力响应特性,应对大桥进行结构动力响应监测。大桥采用双层桥面交通方式,上层为公路交通,而下层为铁路交通。高铁列车通行时,大桥的车桥耦合振动效应显著。在关注斜拉桥结构整体响应的同时,还需要关注列车通过线路不平顺时引起的结构局部振动,进而判别结构刚度和结构安全状况。

(8)行车状态监测

铁路桥梁最主要的活荷载是过桥时的高速列车,不同类型、不同载重的列车以不同的速度通行桥梁时,桥梁会产生与之工况对应的响应。为了对大桥在列车通行时进行结构振动响应分析,需要通过传感器记录结构的响应信号和对应的列车通行时间及通行速度。

根据实际工程需求,确定的大桥实时监测内容、监测部位、监测方法及数据内容如表 4-1 所示。

表 4-1 某公铁两用长江大桥实时监测目的及内容

序号	监测内容	监测部位	监测方法	数据内容
1. 桥址环境监测	风力、风速	跨中	风速风向仪监测	风速、风向，结构内力、结构变形与风速风向间的关系
	大气温度、湿度	跨中	空气温湿度计监测	温度、湿度，结构变形与空气温度、湿度间的关系
	地震	桥墩	加速度传感器监测振动加速度	加速度、结构位移及其关系
2. 结构温度监测	钢结构温度	钢梁	结构温度计监测	结构温度值及温差和温度分布，温度升降及温差引起结构变形和结构受力关系
3. 变形与位移监测	空间变位监测	钢梁、桥塔	GPS 监测桥梁三维变化及整体线形	钢梁位移及变形、桥塔位移、位移变化与趋势
	跨中挠度与扭转、主梁线形	钢梁	采用压差传感器连续监测	主梁挠度、线形及其变化趋势
	梁端转角	钢轨伸缩器	倾角仪监测梁端轨道板	轨道板平顺度
	支座位移	梁端支座	拉伸式位移连续监测	梁端位移值及变化状况
4. 拉索索力	索力	典型拉索	光纤光栅锚索计或磁通量、传感器监测索力	索力值及索力变化幅值
5. 动应变监测	动应变与疲劳	主桁及横梁	光纤应变计监测应变	应力值、应力变化幅值及构件疲劳分析
6. 结构动力响应监测	振动幅度监测	钢梁跨中及轨道附近	速度传感器监测列车通过时的结构振幅	振幅，由局部振幅变化分析轨道不平顺
	加速度监测		加速度传感器监测列车通过时的结构加速度	加速度，通过局部加速度分析结构刚度
7. 行车状态	测速雷达	轨道附近	测速雷达记录列车通过时间、车速	记录列车通过时间、车速

3. 监测测点布置

大跨度高铁桥梁健康监测系统的测点布设应根据其监测的目的、内容、结构特征等信息综合判断，一般来说监测系统测点的布设可遵循以下原则：

(1)在结构最大位移、最大应力等所在位置或对应构件处，一般应设置监测点进行重点监测；

(2)可考虑桥梁结构自身特点并结合桥梁易损性分析结果进行测点优化;
(3)结构空间变形主控制点;
(4)结构应力变化较大的地方或构件;
(5)对结构总体温度进行监控的控制点;
(6)外部风力荷载主要监控点;
(7)对结构受力模式可能产生影响的部位;
(8)荷载及运营环境对结构的应力或位移有较大影响之处;
(9)考虑传感器的关联对照和提升测量精度而确定其监测测点。

根据结构计算分析结果、评估总体规划,以及确定的监测内容和监测目的,制定大桥结构健康监测系统的主要监测项目、传感器类型及测点布置如表 4-2 所示。

表 4-2　大桥监测项目及测点布置

<table>
<tr><th>监测类型</th><th colspan="2">监测项目</th><th>传感器类型</th><th>测点数量</th><th>监测部位</th></tr>
<tr><td rowspan="6">环境荷载源监测</td><td colspan="2">环境风荷载</td><td>风速风向仪</td><td>1</td><td>主跨跨中上游侧</td></tr>
<tr><td colspan="2">环境温度、湿度</td><td>空气温湿度计</td><td>1</td><td>主跨跨中上游侧</td></tr>
<tr><td colspan="2">结构温度</td><td>温度传感器</td><td>66</td><td>主跨跨中、辅助墩主梁、索塔</td></tr>
<tr><td colspan="2">行车状态</td><td>测速雷达</td><td>4</td><td>轨道</td></tr>
<tr><td colspan="2">桥面实时状况</td><td>视频摄像机</td><td>2</td><td>铁路桥面</td></tr>
<tr><td colspan="2">地震船撞</td><td>加速度传感器</td><td>6</td><td>主墩墩顶</td></tr>
<tr><td rowspan="5">结构响应监测</td><td rowspan="4">变形监测</td><td>空间位移</td><td>GPS/北斗导航</td><td>4+1</td><td>主跨跨中、索塔塔顶、
岸侧基准站</td></tr>
<tr><td>梁端转角</td><td>倾角传感器</td><td>4</td><td>梁端桁梁</td></tr>
<tr><td>支座位移</td><td>位移传感器</td><td>4</td><td>梁端支座</td></tr>
<tr><td>线形监测</td><td>压差传感器</td><td>13</td><td>主跨等分点及次边跨跨中</td></tr>
<tr><td colspan="2">索力监测</td><td>索力传感器</td><td>72</td><td>拉索锚固区</td></tr>
<tr><td rowspan="3">结构响应监测</td><td colspan="2">动力响应</td><td>加速度传感器、
速度传感器</td><td>22</td><td>主跨 1/4、1/2、3/4,
边跨、次边跨跨中</td></tr>
<tr><td colspan="2">动应变与疲劳</td><td>光纤应变传感器</td><td>72</td><td>主跨跨中、主塔及辅助墩处主梁</td></tr>
<tr><td colspan="2">静应力监测</td><td>振弦式应变计</td><td>28</td><td>主塔及辅助墩处主梁</td></tr>
</table>

桥梁监测截面及测点布置图见图 4-9。测速雷达测点布置如图 4-10,测速雷达安装于行车轨道两侧的挡渣墙上。应变及温度传感器多布置于钢桁主梁的桁架中部、上下弦杆及钢轨下横梁上,如图 4-11。该公铁两用大桥共包括光纤光栅式应变计 72 个,光纤光栅式温度计 38 个,测速雷达 4 个。

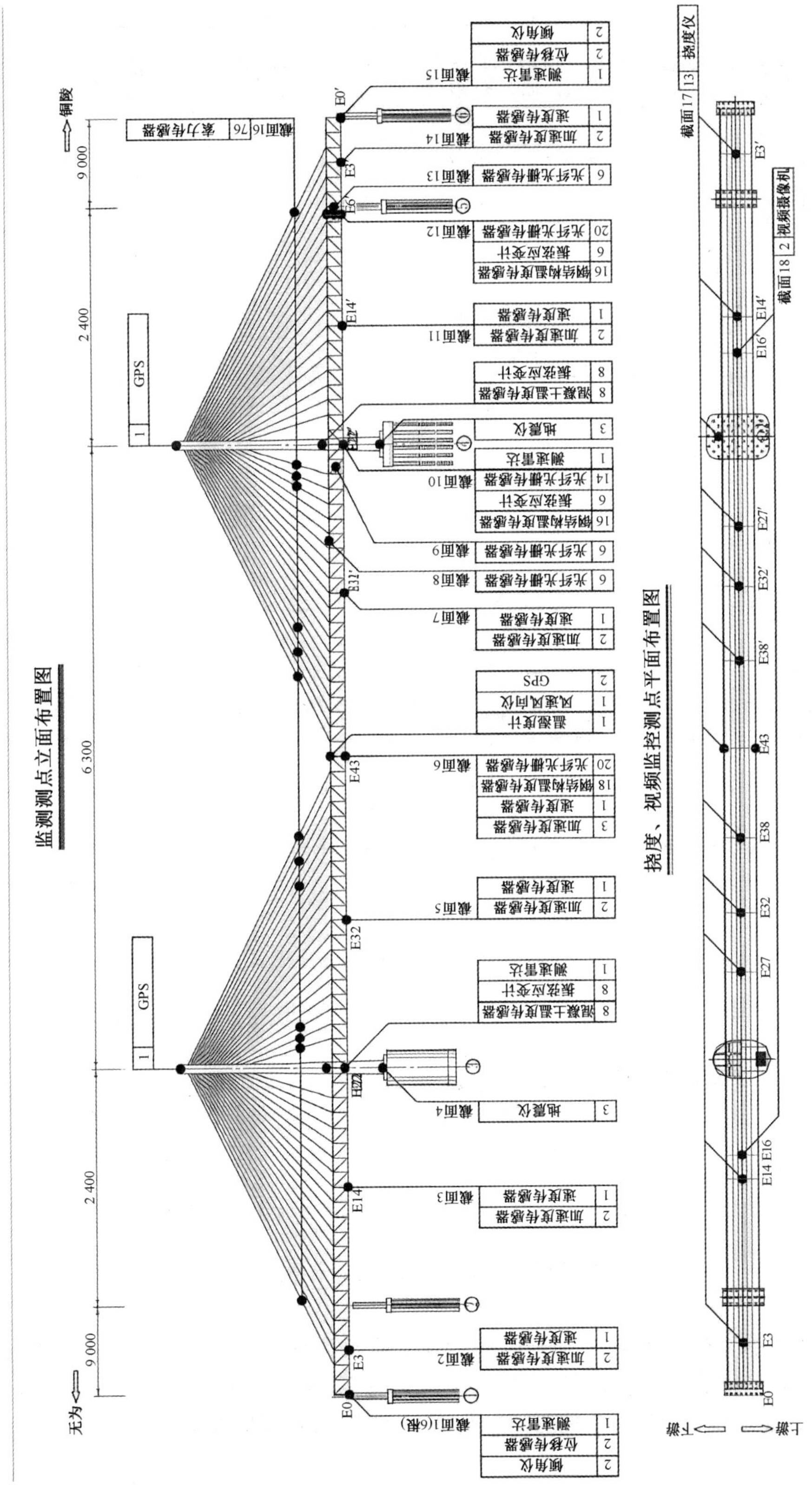

图4-9 桥梁监测截面及测点布置图

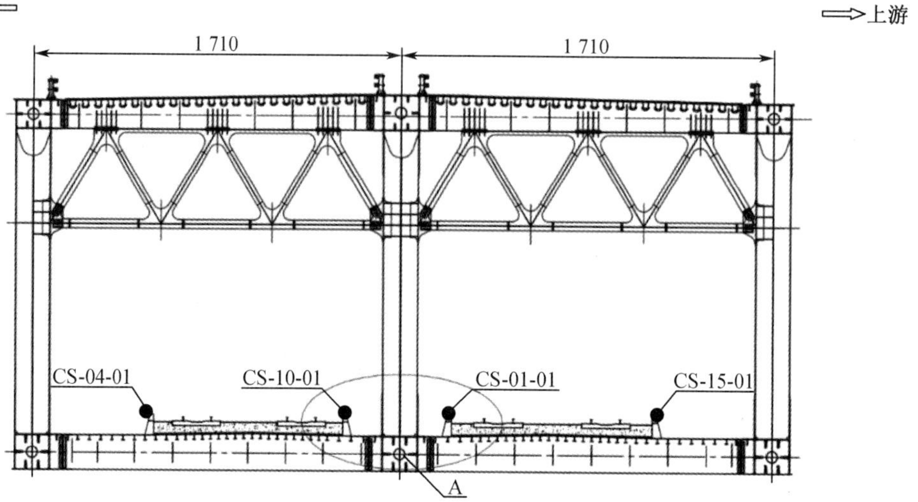

图 4-10　测速雷达测点布置图

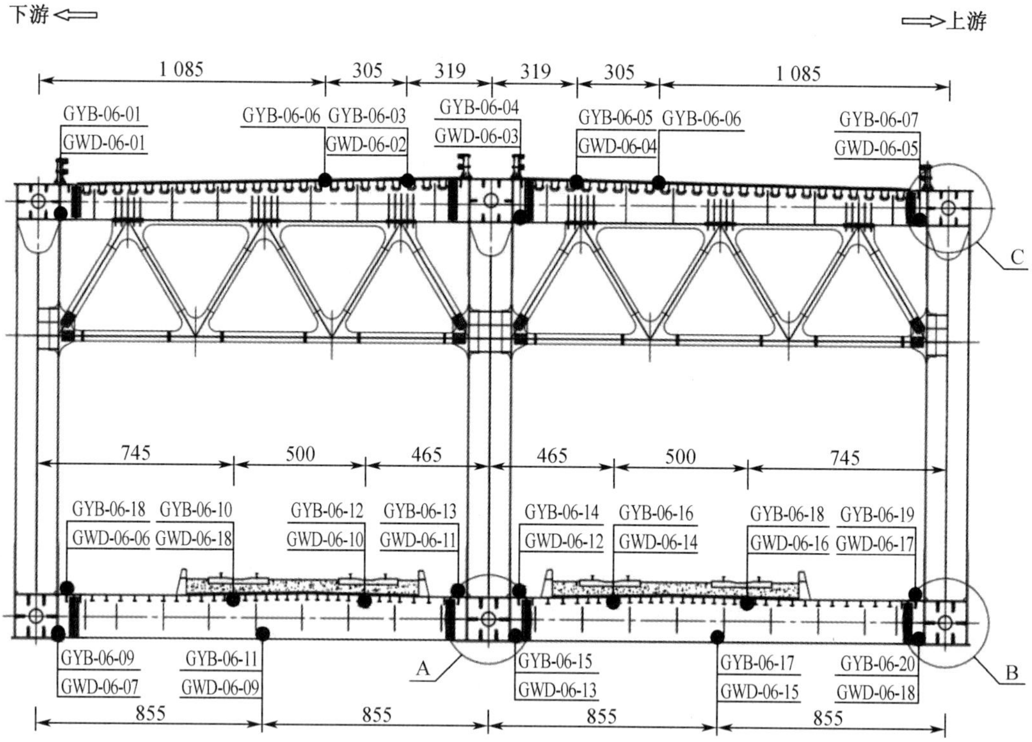

图 4-11　结构应变及温度传感器测点布置图

对健康监测系统进行搭建实施时，应根据以上原则确定测点方案，并对各测点进行编号，以便进行查询。根据各测点的测试内容，安装对应的传感器，并设置相应参数。表 4-3 展示了大桥应变、温度、车速测点的具体情况，图 4-12 为部分传感器现场安装照片。

表 4-3 大桥应变、温度、车速测点情况一览表

传感器类型	测点编号	测点位置
光纤光栅式温度传感器	GWD-06-01—GWD-06-18	主跨跨中边桁、中桁、钢轨下横梁区域
	GWD-09-01—GWD-09-04	近 4#塔 9 截面下游边桁区域
	GWD-10-01—GWD-10-06	4#塔 10 截面边桁、中桁区域
	GWD-12-01—GWD-12-10	5#塔 12 截面边桁、中桁区域
光纤光栅式应变传感器	GYB-06-01—GYB-06-20	主跨跨中边桁、中桁、钢轨下横梁区域
	GYB-08-01—GYB-08-06	主跨 8 戴面边桁、中桁区域
	GYB-09-01—GYB-09-06	主跨 9 戴面边桁、中桁区域
	GYB-10-01—GYB-10-14	4#塔 10 截面边桁、中桁区域
	GYB-12-01—GYB-12-20	5#塔 12 截面边桁、中桁区域
	GYB-13-01—GYB-13-06	13 截面边桁、中桁区域
测速雷达仪	CS-04-01	3#墩、桥面下弦、轨道
	CS-10-01	3#墩、桥面下弦、轨道
	CS-01-01	3#墩、桥面下弦、轨道
	CS-15-01	3#墩、桥面下弦、轨道

(a) 风速风向仪、空气温湿度计及 GPS

(b) 挠度传感器

(c) 位移传感器

(d) 光纤光栅应变传感器

图 4-12 部分传感器现场安装照片

4.4.2 超高层建筑结构健康监测系统

建筑领域通常认为超高层建筑指的是层数超过 40 层或高度超过 100 m 的建筑物。近数十年来，随着人类社会的经济、科技和建造水平的高速发展，超高层建筑不断涌现。在超高层建筑迅猛发展的同时，其结构形式也越来越复杂，新兴的摩天大楼对工程师和研究者们提出了新的挑战。围绕超高层建筑在施工阶段和服役阶段的全生命周期内的结构性能，工业和学术界开展了大量的理论研究和工程实践活动，包括结构施工阶段的桩基础和深基坑的施工安全及防护，脚手架和模板支撑体系的安全性分析，结构塔吊及其附属结构的稳定和安全性分析，超高层泵送混凝土性能分析，组合结构及构件抗火性能分析，施工阶段混凝土结构收缩徐变效应分析，大体积混凝土裂缝控制及楼板开裂和变形分析，结构使用阶段长期荷载作用下的竖向变形发展机理分析，结构外表面玻璃幕墙安全防护措施研究，结构垂直运输及疏散体系可靠度分析，整体结构在极端荷载如地震和台风作用下的结构安全性及舒适度评估等，此外，对超高层建筑在强风作用下的结构响应进行了越来越多的研究，这也为未来新兴摩天大楼的结构设计和发展创造了积极条件。

1. 深圳平安金融中心概况

深圳平安金融中心是一幢由钢筋混凝土核心筒（内含型钢柱）、型钢混凝土组合巨型框架柱及外伸臂桁架（核心筒与巨型框架柱）联合组成的超高层结构，地上 118 层，地下 5 层，建筑总高度 600 m。塔楼外形以曲线形式变化，外围的幕墙以及巨柱向内倾斜，各层外立面轮廓尺寸略有不同。结构平面为四角内缩的正方形，首层平面尺寸约为 56 m×56 m，各楼层平面从下至上逐渐收细，在第 100 层楼面处收进至约 46 m×46 m。结构中央核心筒的平面尺寸约为 30 m×30 m 的矩形，内含所有垂直交通，设备竖井和服务空间。整体结构采用核心筒、巨型框架柱及外伸臂桁架共同组成的三重抗侧力体系抵抗水平荷载。深圳平安金融中心现场图如图 4-13 所示。

图 4-13 深圳平安金融中心

深圳平安金融中心的结构健康监测(结构健康监测)系统由 13 种设备组成,总计 553 个传感器(如表 4-4 所示),可以实现对施工阶段和使用阶段结构性能的全寿命监控。结构健康监测系统的实施可分为两个阶段:施工阶段监控和使用阶段监控。在施工阶段,与施工进度保持一致,在主体结构上先后安装了 11 种共计 503 个监测传感器和设备,其空间布置如图 4-14 所示。在使用阶段,主体结构封顶和玻璃幕墙安装完成后,再另外加装两种类型的结构动力监测传感器,即加速度计和风压计,从而建立一套综合的结构健康监测集成系统。根据传感器或者监测仪器的类型及其在建筑物中的安装位置,选择 5 个不同的楼层建立 5 个数据采集分站,根据就近原则实现数据的实时采集。各个分站采集的所有信号,包括数字信号、模拟信号和光学信号,均统一转换成数字信号,然后传送至数据监控中心进行存储并做进一步处理。结构监测系统的整体架构如图 4-15 所示。

表 4-4 监测设备数量和类型汇总

编号	传感器类型	监测项目	安装楼层	传感器数目/个
1	气象站	温度、湿度、雨量、气压	塔尖	1
2	风速仪	风速和风向	塔尖	1
3	GPS	位移,倾斜	塔尖	2
4	光纤倾斜仪	倾斜	35F、桁架层	32
5	风压计	风压	1F、35F、桁架层、塔尖	40
6	光纤应变计	应力、应变	1F、35F、桁架层、塔尖	304
7	光纤温度计	温度	1F、35F、桁架层、塔尖	76
8	加速度计	加速度	1F、35F、桁架层、塔尖	10
9	强震仪	地震	基础	1
10	土压力计	桩基底部压力	基础	30
11	钢筋计	桩基础钢筋应力	基础	54
12	电子水准仪	整体沉降	—	1
13	全站仪	位移	—	1
总计				

2. 结构健康监测系统模块化设计

深圳平安金融中心的结构健康监测系统是基于传感器网络、信号传输与处理、计算与分析、软件开发和结构状态评估等多学科技术交叉建立起来的,该系统采用模块化结构,由七个子系统模块组成:传感器系统、数据采集与传输系统、数据处理与评估系统、数据管理系统、支持保护系统、结构健康评估系统和软件控制系统,如图 4-16 所示。这种模块化系统结构具有充分的可扩充性和升级能力,以满足不断发展和变化的监控需求。

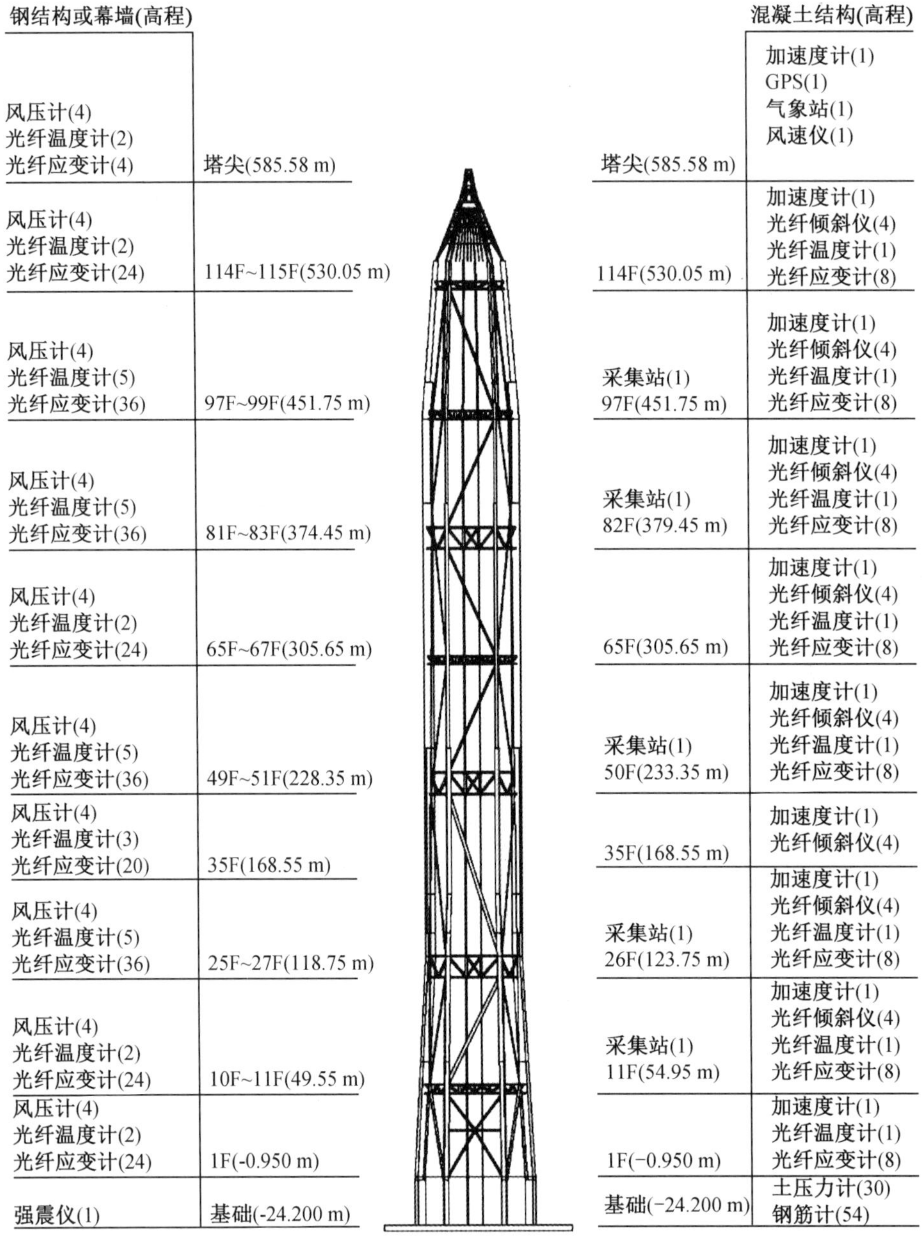

图 4-14　传感器和数据采集分站空间布局

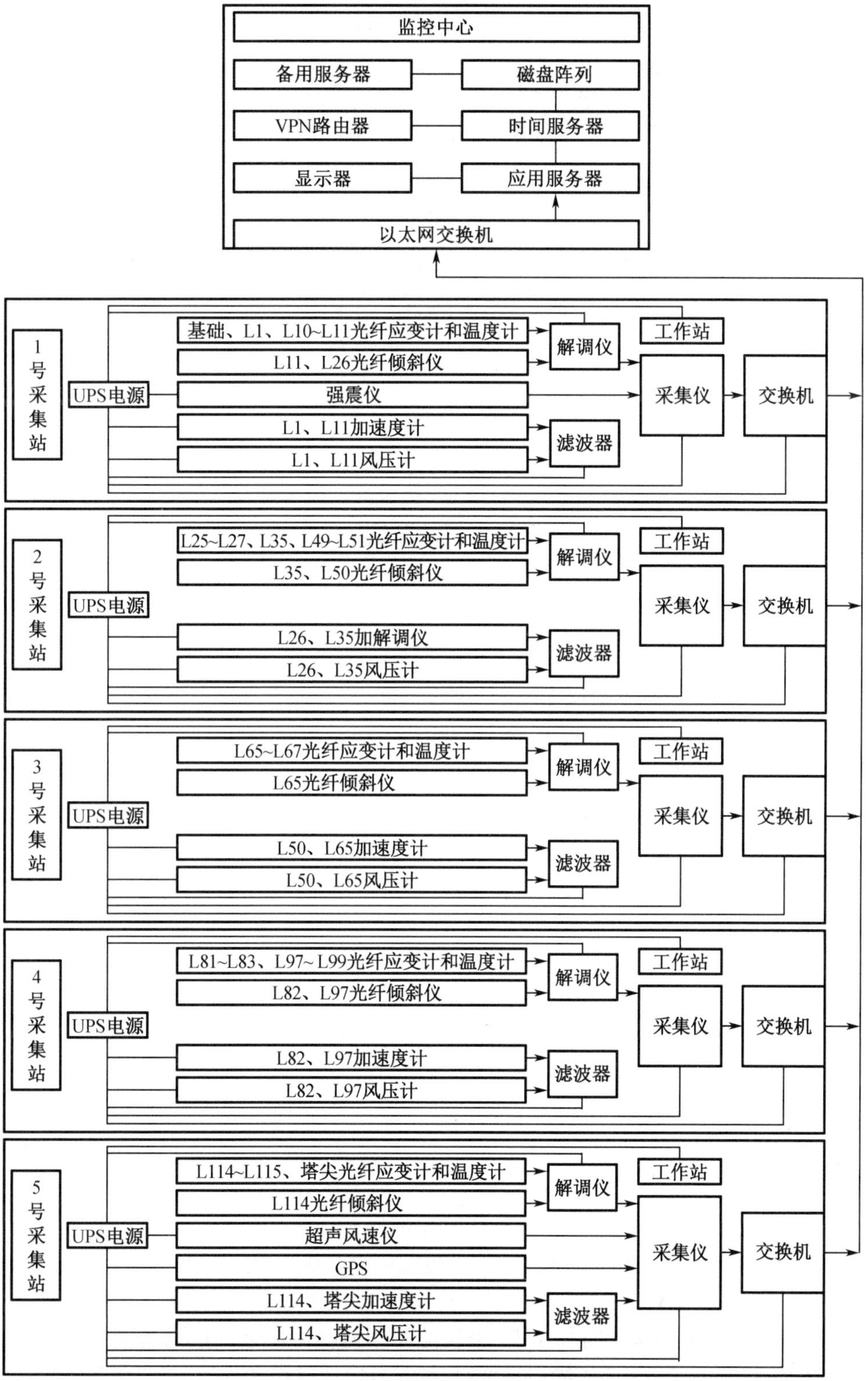

图 4-15 结构健康监测系统架构

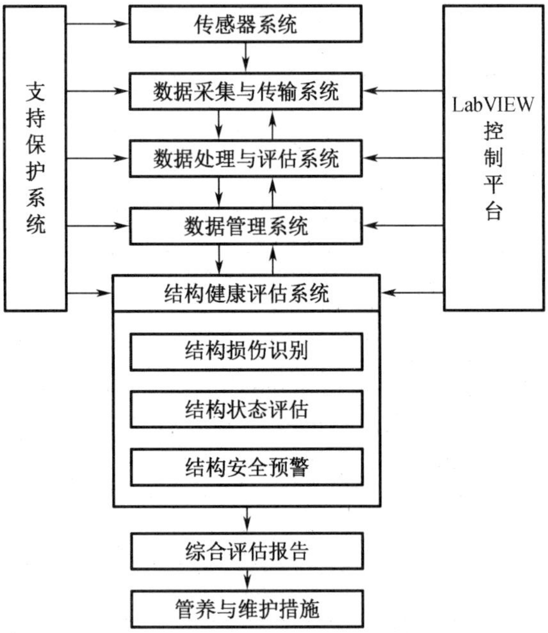

图 4-16　各子系统功能关系

LabVIEW 控制各子系统的交互通信和总体运行。Oracle 数据库作为中心数据库，用于数据存储、管理等，数据共享采用浏览器/服务器模式，从而建立了基于 Internet/Intranet 的开放式实时智能结构健康监测系统。系统的集成主要包括两部分：子系统软件之间的通信和子系统软件与数据库之间的通信。利用 LabVIEW 开发了数据采集与处理系统，利用 MATLAB 编写了结构损伤识别系统，在 ANSYS 框架下开发了模型修正与结构分析系统。此外，LabVIEW 与其他软件（如 MATLAB、ANSYS）之间的通信是通过内置文件或工具包完成的，而 LabVIEW 与数据库之间的通信是通过“数据库连接工具包”实现的。典型子系统的功能简述如下。

该子系统的功能主要包括信号采集、信号解调和数据传输。采集到的信号（如数字信号、模拟信号和光学信号）通过相应的信号解调模块进行处理，转换成数字信号，然后通过数据传输模块传输到监控中心。为了确保监测数据的同步性，需要不同的采集设备同时进行测量。为了满足这一要求，采用了 NTS-71 时间服务器，它包含一个分布式时间服务器子网，基于已建立的局域网（LAN）通过自组织的分层配置来同步本地时间。在局域网内，时间使用 GPS 接收机进行校准，网络时间协议（NTP）为其他嵌入式采集设备提供基于时间同步的服务。总的时间精度是 GPS 和 LAN 的总和，可达到小于 1 ms 的水平。

结构健康监测系统中的数据传输采用有线网络和无线网络相结合的方式。值得注意的是，在深圳平安金融中心的施工阶段，信号传输电缆在施工现场的敷设非常困难，为了实现测量数据的实时有效传输，本书提出了一种无线传输方案。在选定的 5 个楼层设立 5 个采集分站，并在施工现场建立监控中心，采集分站与监控中心之间的通信通过无线局域网实现（如图 4-17 所示）。在施工阶段后期，现场具备电缆敷设条件后，采集分站与监控中心之间的数据传输通过 MOXAEDS308 工业以太网交换机和多芯电缆组成的环形光纤网络实现（图 4-18）。有线数据传输网络，保证了采集分站与监控中心之间的通信稳定，可以最大限度地减少潜在的信号干扰和阻塞。

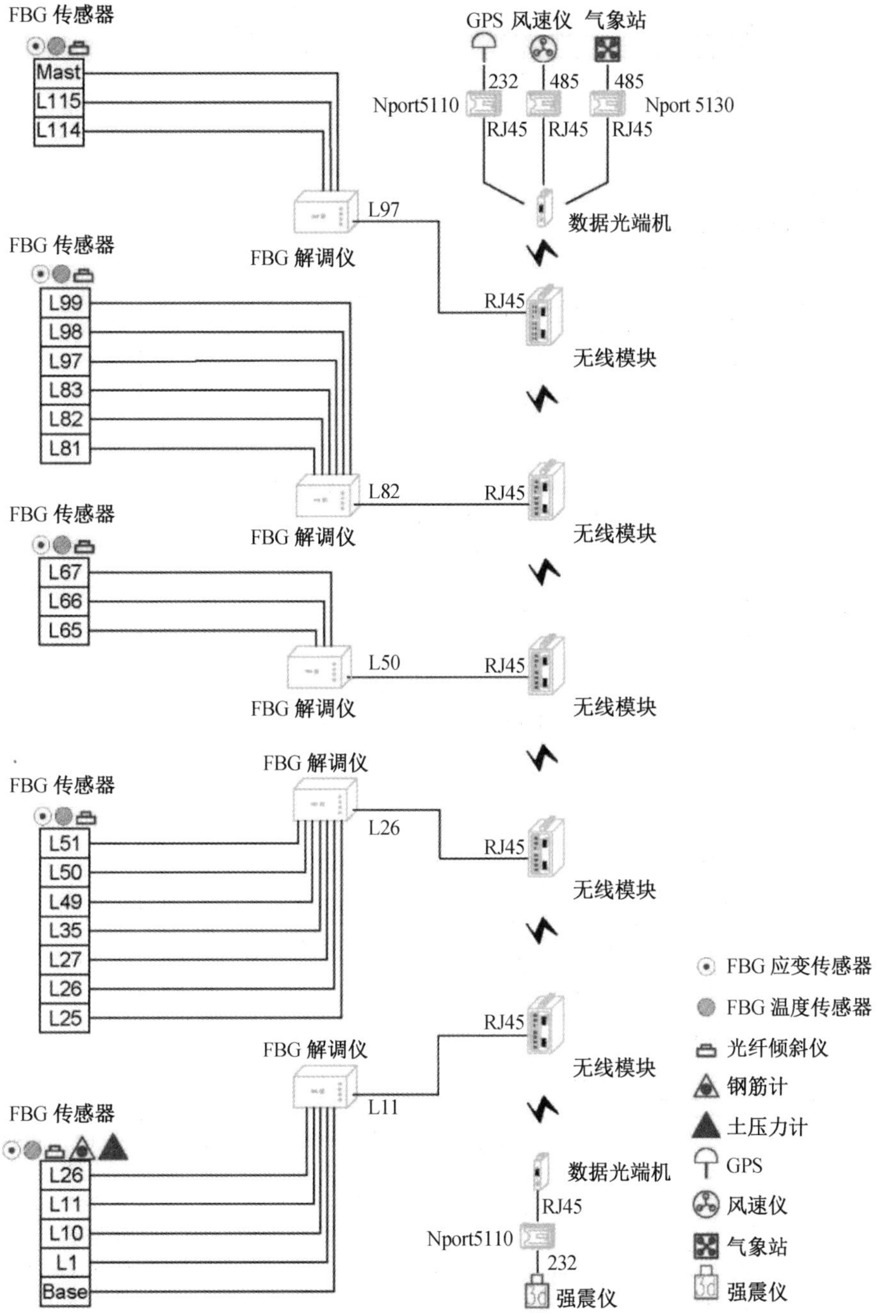

图 4-17　施工阶段传感器集成系统

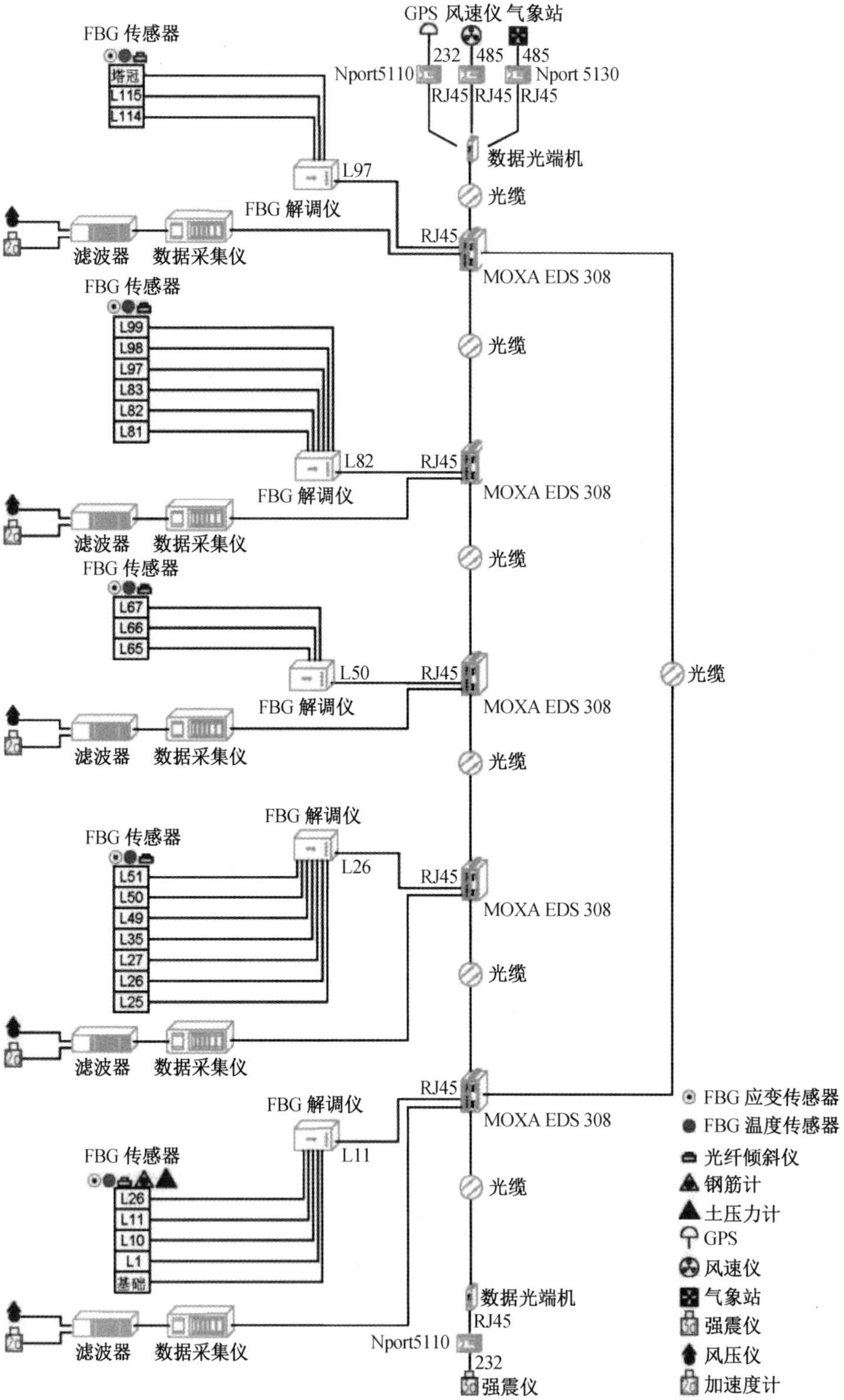

图 4-18 使用阶段传感器集成系统

3. 结构状态评估

结构健康评估系统是整个结构健康监测系统的主要组成部分,包含三个模块:结构损伤识别模块、结构健康状态评估模块和结构安全报警模块。结构损伤识别模块采用的损伤识别方法可分为两类:基于模型的方法和不基于模型的方法。在深圳平安金融中心的结构健康监测系统中,基于模型的方法包括指纹分析法、模型修正法和系统识别法;而不基于模型的方法包括峰值法、随机子空间算法、小波方法、神经网络方法和遗传算法。

结构健康状态评估模块采用层次分析法(AHP)和专家系统对深圳平安金融中心的结构状态进行综合评价。在功能上,层次分析法将决策问题划分为指标层、准则层和目标层等多个层次。采用多级模糊推理方法,推导出各个层次对应因素之间的权重,并最终以整个目标的评估分数来估计建筑物的健康状况。专家系统是一种在线评估方法,广泛应用于结构健康监测领域。它将现场实测的数据上传到网络共享平台,由国际同行对结构安全进行评定和会诊,最后,将综合评估的结果反馈至共享平台的数据库。基于专家经验的结构状态评估具有非常实际的工程意义。

在层次分析法中,首先应该构造指标体系。评估指标从结构的安全性、耐久性和适用性三个方面选取。安全性指标包括正常使用极限状态和极限承载力状态下结构整体和构件的变形和内力等;耐久性指标指在正常养护条件下,结构满足预定功能的长期性能;适用性指标表示结构在使用荷载和外部环境作用下的合理的工作性能。根据深圳平安金融中心的结构体系、工程环境和实际监测要求,建议的状态评估指标体系层次结构如图 4-19 所示。

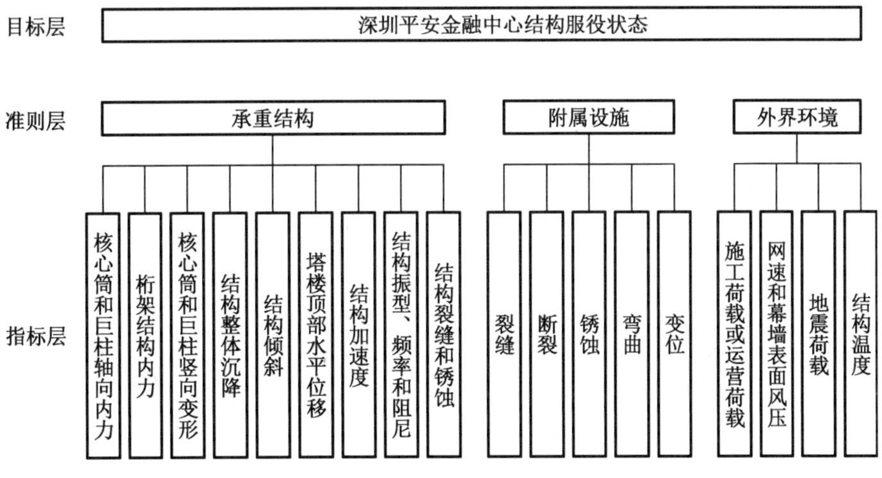

图 4-19 状态评估指标体系层次结构

结构安全报警模块通过对预警参数和预警指标设定一定的预警等级条件来实现结构安全预警。平安项目的预警参数包括气象、地震动、结构温度、塔楼水平位移、结构倾斜、塔楼沉降、结构内力和竖向变形、结构动力特性和响应。预警指标指的是预警参数的限值范围。预警指标可由无模型预警方法和有模型预警方法两种方法确认。无模型预警方法通常建立在大量监测数据统计分析的基础上,从获得的数据中提取特征参数,根据规范限值、历史记录等分析特征数据与正常值的偏离程度,作为判断结构是否发生损伤和安全预警的依据。有模型预警方法需基于建筑有限元模型,根据结构验收时的现场实测数据,对有限元模型进行修正，建立结构基准有限元模型，然后将建筑的主要危险状态进行分类，利用有限元基准模型计算各危险状态对应的预警参数值。预警条件分为单一预警条件和组合预警条件。单一预警条件认为单一预警参数超过对应的预警指标，则预警条件成立；组合预警条件认为满足一定组合的多个预警参数达到预警指标时才认为预警条件成立。

考虑到测试误差和异常干扰的影响，本项目根据不同的监测内容采用单一预警条件和组合预警条件相结合来进行预警。预警等级采用黄色预警和红色预警两级预警策略。黄色预警表示建筑开始出现超过正常使用极限状态的情况，需加强监测频率并进行专项检查和防护。红色预警表示建筑已经出现超过承载力极限状态的情况，需进行结构全面检查和评估，并启动应急预案。

4. 主要监测内容

该子系统利用各种传感器和设备获取深圳平安金融中心的结构状态信息。本研究主要监控内容如下。

(1)竖向变形监测

超高层混凝土结构中，收缩和徐变产生的结构竖向变形不容忽视。结构竖向变形和相对竖向变形可能导致楼板、梁等二次结构构件产生裂缝甚至畸变等，且这些不利影响会随着高层建筑高度的增长而加剧。因此，控制竖向变形和减少竖向变形差，保证施工过程安全，已经成为超高层建筑设计和施工中愈发突出且特有的代表性问题。为实现对塔楼全高度方向的竖向变形进行全面监测，本研究在原有设备层的光纤应变计布置方案的基础上，增加典型楼层布置光纤应变计，最后制定的结构竖向变形监测应变计布设方式为：从 8 根巨柱中选择 4 根巨柱，除首层外，从第 6 层开始，每间隔 12 个楼层，共计 13 个典型楼层底部埋设了光纤光栅应变传感器。在核心筒中，选择了核心筒的四角，除首层外，从第 6 层开始，每间隔 6 个楼层，共计 22 个典型楼层底部埋设了光纤光栅应变传感器。基于此套集成的健康监测系统，利用各施工阶段的实测变形数据，来分析超高层建筑竖向变形的发展机理和趋势。

(2)结构风场和动力响应

借助于现场测量手段，特别是在热带气旋登陆期间，对超高层建筑风效应进行全面和详细分析的工作仍然有限。而这类信息对于未来热带气旋多发地区摩天大楼的抗风设计是必不可少的。沿结构高度均匀选择 10 个典型楼层(设备层和使用层)，布置加速度和风压传感器，结合建筑所在场地的多普勒雷达风廓线仪和气象梯度塔的记录和观测资料，针对性地开展了多次台风期间观测调查，针对超高层建筑在大气边界层范围内的台风风场和结构风致响应进行分析，探讨台风风场演化规律和结构风致响应特性，从而实现对台风边界层风场特性影响因素研究，结构模态参数识别，数值分析和缩尺模型的响应评估，设计标准的系统性验证和改进。

(3)结构振动控制

风洞试验结果表明，深圳平安金融中心的风致加速度，特别是横风向加速度，超过了中国和日本相关设计规范规定的居住舒适度标准限值。因此，由两个调谐质量阻尼器(TMD)组成的主动调谐质量阻尼器(ATMD)系统分别安装在 113 层的两个对角处(图 4-20)，以抑制超高层建筑的加速度响应。整套 ATMD 系统的总质量为 1 000 t，包括质量块(TMD)和支护框架，是在已建造的同类建筑阻尼器中质量最大的一套系统。ATMD 实际上是 TMD 和主动控制执行器(包括相应的反馈传感器)的组合。与 TMD 相比，ATMD 在合理使用反馈的情况下,对误差的调整更为稳健,能够更加有效地降低结构响应,但同时需要施加主动力并利用大功率设备来驱动。因而,验证 ATMD 系统在实际工作中的有效性很有必要,这些信息也将极大地促进和完善超高层建筑的主动控制技术。鉴于此,深圳平安金融中心的结构健康监测系统可对其 ATMD 系统的有效性进行针对性的评估。在实际布置中,10 个双轴加速度计沿结构高度均匀布设于深圳平安金融中心的 10 个高度层,用于结构整体振动的长期监测。

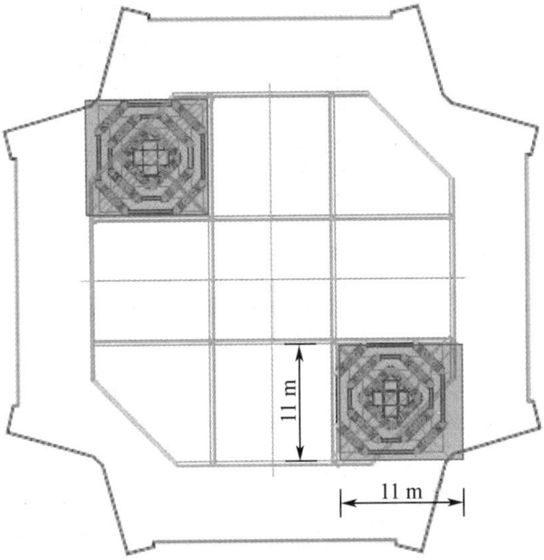

图 4-20 ATMD 系统的平面安装位置

另外,在 113 层安装两个加速度计以测试阻尼器所在楼层的振动,分别在两个 TMD 的顶部安装加速度计以测量两个 TMD 的相对运动。最终,通过比较深圳平安金融中心在阻尼器系统锁定状态和放松状态下的结构风致响应和动力特性,来研究 ATMD 系统的工作性能。

5. 竖向变形承重和监测传感器布置

借助于有限元模型,考虑收缩徐变时间依存效应的影响,可以对结构和构件在施工过程中的变形和受力发展规律进行直观分析和探讨。通过与实测结果进行比较,进而探明结构在整个施工过程阶段受力和变形作用机理和变化趋势,为超高层建筑结构设计提供有效参考和依据。基于深圳平安金融中心集成的结构健康监测系统,获得了结构在施工阶段结构受力和变形状态的大量观测结果。

深圳平安金融中心其由巨型框架和核心筒结构组成,8 根组合式型钢混凝土巨型柱和 4 道伸臂桁架分别如图 4-21(a)和(b)所示。核心筒由钢筋混凝土剪力墙(图 4-21(c))组成,核心筒与巨型框架柱通过伸臂桁架在四个不同高度相互连接(图 4-21(d)),以提高此超高层建筑的横向刚度和整体稳定性。使用不同刚度等级的承重结构体系可能会导致核心筒和巨型框架柱之间的轴向缩短显著不同(即竖向变形差)。为了监控深圳平安金融中心在施工和使用阶段的竖向变形,以保证其安全性和适用性,基于结构健康监测系统,在施工过程中将光纤光栅应变传感器嵌入钢筋混凝土中来测量重力承载构件的轴向应变,通过进一步的分析,得到核心筒和巨型框架柱的竖向变形以及它们之间的轴向缩短差异。

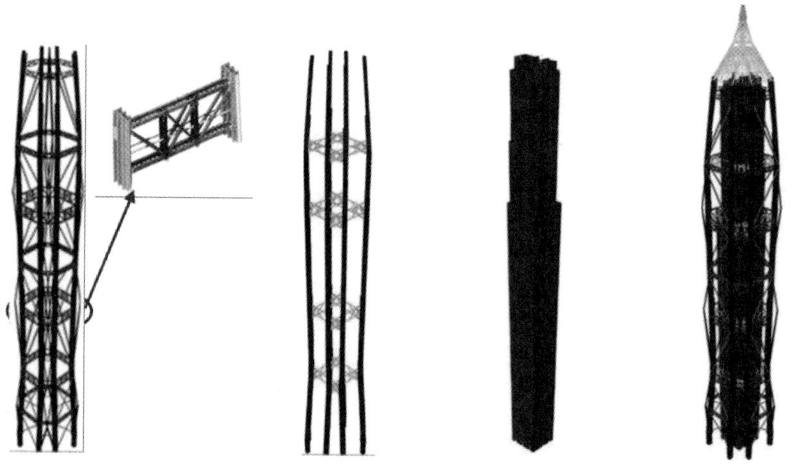

(a) 巨型柱和带状桁架　(b) 伸臂桁架　(c) 核心筒　(d) 组合结构

图 4-21　巨型柱-核心筒结构示意图

沿塔楼高度选取多个楼层，每个楼层设置 8 个测量点（编号为 $C_1 \sim C_4$ 和柱 $Cn_1 \sim Cn_4$）安装嵌入式的光纤光栅应变和温度传感器，用于测量核心筒和巨型柱的应变，如图 4-22 所示。

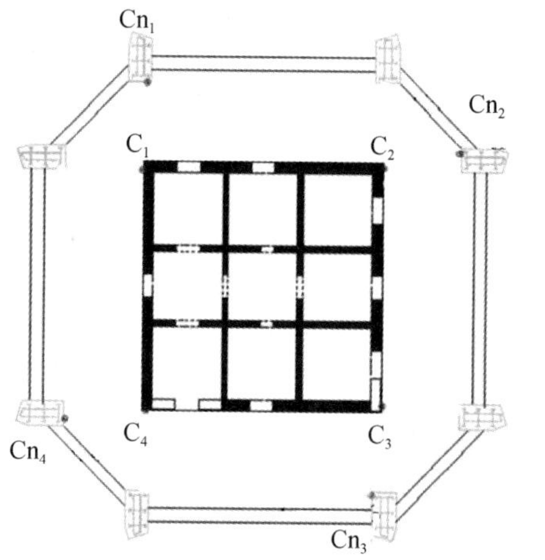

图 4-22　典型平面结构应变和温度测点布置图

思考题

1. 简述结构检测的方法与分类。
2. 简述结构健康监测的内容与组成。
3. 简述结构健康监测技术的应用。
4. 简述涡流检测技术的原理与方法。
5. 简述基于振动的无损检测技术的原理与方法。

第5章 环境监测

随着经济社会的发展,人们的生活水平不断提高,社会各界对环境问题更加重视,对环境质量也提出了更高要求。环境监测是环境保护中的重要一环,其为环境治理与环境保护提供了重要的理论支持。

安全风险是人们在工作中普遍遇到的一种风险,存在于各行各业中,环境监测行业也不例外。环境监测人员开展监测工作时,经常会遇到各种安全风险,其会对从业人员的身心健康产生一定影响。对此,从业人员应当正确认识这些安全风险,了解并掌握相应的防控措施,以最大限度地降低这些安全风险的危害性。

5.1 概　　述

环境监测技术是随着环境科学的形成和发展而产生的,是在环境分析的基础上发展起来的。它是用现代科学技术方法测取、运用环境质量数据资料的科学活动,是用科学的方法监视和检测反映环境质量及其变化趋势的各种数据的过程。

环境监测的任务主要包括以下内容。

(1)确定污染物质的浓度、分布现状、发展趋势和速度,以追究污染物的污染途径和污染源,并判断污染物在时间和空间上的分布、迁移、转化和发展规律。

(2)确定污染源造成的污染影响,掌握污染物作用于大气、水体、土壤和生态系统的规律性,判断浓度最高和问题最严重的区域,以确定控制和防治的对策,评价防治措施的效果。

(3)为研究污染扩散模式,做出新污染源对环境污染影响的预期评价及环境污染的预测预报,提供数据资料。

(4)判断环境质量是否合乎国家制定的环境质量标准,定期发布环境质量报告。

(5)收集环境本底数据,积累长期监测资料,为研究环境容量、实施总量控制和完善环境管理体系提供基础数据。

(6)为保护人类健康、保护环境、合理使用资源、制定和修订各种环境法规与标准等提供依据。

通常,环境监测内容按其监测的介质(或环境要素)可分为空气污染监测、水质监测、土壤监测、固体废物监测、生物监测、生态监测、噪声和振动监测、电磁辐射监测、放射性监测、热监测、光监测及卫生(病原体、病毒、寄生虫等)监测等。这里所指的环境,可以是企业、矿区、城市地区、流域等。根据对象不同,以及需要监测的目的、污染物的性质和危害程度的鉴别,确定环境监测项目。选择监测项目应遵循如下原则。

第一,对污染物的性质如自然性、化学活性、毒性、扩散性、持久性、生物可分解性和积累性等进行全面分析,从中选出影响面广、持续时间长、不易或不能被微生物所分解而且能够使动植物发生病变的物质作为日常例行的监测项目。对某些有特殊目的或特殊情况的监测工作,则要根据具体情况和需要选择监测的项目。

第二,必须采取可靠的方法与技术。

第三,监测结果所获得的数据,要有可比较的标准或能做出正确的解释和判断。

不同需求环境监测项目,也会采用不同的监测方式。按照其任务目的可以分为监视性监测、特定目的性监测和研究性监测。监视性监测又称为常规监测或例行监测,是对各环境要素的污染状况及污染物的变化趋势进行监测,评价控制措施的效果,判断环境标准实施的情况和改善环境取得的进展,积累质评监测数据,确定一定区域内环境污染状况及发展趋势。监视性监测涉及环境质量检测(包括环境噪声质量监测、空气环境质量监测和水环境质量检测)和污染源监督检测。特定目的性监测又称为应急监测和特例监测,它不是定期的定点监测,这类监测除一般的地面固定监测外,还有流动监测、低空航测、卫星遥感监测等形式。特定目的性监测包括污染事故监测、纠纷仲裁监测、考核验证监测和咨询服务监测。研究性监测又称为科研监测,这类监测需要化学分析、物理测量和生物生理检验技术及已积累的监测数据资料,运用大气化学、大气物理、水化学、水文学、气象学、生物学、流行病学、毒性学、病理学、地质学、地理学、生态学、遥感学等多种学科知识进行分析研究、科学实验等。进行这类监测事先必须制订周密的研究计划,并联合多个部门、多个学科协作共同完成。

污染物分析监测技术按其使用方法分为化学法、物理法、物理化学分析法和生物法。

化学法(主要是滴定分析法)是以化学反应为其工作原理的一类方法,适用于样品中常量组分的分析,选择性较差,在测定前常需要对样品进行预处理;方法简便,操作快捷,所需器具简单,分析费用较低。

物理法和物理化学分析法都是使用仪器进行监测的方法,前者包括温度、电导率、噪声、放射性、气溶胶粒度等项目的测定,需要具备专用的仪器和装置;后者又通称仪器分析法,适用于定性和定量分析绝大多数化学物质。物理化学分析法种类繁多,大体上可分为光学分析法、电化学分析法和色谱分析法三类。

(1)光学分析法是利用光源照射试样,在试样中发生光的吸收、反射、透过、折射、散射、衍射等效应,或在外来能量激发下使试样中被测物发光,最终对仪器检测器接收到的光的强度与试样中待测组分含量间存在对应的定量关系进行分析。环境分析中常用的方法有分光光度法、原子吸收分光光度法、化学发光法、非分散红外法等。特别是紫外-可见分光光度法是环境分析中最广泛应用的方法。原子吸收分光光度法则是对环境样品中痕量金属分析最常用的方法。

(2)电化学分析法是通过测定试样溶液电化学性质而对其中被测定组分进行定量分析的方法。这些电化学性质是在原电池或电解池内显示出来的,包括电导、电位、电流、电量等。环境分析中常用的电化学分析法有电导分析法、离子选择性电极法、阳极溶出伏安法(该方法应用范围在近期有缩减的趋势)等。

(3)色谱分析法可用于分析多组分混合物试样。其是利用混合物中各组分在两相中溶解-挥发、吸附-脱附或其他亲和作用性能的差异,当作为固定相和流动相的两相做相对运动时,使试样中各待测组分在两相中反复受上述作用而得以分离后进行分析。在环境分析中常用的方法有气相色谱法、高效液相色谱法(包括离子色谱法)、色谱-质谱联用法等。色谱分析法承担着大多数有机污染物的分析任务,也是对环境试样中未知污染物做结构分析或形态分析的最强有力的工具。

生物法是利用植物和动物在污染环境中所产生的各种信息来判断环境质量的方法。生物法包括生物体内污染物含量的测定;观察生物在环境中受伤害症状;生物的生理生化反应;生物群落结构和种类变化等。例如,利用某些对特定污染物敏感的植物或动物(指示生物)在环境中受伤害的症状,可以对空气或水的污染做出定性和定量的判断。

5.2 环境监测中的安全风险与防控措施

5.2.1 环境监测中的安全风险

环境监测过程中的安全风险涉及多个方面,包括人员安全、设备安全、数据安全及环境安全等,一般分为物理性安全风险、化学性安全风险和生物性安全风险。

1. 物理性安全风险

环境监测过程中,物理性危害是一种常见的安全风险,主要包括噪声及辐射。其中噪声危害主要来源于噪声监测时交通、工业生产、建筑施工等过程中产生的大分贝噪声,以及样品筛分、破碎等流程中产生的噪声。长时间处于噪声环境中,容易导致监测人员的听觉系统、神经系统、消化代谢系统受损,也有可能会加重监测人员的心理负担。之所以会受到辐射污染,主要是因为监测人员需要对高压电缆、变电站及其他辐射源进行监测,此时就会受到电磁辐射和核辐射的影响,抑或是在对样品进行实验分析时,会受到电离辐射及非电离辐射的影响,长此以往会伤害监测人员的皮肤、耳朵、眼睛等器官或诱发相关疾病。

2. 化学性安全风险

化学性危害是环境监测职业面临的主要危害之一,通常情况下,这种化学性安全风险主要来源于强酸强碱、有机物、重金属这三类物质。其中强酸强碱所造成的危害主要是在实验室中需要接触各种强酸与强碱,接触过程中若未能做好防护措施,就有可能会导致皮肤烧伤,部分强酸强碱挥发或是与空气、水分接触时还会产生有毒有害气体,过量吸入会损伤呼吸道黏膜,严重时还会出现中毒事故。有机物危害主要来源于各种有机化学试剂,例如若是未能正确处理乙醇这类可燃性有机物,就容易引发爆炸或火灾,若过量吸收诸如二氯甲烷、四氯化碳这类具有毒害性、挥发性的有机化学试剂,就容易导致器官损伤等问题的出现。而重金属危害与其他化学性危害相类似,这些重金属进入人体后会导致人体内的某些酶失去活性,甚至会发生病变,从而使人体出现不同程度的中毒症状。

3. 生物性安全风险

环境监测工作中的生物性安全风险主要来源于人体感染致病细菌、病毒等微生物后出现的一系列危害。在环境监测过程中,监测人员难免会与工业废水、医疗废水及其他领域所产生的废水接触,而这些废水中普遍存在大量微生物。此时无论人体直接接触这些微生物及其分泌物抑或鞋底、衣物无意接触这类被动接触,都容易让接触人员因为这些微生物而出现各种疾病或介水传染病。

5.2.2 环境监测安全风险防控措施

想要有效地防控环境监测过程中可能遇到的安全风险,相关从业人员需要正确认识这些安全风险,并制定针对性的防护对策。

1. 物理性安全风险防控措施

为消除噪声、辐射等物理性安全风险所造成的危害,在对辐射源、噪声源开展监测工作时,应当先运用噪声检测仪及辐射检测仪对现场噪声、辐射强度进行检测,再根据检测结果采取相应的防护措施。如噪声强度低于 115 dB,可以佩戴防噪声耳罩;若超过 115 dB,则此时应当在佩戴上述防噪降噪设施的同时,使用防噪声帽来进一步降低噪声对人体的影响。对辐射源进行监测时,应当佩戴防护服等防辐射装备,并在确保监测质量与效果的前提下缩短监测时长。实验室中应当选择低噪声仪器设备,并采取消声、隔声、减振等措施。

2. 化学性安全风险防控措施

开展实验前,应当对实验环境进行检查,确保实验室满足实验要求。例如,若是实验过程中涉及易燃易爆气体,则应当确保实验室内不会存在明火。开展实验时,应当严格按照操作规范佩戴相应的防护措施,并在规定区域内完成相关实验操作。实验室各种化学试剂应当按照其物化性质妥善储存,并做好相应的标记;危险性化学试剂在存放时还应当设置醒目的警示标志,以免危及他人。

3. 生物性危害防护

在开展环境监测时,现场环境监测人员及实验室工作人员应当在工作前、中、后都要针对不同情况佩戴相应的防护措施,并且每一个环节都应当按照规范要求用酒精等消毒设施对有关人员、仪器设备进行消毒。

监测人员开展现场监测工作时,应当先判断监测区域的病原微生物安全风险等级,再结合安全风险等级制订相应的监测方案。一般不对高风险等级的环境进行监测,必要时应当与卫生健康部门、环保部门等部门工作人员共同开展现场监测。

实验室工作人员需要按照病原微生物安全风险评估结果,在相应等级的实验室内完成实验。如未经过培养处理的感染材料应当在三级实验室中完成检测实验,经过灭活处理后的样品可以在二级实验室中完成检测实验,无感染风险的样品材料可以在一级实验室中完成相关检验操作。

5.3 水和废水监测

水是人类赖以生存、生活和生产的重要物质之一。水体是指自然界中存在的各种形态的水,包括海洋、河流、湖泊、沼泽、水库,以及埋在土壤、岩石空隙中的地下水等。随着人口的不断增长及工农业的快速发展,全球用水量也一直在增加。人类生活和生产活动会产生大量的生活污水和工业废水,若其未经处理或处理不完善而排入天然水体,在一定程度上会造成江、河、湖(库)、海洋及地下水等的污染。

依据污染的性质,水污染主要分为化学型污染、物理型污染和生物型污染。化学型污染是指排入水体的无机化合物和有机化合物造成的水体污染，如水中酸碱度发生变化或水中含有某种有毒化学物质等。物理型污染是指水的浑浊度、温度和颜色发生改变，水面的漂浮油膜及水中含有的放射性物质增加等物理因素造成的水体污染，如热污染源将高于常温的废水排入水体，植物的叶、根及其腐殖质进入水体会造成水体的色度和浑浊度急剧增大。生物型污染是指未经处理的生活污水、医院污水等排入水体，引入某些细菌和污水微生物等造成的水体污染。

5.3.1 水质监测项目的原则与方法

水质监测对象十分广泛，包括未被污染和已被污染的天然水（江、河、湖、海和地下水等）及各种各样的污水、工业排水等。首先，应该选择具有广泛代表性的、综合性较强的水质监测项目，如浑浊度、pH 值、悬浮物、化学需氧量和生化需氧量等；然后，再根据具体情况选择有针对性的监测项目。例如，在进行饮用水及其水源地水质监测时，应优先考虑选择与人体健康密切相关的水质指标，包括对水温、色度、浑浊度、臭和味、溶解固体物、氨氮、亚硝酸盐、硝酸盐、酸碱度、硬度、铁、锰等进行物理检验和化学分析，必要时还要增加生物学指标，以及剧毒和“三致”有毒物质等特殊指标，以确保人们能获得安全的生活饮用水。因此，在选择水质监测项目时，一般优先考虑：

（1）国家或地方的水环境质量标准和水污染物排放标准中要求控制的监测项目；

（2）可根据水体环境保护功能的划分或水污染源特征，增加特征污染监测项目；

（3）对于突发性环境污染事故或特殊污染，应重点监测进入水体的污染物，并实行连续跟踪监测，掌握污染程度及其变化趋势；

（4）对持久性有机污染物（persistent organic pollutants，POPs），持久性有毒物质（persistent toxics，PTs），持久性、生物积累性有毒物质（persistent，bio-accumulative toxics，PBTs）等进行特殊重点监测。

国家或地方的水环境质量标准和水污染物排放标准中要求控制的监测项目包括以下内容。

（1）地表水监测项目，包括淡水和海水监测项目。淡水包括江、河、湖、库、渠等地表水，进行监测时应依据《地表水环境质量标准》（GB 3838—2022）及《地表水和污水监测技术规范》（HJ/T 91—2002）的要求对淡水的各类使用功能和生态环境质量要求进行评价。海水应根据海域的不同使用功能和保护目标依照《海水水质标准》（GB 3097—1997）进行相应的监测。

（2）地下水水质监测项目。依据 2017 年颁布的《地下水质量标准》（GB/T 14848—2017）对地下水资源进行保护和合理开发，防止和控制地下水污染，保障人民饮用水安全，促进工农业发展。地下水质监测项目包括常规监测项目 39 项，非常规监测项目 54 项，共计 93 项，所确定的监测项目的分类限值充分考虑了人体健康基准和风险。

（3）生活饮用水与集中式饮用水水源地的水质监测项目。饮用水与集中式饮用水水源地水质标准所设监测指标高度一致，都是依据《生活饮用水卫生标准》（GB 5749—2006）中的水质监测的 106 项指标进行的，包括常规（必测）项目和非常规（选测）项目。其中微生物指标 6 项，饮用水消毒剂指标 4 项，毒理学指标中有无机物指标 21 项，有机物指标 53 项，感官性状和一般理化指标 20 项，放射性指标 2 项。

(4)废(污)水及排污总量监测项目。废(污)水排放企业类型也不同,生产工艺也不同,其排放的污染物差异很大。《污水综合排放标准》(GB 8978—1996)按照污水排放去向,分年限规定了69种污染物最高允许排放浓度及部分行业最高允许排水量。排放的污染物按其性质及控制方式分为两类,第一类污染物,指能在环境或动植物内蓄积,对人体健康产生长远不良影响的污染物。该类污染物不分行业和污水排放方式,也不分受纳水体的功能类别,一律在车间或车间处理设施排放口采样。第二类污染物,指长远影响小于第一类的污染物,在排污单位排放口采样。

依据国家综合排放标准与国家行业排放标准不交叉执行的原则,造纸工业、船舶工业、海洋石油开发工业、纺织染整工业、肉类加工工业、合成氨工业、钢铁工业、航天推进剂、兵器工业、磷肥工业、烧碱和聚氯乙烯工业等执行相应的行业标准,其他水污染物排放均执行《污水综合排放标准》(GB 8978—1996)标准。

我国不仅对废(污)水污染物排放设定了严格的排放浓度限值,并在2002年12月首次颁布的《水污染物排放总量监测技术规范》(HJ/T 92—2002)中,对COD、石油类、氨氮、氰化物、六价铬、汞、铅、镉和砷等提出了“浓度控制+流量控制”的“双控”要求。与一般水质监测方法相比,实施污染物总量控制时必须考虑对废(污)水排放流量进行测量,同时建立实时在线监测系统。

正确选用监测规范和分析方法是获得准确测试结果的关键所在。我国为使采样技术具有一致性和分析数据具有可比性,在大量研究和应用基础上,相继颁布了水环境监测规范、分析方法标准(详见中华人民共和国生态环境部官网的“生态环境标准”、水利部国际合作与科技司官网的“现行有效标准查询”),为获取水环境样品和可靠数据提供了技术支撑,同时为环境执法及环境污染纠纷处理提供了科学依据。

对于水质监测项目,选择分析方法的基本原则:方法灵敏度和准确度能满足定量要求,标准方法成熟、易于操作且抗干扰能力强,以及试剂无毒或毒性低等均是重要的选择依据。与标准方法在灵敏度、准确度、精密度方面具有可比性的分析方法称为等效方法。这类方法通常是新方法和新技术,经过与标准方法验证和实验对比等效方可使用。水质监测常用分析方法列于表5-1。

表5-1　水质监测常用分析方法

方法名称	监测项目举例
质量法	悬浮物、可滤残渣、矿化度、油类、SO_4^{2-}、Cl^-、Ca^{2-}等
容量法	酸度、碱度、溶解度、总硬度、Ca^{2+}、Mg^{2+}、NH_4^+-N、Cl^-、F^-、CN^-、SO_4^{2-}、S^{2-}、Cl_2、COD、BOD_5、高锰酸盐指数、挥发酚、挥发酸等
分光光度法	Ag、Al、As、Be、Bi、Ba、Cd、Co、Cr、Cu、Hg、Fe、Mn、Ni、Pb、Sb、Se、Th、U、Zn、NH_4^+-N、NO_2^--N、NO_3^--N、凯氏氮、PO_4^{3-}、F^-、Cl^-、S^{2-}、SO_4^{2-}、BO_3^{3-}、SiO_3^{2-}、Cl_2、挥发酚、甲醛、三氯乙醛、苯胺类、硝基苯类、阴离子表面活性剂等
荧光光谱法	Hg、As、Se、Be、油类、苯并(α)芘等
原子吸收光谱法	Ag、Al、Ba、Be、Bi、Ca、Cd、Co、Cr、Cu、Fe、Hg、K、Mg、Mn、Na、Ni、Pb、Sb、Se、Sn、Te、Zn等

表 5-1(续)

方法名称	监测项目举例
氢化物及冷原子吸收光谱法	As、Sb、Bi、Ge、Sn、Pb、Se、Te、Hg 等
火焰光度法	Li、Na、K、Sr、Ba 等
电极法	pH、DO、F^-、Cl^-、CN^-、S^{2-}、NO_3^-、K^+、Na^+、NH_3、Eh 等
非色散红外吸收法	总有机碳、石油类、动植物油类等
离子色谱法	F^-、Cl^-、Br^-、NO_2^-、NO_3^-、SO_3^{2-}、SO_4^{2-}、PO_4^{3-}、K^+、Na^+、NH_4^+ 等
气相色谱法	苯系物、挥发性卤代烃、氯苯娄、BHC、DDT、有机磷农药类、三氯乙醛、硝基苯类等
高效液相色谱法	多环芳烃类、醛类、苯胺类、氯酚类、苯并(a)芘、邻苯二甲酸酯类等
电感耦合等离子体原子发射光谱法	K、Na、Ca、Mg、Ba、Pb、Zn、Ni、Cd、Co、Fe、Cr、Mn、V、Al、As 等
气相分子吸收光谱法	NO^-2、NO_3^-、氨氮、凯氏氮、总氮等
气相色谱-质谱法	挥发性有机化合物、半挥发性有机化合物、苯系物、氯本分类、邻苯二甲酯类、有机氯农药、多环芳烃、二噁英类、多氯联苯等
比色法和比浊法	I^-、F^-、色度、浊度等
生物监测法	浮游生物、着生生物、底栖动物、鱼类生物调查、细菌总数、总大肠菌群、粪大肠菌群、沙门氏菌属、粪链球菌、生物毒性试验、Ames 试验等

5.3.2 水质监测方案的制订

监测方案是完成一项监测任务的技术路线总体设计,在明确监测目的和实地调查基础上,确定监测项目,布设监测网点,合理安排采样时间和采样频率,选定采样方法和分析测定方法,并提出监测报告要求,制定质量控制和保证措施及实施细则等。具体的规程可根据地表水、地下水、废水污水等进行相应调整,基本水质监测方案主要包括以下内容。

1. 资料收集和实地考察

在制订监测方案之前,应全面收集目标监测水体及所在区域的相关资料,主要有:

(1)监测区域内的水文、气候、地质和地貌等自然背景资料;

(2)监测区域或水域沿岸城市分布、人口分布、工业布局、地下水资源、污染源及其排污情况等;

(3)监测区域或水域沿岸资源情况和水资源用途,饮用水源分布和重点水源保护区等;

(4)地面径流污水排放、雨污水分流情况,以及水体流域土地功能、农田灌溉排水、农药和化肥施用情况等;

(5)历年水质监测资料等。

在收集基础资料基础上,要进行目标水体的实地调查或测量,更全面地了解和掌握水体,以及周边环境信息的动态及其变化趋势。当目标水体为饮用水源时,应开展一定范围的公众调查，必要时还要进行流行病学的调查，并与历史数据和文献资料信息综合分析，为科学制订监测方案提供重要依据。

2. 监测断面布设

地表水方面，涉及江、河、湖、海等的监测情况多样，为评价完整江、河水系的水质，需要布设背景断面、对照断面、控制断面和削减断面；对流经某一区域的某一河段，只需布设对照断面（入境断面）、控制断面和削减断面。湖泊、水库通常只布设监测垂线，情况复杂时可参照河流的有关原则布设监测断面。近岸海域空间尺度大，一般采用网格法布设监测断面，可依据海域范围和受污染影响的情况确定网格密度；海洋环境功能区采用收敛型集束法（近似扇形）布设监测断面，并以经纬度表示。

3. 采样点确定

地表水监测断面布设后，应根据各水面宽度合理布设监测断面上的采样垂线，据此处水深可进一步确定采样点位置和数量。因湖泊、水库水体可能存在分层现象，水质不均匀，所以应先对不同水深处的水温和溶解氧等参数进行测定，掌握水质随湖泊深度、温度的变化规律。若水体有温度分层现象，可根据温度分层与采样点的关系，确定采样垂线上采样点的数量及位置。近岸海域的采样点需要根据水深分层来确定。

地下水方面，要通过对基础资料、实地测量结果的综合分析，根据饮用水地下水源监测要求和监测项目、水质的均一性、水质分析方法、环境标准法规，以及人力、物力等因素综合考虑，布设采样井并确定采样深度。一般布设两类采样井，用于背景值监测和污染监测，必要时可构建合理的采样井监测网络。

4. 采样时间和采样频率

依据不同的水体功能、水文要素和污染源、污染物排放等实际情况，采样时间和采样频率应能反映水质在时间和空间上的变化特征并具有较好的代表性，力求以最少的采样频率，取得最有代表性的样品。

对于水污染源，例如工业废水、生活污水和医院污水等水污染源，在制订水污染源监测方案时，同样需要进行资料收集和现场调查，掌握排放废（污）水的类型、主要污染物及其排水去向（江、河、湖等水体）和排放总量；调查相应的排污口位置和数量，有无废（污）水处理设施等。在排污口布设采样点，根据《污水综合排放标准》（GB 8978—1996）和《水污染物排放总量监测技术规范》（HJ/T 92—2002）的规定，确定采样时间和采样频率。

5.3.3 水样的采集、预处理与检验

水样采集和保存是水质分析的重要环节。水样必须具有足够的代表性，必须避免受到任何可能引入的污染。

1. 水样类型

（1）瞬时水样。瞬时水样是指在某一时间和地点从水体中（天然水体或废（污）水排放口）随机采集的不连续水样，适用于采集水质比较稳定的水样。当水质随时间发生变化时，则需要按适当的时间间隔采集多个瞬时水样，并绘制浓度-时间关系曲线，掌握水质随时间的变化规律。

（2）混合水样。混合水样是指某一时段内，在同一采样点以相等时间间隔采集等体积的多个水样，经混合均匀后得到的水样。此采样方式适用于流量较稳定（变化小于20%）但

水中污染物浓度随时间变化的水体。混合水样是采集多个水样的混合样，提供水质监测项目的平均值。

(3)综合水样。综合水样是指在不同采样点同时采集各个瞬时水样混合后所得到的水样，也可为特定采样点分别采集不同深度水样经混合后得到的水样，也常需要把代表断面上各采样点或几个废(污)水排放口采集的水样按流量比例混合，获得反映流量比例的综合水样的平均结果。综合水样是获得监测项目平均浓度的重要方式。

2. 水样采集

(1)地表水水样采集

采样前，首先要根据监测内容和监测项目的规定要求，选择材质化学稳定性好的采样器和盛水容器，使用前必须仔细清洗，还需要准备好交通工具(如船只等)，确定采样体积和现场用保护性试剂。

盛水容器材质的稳定性顺序为聚四氟乙烯>聚乙烯>石英玻璃>硼硅玻璃。通常，塑料容器(聚四氟乙烯、聚乙烯等材质)常用作测定金属、放射性元素和其他无机物的盛水容器；玻璃容器常用作测定有机物和生物类等的盛水容器。

在采集地表水样时，通常采集瞬时水样；遇有重要支流的河段，则需要采集混合水样或综合水样。表层水的采集，可借助船只、桥梁、索道或涉水等方式，可用直立式或有机玻璃采样器。对于水流湍急的开阔河段或湖泊(水库)，建议采用急流采样器。采集水样量大时，可借助采样泵采集水样。采样时，应注意避开水面上的漂浮物；正式采样前要用水样冲洗采样器2~3次，洗涤废水不能直接倒入水体中，以避免搅起水中悬浮物或沉积物；采集测定油类指标的水样时，要避开水面上的浮油，在水面以下5~10 cm处采集水样。

(2)地下水水样采集

地下水可分为上层滞水、潜水和承压水。上层滞水的水质与地表水的水质基本相同；潜水通过包气带直接与大气圈、水圈相通，因此潜水水质和水量具有季节性变化；承压水地质条件不同于潜水，受水文、气象因素和季节变化直接影响小，水质不易受人为活动污染。地下水的水样采集可以利用专用的地下水监测井采用抽水设备或虹吸管进行采样。开始采集水样前，先将井中滞留的水排出，待新水更替之后再采集有代表性的水样；采样时采样器放下与提升的动作要轻，避免搅动井水及底部沉积物。对于自喷泉水，可在涌水口处直接采集水样。

(3)废(污)水样采集

废(污)水的采样种类和采样方法取决于生产工艺、排污规律和监测目的。由于工业废水大多是流量和浓度都随时间变化的非稳态流体，可根据能反映其变化并具有代表性的采样要求，采集合适的水样(瞬时水样、混合水样、综合水样等)。以沟渠形式向水体排放废(污)水时，应设适当的围堰，可用长柄采水勺从堰溢流中直接采样。在排污管道或渠道中采样时，应在液体流动的部位采集水样。在废水或污水处理池中采集水样时，可使用专用的深层采样器采集。

利用自动采样器可实现瞬时自动混合采样和定时自动分配混合采样。前者可在一个生产周期内，将按时间间隔采集的多个水样混合，也可将按流量比采集的水样混合，结果以平均值形式表达；后者则可连续自动定时采集水样，并分配于不同的容器中，可获得监测指标浓度与时间关系，为研究水质时间变化趋势提供保证。

3. 水样预处理

环境水样或废(污)水样品中污染物种类很多,组成十分复杂,通常包含几十种甚至几百种组分,且各组分的浓度差异很大,一种物质往往以多种形态存在。因此,水样需要进行预处理,以获得待测组分满足分析方法要求的形态和浓度,并最大限度地分离干扰性物质。评价预处理方法的主要原则是去除干扰性物质的能力和待测组分的回收率。

当测定环境水样或废(污)水样品中的无机元素时,需要进行消解预处理,以破坏有机物、溶解悬浮物,并将各种价态的待测元素氧化成单一高价态或转变成易于分离的无机物。常用的消解方法有湿式消解法、干灰化法和微波消解法。

当存在共存组分干扰时,可以采取分离或掩蔽措施;当水样中成分复杂,干扰因素多,而待测组分含量低于分析方法的测定下限时,就必须进行待测组分的富集。分离与富集通常同步进行,常用方法有过滤、气提、顶空、蒸馏、萃取、离子交换、吸附、共沉淀和层析等,要根据具体情况选择使用。

4. 水样指标检验

水体中需要监测的项目很多,一般包括水质物理性质监测、金属污染物监测、非金属污染物监测、有机化合物监测、有机污染物监测和底质监测。《"十四五"生态环境监测规划》对增强水生态环境监测、强化污染源和应急监测等内容提出了新的要求;水体监测的分析方法在《水和废水监测分析方法》(第四版)基础上进行了增加。

(1)物理性质监测

水质的物理性指标是水质质量评价的重要指标,主要包括水温、pH、电导率、溶解氧、浊度、臭和味、色度、透明度和悬浮物等,其中水温、pH、电导率、溶解氧和浊度即常规五参数。

(2)金属污染物监测。水体中的金属元素有些是人体健康所必需的常量元素和微量元素,如铁、锰、铜、锌、钙、镁等;有些是有害于人体健康的元素,如汞、镉、铬、铅、铜、锌、镍、钡、钒、砷等。有些金属元素在人体内的含量过高或过低都会引起疾病。受"三废"污染的地表水和工业废水中有害金属化合物的含量往往明显增加。

有害金属侵入人体后,会使某些酶失去活性而出现不同程度的中毒症状,其毒性大小与金属种类、理化性质、浓度及存在的价态和形态有关。生态环境部在《关于进一步加强重金属污染防控的意见》(环固体〔2022〕17 号)中提出的重点防控的重金属污染物是铅、汞、镉、铬、砷、铊和锑,并对铅、汞、镉、铬和砷五种重点重金属污染物排放量实施总量控制,常用的分析方法有原子吸收法、分光光度法和冷原子吸收法。

(3)非金属污染物监测。水体中的非金属无机物很多,需进行监测的非金属无机物包括氟化物、硫化物、氰化物、含氮化合物、总磷、含砷化合物、氯化物、硫酸盐等。

(4)有机化合物的监测。水体中有机化合物种类繁多,难以对每一个组分逐一定量测定,目前多采用测定有机化合物的综合指标来间接表征有机化合物的含量。综合指标主要有化学需氧量、高锰酸盐指数、生化需氧量、总需氧量和总有机碳等。有机化合物的污染源主要为农药、医药、染料及化工等企业排放的废水。

水体中除含有无机污染物外,更含有大量的有机污染物,它们以毒性和使水中溶解氧减少的形式对生态系统产生影响,危害人体健康。已经查明,绝大多数致癌物质是有毒有机物,所以有机污染物指标是一类评价水体污染状况极为重要的指标。

水体中有机污染物的种类繁多,组成复杂,结构和性质千差万别,在大多数情况下很难一一分辨,逐个测定,因此,目前多以化学需氧量(COD)、生化需氧量(BOD)、总有机碳

(TOC)等综合指标,或挥发酚类、油类、硝基苯类等类别指标,来表征有机污染物含量。但是,许多痕量有毒有机物对上述指标贡献极小,其危害或潜在威胁却很大,因此,在某些条件下,综合指标并不能充分反映有机污染状况,而需要对痕量有毒有机物逐一测定。随着分析测试技术和分析仪器的不断发展和完善,越来越多的危害大、影响面宽的有机污染物可以被逐一测定。

(5)底质监测。所谓底质是指江、河、湖、库、海等水体底部表层沉积物质。由于底质中所含腐殖质、微生物、泥沙及土壤微孔表面的作用,在底质表面发生沉淀、吸附、释放、化合、分解等一系列物理化学和生物转化作用,对水中污染物的自净、降解、迁移、转化等过程起着重要作用,因此,底质是水体的重要组成部分。

通过底质监测,不仅可以了解水体中易沉降、难降解污染物的累积情况,还可以追溯水系的污染历史,研究污染物的沉积规律;根据水文因素,可以研究并预测水质变化趋势及沉积污染物质对水体的潜在危害;从底质中可检测出水中因浓度过低而不易被检测出的污染物质,还可以检测出因形态变化而生成的新污染物质,为发现、解释和研究某些特殊的污染现象提供科学依据。

5.4 环境空气和废气监测

5.4.1 概述

地球周围厚度为1 000~1 400 km的气体称为大气,其中近地面约10 km厚度的气层是对人类及生物生存起重要作用的空气层。平时所说的环境空气是指人群、动物、植物和建筑物等所暴露的室外空气,清洁的空气是人类和生物赖以生存的环境要素之一。

大气是由一定比例的氮气、氧气、二氧化碳、水蒸气和固体杂质微粒组成的混合物。就干燥空气而言,按体积计算,在标准状态下,氮气占78.08%,氧气占20.94%,稀有气体占0.93%,二氧化碳占0.03%,而其他气体及杂质体积占0.02%。各种自然变化往往会引起大气成分的变化。例如,火山喷发时有大量的粉尘和二氧化碳等气体喷射到大气中,造成火山喷发地区烟雾弥漫,毒气熏人;雷电等自然原因引起的森林大面积火灾也会增加二氧化碳和烟粒的含量等。

一般来说,这种自然变化是局部的、短时间的。随着现代工业和交通运输的发展,向大气中持续排放的物质数量越来越多,种类越来越复杂,会引起大气成分发生急剧的变化。当大气正常成分之外的物质达到对人类健康、动植物生长及气象气候产生危害的时候,我们就说大气受了污染,或者说空气污染是大气中污染物浓度达到有害程度,超过了环境质量标准和破坏生态系统和人类正常生活条件,对人和物造成危害的现象。凡是能使空气质量变坏的物质都是空气污染物,它是指由于人类活动或自然过程,排放到空气中并对人或环境产生不利影响的物质。

1.空气污染物的存在状态

根据空气污染物的形成过程可将其分为一次污染物和二次污染物。一次污染物是指直接从各种污染源排放到空气中的有害物质，常见的有二氧化硫、二氧化氮、一氧化碳等；二次污染物是指一次污染物在空气中发生化学反应而产生的新污染物，常见的有硫酸盐、硝酸盐、过氧乙酰硝酸酯(PAN)等。

按空气污染物的存在状态可将其分为气态污染物和颗粒污染物。气态污染物是指常温下以气态形式分散于空气中的污染物。常见的气态污染物有二氧化硫、氧化氮、一氧化碳、氯气、臭氧、挥发性有机化合物等。颗粒污染物是指飘浮在空气中，由微小液滴或固体微粒组成的非均匀体系污染物。能悬浮在空气中，空气动力学当量直径(密度为 1 000 kg/m^3 的球形粒子直径)≤100 μm 的颗粒物称为总悬浮颗粒物。空气动力学当量直径≤10 μm 的颗粒物称为 PM_{10}，由于该粒子可以进入呼吸道，因此又称为可吸入颗粒物。空气动力学当量直径≤2.5 μm 的颗粒物称为 $PM_{2.5}$，由于该粒子可以进入肺部，因此又称为可入肺颗粒物。

2. 空气污染源

空气污染源是指造成环境污染的污染物发生源，通常是指向环境排放有害物质或对环境产生有害影响的场所、设备、装置等，按其属性可分为自然污染源和人为污染源。自然污染源是自然现象造成的，如火山爆发时喷发的大量粉尘和二氧化硫等。人为污染源是人类的生产和生活活动造成的，是空气污染的主要来源。按污染源存在的形式可将其分为固定污染源、移动污染源和无组织排放源。固定污染源是位置和地点固定不变的污染源，如工业废气排放源。移动污染源是指汽油车、柴油车等交通工具排放源。无组织排放源是指工艺过程的排放及扬尘和自然尘等。按人类社会活动功能划分，还可以将空气污染源分为工业污染源、农业污染源、交通运输污染源、生活污染源和室内污染源等。

(1)工业污染源。工业生产是大气污染的一个重要来源。工业生产排放到大气中的污染物种类繁多，有烟尘、硫的氧化物、氮的氧化物、有机化合物、卤化物、碳化合物等，其中有的是烟尘，有的是气体。

(2)农业污染源。在农业生产过程中，施用农药、化肥、有机肥等过程不当所产生的有害物质挥发扩散，以及施用后挥发性成分从土壤中逸散进入大气等形成的污染源。

(3)交通运输污染源。汽车、飞机、火车和轮船等交通运输工具运行时向大气中排放的废气。特别是城市中的汽车，量大而集中，排放的污染物能直接侵袭人的呼吸器官，对城市的空气污染很严重，成为大城市空气的主要污染源之一。汽车排放的废气主要有一氧化碳、二氧化硫、氮氧化物和碳氢化合物等，前三种物质危害性很大。

(4)生活污染源。居民日常烧饭、取暖、沐浴等生活活动，燃烧化石类燃料而向大气排放烟尘、二氧化硫、二氧化氮等污染物。随着天然气等清洁能源利用率的提高，城市生活中因燃烧化石类燃料而向大气排放的污染物将越来越少。

(5)室内污染源。室内装修时大量使用了含有过量有害物质的建材(如胶合板、油漆、内墙涂料、大理石、瓷砖等)，释放出甲醛、苯类等挥发性有机物及放射性物质。另外，烹饪和吸烟等也会产生一些有害物质。

3. 空气质量指数

空气质量指数(air quality index，AQI)，简单来说是能够对空气质量进行定量描述的数据。它描述了空气清洁或者污染的程度，以及对健康的影响。空气质量指数的重点是评估呼吸几小时或者几天污染空气对健康的影响。计算空气质量指数主要通过五个污染标准：地面臭氧、颗粒物污染(也称颗粒物)、一氧化碳、二氧化硫、二氧化氮。地面臭氧和空气中的颗粒这两种污染物构成对人类健康的最大威胁。

国家发布的空气质量评价标准《环境空气质量指数(AQI)技术规定(试行)》(HJ 633—2012),污染物监测为6项:二氧化硫、二氧化氮、PM_{10}、$PM_{2.5}$、一氧化碳和臭氧。AQI将这6项污染物用统一的评价标准呈现。空气质量指数级别用颜色来表示:绿色代表空气质量优,黄色代表空气质量良好,橙色代表空气质量轻度污染,红色代表空气质量中度污染,紫色代表空气质量重度污染,褐红色代表空气质量严重污染,如表5-2所示。

表5-2　空气质量指数级别划分

空气质量指数	空气质量指数级别	空气质量指数类别及表示颜色		对健康影响情况	建议采取的措施
0~15	一级	优	绿色	空气质量令人满意,基本无空气污染	各类人群可正常活动
51~100	二级	良	黄色	空气质量可接受,但某些污染物可能对极少数异常敏感人群健康有较弱影响	极少数异常敏感人群应减少户外活动
101~150	三级	轻度污染	橙色	易感人群症状有轻度加剧,健康人群出现刺激症状	儿童、老年人及心脏病、呼吸系统疾病患者应减少长时间、高强度的户外锻炼
151~200	四级	中度污染	红色	进一步加剧易感人群症状,可能对健康人群心脏、呼吸系统有影响	儿童、老年人及心脏病、呼吸系统疾病患者避免长时间、高强度的户外锻炼,一般人群适量减少户外运动
201~300	五级	重度污染	紫色	心脏病和肺病患者症状显著加剧,运动耐受力降低,健康人群普遍出现症状	老年人和心脏病、肺病患者应停留在室内,停止户外运动,一般人群减少户外运动
>300	六级	严重污染	褐红色	健康人群运动耐受力降低,有明显强烈症状,提前出现某些疾病	老年人和病人应当留在室内,避免体力消耗,一般人群应避免户外活动

4.空气和废气监测分类和技术路线

(1)空气和废气监测分类

①按照监测的对象分类可分为空气监测和污染源监测。空气监测分为环境空气质量监测和室内环境空气质量监测,而环境空气质量监测又分为手工监测和自动监测。环境空气质量手工监测是指在监测点位用采样装置采集一定时段的环境空气样品,将采集的样品在实验室用分析仪器分析、处理的过程。环境空气质量自动监测是指在监测点位采用连续自动监测仪器对环境空气质量进行连续的样品采集、处理、分析的过程。

污染源监测是对包括固定污染源、移动污染源和无组织排放源进行监视性和监督性的定期或不定期的监测。

②按照监测的目的分类可分为大气质量监测和大气污染监测。大气质量监测是指对

一个地区大气中的主要污染物进行布点监测,并由此评价大气环境质量的过程。大气质量监测通常根据一个地区的规模、大气污染源分布情况和气象条件、地形地貌等因素,选定几个或十几个具有代表性的测点(大气采样点),进行规定项目的定期监测。监测人员根据监测结果,对照《环境空气质量标准》(GB 3095—2012)进行评价,从而得出区域大气环境质量优劣的结论。

大气污染监测是指测定大气中污染物的种类及其浓度,观察其时空分布和变化规律的过程。大气污染监测的目的在于识别大气中的污染物质,掌握其分布与扩散规律,监视大气污染源的排放和控制情况。大气污染与气象条件密切相关,因而在大气污染监测中应包括风向、风速、气温、气压、太阳辐射强度、相对湿度等气象参数的测定。大气污染监测是大气质量监测的基础。

(2)空气和废气监测技术路线

在监测过程中要注意空气污染物的时空分布,因为污染物浓度与污染物排放源的分布、排放量及地形、地貌、气象等条件密切相关。

空气监测采用以连续自动监测技术为主导,以自动采样和被动式吸收采样-实验室分析技术为基础,以可移动自动监测技术为辅助的技术路线。重点污染源采用以自动在线监测技术为主导,其他污染源采用以自动采样和流量监测同步-实验室分析为基础,并以手工混合采样-实验室分析为辅助手段的浓度监测与总量监测相结合的技术路线。

空气中污染物浓度一般会根据污染物存在状态采用单位体积质量浓度或体积比浓度来表示。

5.4.2 空气污染监测方案的制订

根据监测目的进行调查研究,收集相关的资料,然后经过综合分析,确定监测项目,设计布点网络,选定采样频率、采样方法和监测技术,建立质量保证程序和措施,提出进度安排计划和对监测结果报告的要求等。监测方案的基本内容如下。

1. 确定监测目的

(1)通过对环境空气中主要污染物质进行定期或连续监测,判断空气质量是否符合《环境空气质量标准》或环境规划目标的要求,为空气质量状况评价提供依据。

(2)为研究空气质量的变化规律和发展趋势,开展空气污染的预测预报,以及研究污染物迁移、转化情况提供基础资料。

(3)为政府环保部门执行环境保护法规,开展空气质量管理及修订空气质量标准提供依据和基础资料。

2. 基础资料收集

进行大气污染监测前,首先要收集必要的基础资料,然后经过综合分析,确定监测项目,设计布点网络,选定采样频率、采样方法和监测技术,建立质量保证程序和措施,提出监测结果报告要求及进度计划等。基础资料包括以下内容。

(1)污染源分布及排放情况。监测区域内的污染源类型、数量、位置、排放的主要污染物及排放量,以及所用原料、燃料及消耗量。

(2)气象资料。收集监测区域的风向、风速、气温、气压、降水量、日照时间、相对湿度、温度垂直梯度和逆温层底部高度等资料。

(3)地形资料。地形对当地的风向、风速和大气稳定情况等有影响,是设置监测网点应当考虑的重要因素。为掌握污染物的实际分布状况,监测区域的地形越复杂,要求布设监测点越多。

(4)土地利用和功能分区情况。不同功能区的污染状况是不同的,如工业区、商业区、混合区、居民区等,可以按照建筑物的密度、有无绿化地带等作进一步分类。

(5)人口分布及人群健康情况。监测区域的人口分布、居民和动植物受空气污染危害情况及流行性疾病等资料。

3. 监测项目

大气中的污染物质多种多样,应根据优先监测的原则,选择危害大、涉及范围广、测定方法成熟的污染物进行监测。

(1)空气污染常规监测项目。必测项目:二氧化硫、氮氧化物、硫酸盐化速率、灰尘、自然降尘量。选测项目:一氧化碳、飘尘、光化学氧化剂、氟化物、铅、汞、苯并[α]芘、总烃及非甲烷烃。

(2)连续采样实验室分析项目。必测项目:二氧化硫、氮氧化物、总悬浮颗粒物、硫酸盐化速率、灰尘、自然降尘量。选测项目:一氧化碳、可吸入颗粒物、光化学氧化剂、氟化物、铅、苯并[α]芘、总烃及非甲烷烃。

(3)大气环境自动监测系统监测项目。必测项目:二氧化硫、二氧化氮、总悬浮颗粒物或可吸入颗粒物、一氧化碳。选测项目:臭氧、总碳氢化合物。

4. 布设点的布设

(1)布设采样点的原则和要求

①采样点应设在整个监测区域的高、中、低三种不同污染物浓度的地方。

②在污染源比较集中、主导风向比较明显的情况下,应将污染源的下风向作为主要监测范围,布设较多的采样点,上风向布设少量点作为对照。

③工业较密集的城区和工矿区,人口密度及污染物超标地区,要适当增设采样点;城市郊区和农村,人口密度小及污染物浓度低的地区,可酌情少设采样点。

④采样点的周围应开阔,采样口水平线与周围建筑物高度的夹角应不大于30°,测点周围无局部污染源,并应避开树木及吸附能力较强的建筑物。交通密集区的采样点应设在距人行道边缘至少1.5 m远处。

⑤各采样点的设置条件要尽可能一致或标准化,使获得的监测数据具有可比性。

⑥采样高度根据监测目的而定,研究大气污染对人体的危害,应将采样器或测定仪器设置于常人呼吸带高度,即采样口应在离地面1.5~2 m处;研究大气污染对植物或器物的影响,采样口高度应与植物或器物高度相近;连续采样例行监测采样口高度应距地面3~15 m;若置于屋顶采样,采样口应与基础面有1.5 m以上的相对高度,以减小扬尘的影响。特殊地形地区可视实际情况选择采样高度。

(2)布点方法

①功能区布点法。一个城市或一个区域可以按其功能分为工业区、居民区、交通稠密区、商业繁华区、文化区、清洁区、对照区等。各功能区的采样点数目的设置不要求平均,通常在污染集中的工业区、人口密集的居民区、交通稠密区应多设采样点。

②网格布点法。将监测区域地面划分成若干均匀网状方格,采样点设在两条直线的交点处或方格中心。每个方格为正方形,可从地图上均匀描绘,方格实地面积视所测区域大

小、污染源强度、人口分布、监测目的和监测力量而定，一般是 1 ~ 9 km^2 布一个点。若主导风向明确，下风向设点应多一些，一般约占采样点总数的 60%。这种布点方法适用于有多个污染源且分布比较均匀的情况，如图 5-1(a)所示。

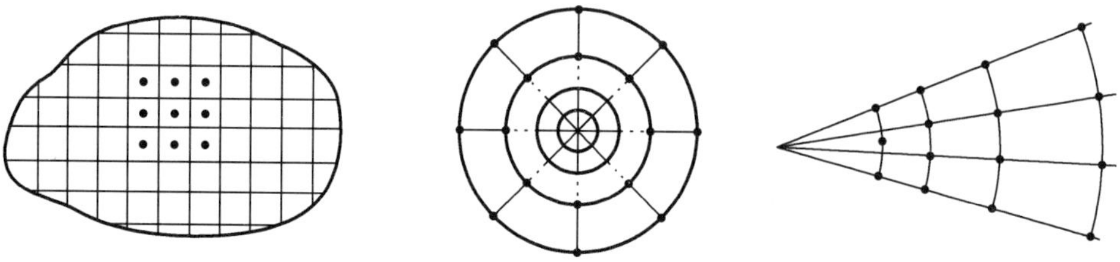

(a) 网格布点法　　(b) 同心圆布点法　　(c) 扇形布点法

图 5-1　监测点布点方法

③同心圆布点法。此种布点方法主要用于多个污染源构成的污染群，或污染集中的地区。布点时以污染源为中心画出同心圆，半径视具体情况而定，再从同心圆画射线若干，放射线与同心圆圆周的交点即采样点，如图 5-1(b)所示。

④扇形布点法。此种方法适用于主导风向明显的地区，或孤立的高架点源。以点源为顶点，主导风向为轴线，在下风向地面上划出一个扇形区域作为布点范围。扇形的角度一般为 45°，也可更大些，但不能超过 90°，如图 5-1(c)所示。

⑤平行布点法。平行布点法适用于线性污染源。线性污染源如公路等，在距公路两侧 1 m 左右布设监测网点，然后在距公路 100 m 左右的距离布设与前面监测点对应的监测点，目的是了解污染物经过扩散后对环境产生的影响。在前后两点对比采样的时候应注意污染物组分的变化。

在采用同心圆和扇形布点法时，应考虑高架点源排放污染物的扩散特点，在不计污染物本底浓度时，点源脚下的污染物浓度为零，随着距离增加，很快出现浓度最大值，然后按指数规律下降。因此，同心圆或弧线不宜等距离划分，而是靠近最大浓度值的地方密一些，以免漏测最大浓度的位置。

以上几种采样布点方法，可以单独使用，也可以综合使用，要求能代表性地反映污染物浓度，为大气监测提供可靠的样品。

(3)采样点数目

采样点的数目设置是一个与精度要求和经济投资相关的效益函数，应根据监测范围大小、污染物的空间分布特征、人口分布密度、气象、地形、经济条件等因素综合考虑确定。以城市人口数确定大气环境污染例行监测采样点的设置数目如表 5-3 所示。

表 5-3　大气环境污染例行监测采样点设置数目

市区人口/万人	SO_2、NO_2 或 NO_x、TSP	灰尘自然降尘量	硫酸盐化速率
≤50	3	≥3	≥6
50 ~ 100	4	4 ~ 8	6 ~ 12
100 ~ 200	5	8 ~ 11	12 ~ 18

表 5-3(续)

市区人口/万人	SO_2、NO_2 或 NO_x、TSP	灰尘自然降尘量	硫酸盐化速率
200~400	6	12~20	18~30
>400	7	20~30	30~40

5. 采样时间和采样频率

采样时间和采样频率要根据监测目的、污染物分布特征及人力、物力等因素决定。若采样时间短,试样缺乏代表性,则监测结果不能反映污染物。浓度随时间的变化,仅适用于事故性污染、初步调查等情况的应急监测。为增加采样时间,可以通过增加采样频率或使用自动采样仪器进行连续自动采样来确定监测项目的监测方案。合理的采样频率可以积累足够多的数据,则具有较好的代表性。若对污染组分使用连续或间歇自动监测仪器,其监测结果能很好地反映污染物浓度的变化。

我国监测技术规范对大气污染例行监测规定的采样时间和采样频率见表 5-4。

表 5-4　采样时间和采样频率

监测项目	采样时间和频率
二氧化硫	隔日采样,每天连续采样 24±0.5 h,每月 14~16 天,每年 12 个月
氮氧化物	同二氧化硫
TSP	隔双日采样,每天连续采样 24±0.5 h,每月 5~6 天,每年 12 个月
灰尘自然降尘量	每月采样 30±2 天,每年 12 个月
硫酸盐化速率	每月采样 30±2 天,每年 12 个月

6. 空气样品的采集方法和采样仪器

空气采样按采样原理可分为直接采样法、富集(浓缩)采样法和无动力采样法三种;按采样时间和方式可分为间断采样和 24 h 连续采样。大气采样仪器的型号很多,按其用途可分为气态污染物采样器和颗粒物采样器。

当大气污染物浓度较高,或测定方法较灵敏,用少量气样就可以满足监测分析要求时用直接采样法,如用氢火焰离子化检测器测定空气中的苯系物。空气采样常用的采样工具为塑料袋、注射器、采样管和真空采样瓶等。

空气中的污染物浓度一般都比较低(ppm~ppb 数量级),直接采样法往往不能满足分析方法检出限的要求,故需要用富集采样法对空气中的污染物进行浓缩。富集采样时间一般比较长,测得结果代表采样时段的平均浓度,更能反映空气污染的真实情况。这类采样方法有溶液吸收法、填充柱阻留法、滤料阻留法、低温冷凝法等。富集采样法使用的采样仪器主要由收集器、流量计、抽气泵三部分组成。

无动力采样法是将采样装置或气样捕集介质暴露于环境空气中,不需要抽气动力,利用环境空气中待测污染物分子的自然扩散、迁移、沉降或化学反应等原理直接采集污染物的采样方式。其监测结果可代表一段时间内环境空气污染物的时间加权平均浓度或浓度变化趋势。自然降尘量、硫酸盐化速率及空气中氟化物的测定常采用无动力采样法。

7.采样效率和评价方法

采样效率指在规定的采样条件下,所采集污染物的量占其总量的百分数。污染物存在的状态不同,评价方法也不同。

(1)气态和蒸气态污染物采集效率的评价方法

①绝对比较法。精确配制一份已知浓度为 c_0 的标准气体,用所选用的采样方法采集标准气体,测定其浓度为 c_1,则其采样效率 K 可用式(5-1)计算:

$$K=\frac{c_1}{c_0}\times 100\% \tag{5-1}$$

这种方法在实际中很少采用,因为其评价采样效率虽然比较理想,但配制已知浓度的标准气体有一定的困难。

②相对比较法。配制一份恒定但不要求知道准确浓度的气体样品,用2~3个采样管串联起来采集所配样品,分别测定各采样管中的污染物浓度 c_1、c_2、c_3,则采样效率 K 可用式(5-2)计算:

$$K=\frac{c_1}{c_1+c_2+c_3}\times 100\% \tag{5-2}$$

用这种方法评价采样效率,第二、三管中污染物的浓度所占的比例越小,采样效率越高。一般要求 K 值为90%以上。采样效率过低时,应更换采样管、吸收剂或降低抽气速度。

(2)颗粒物采集效率的评价方法

①颗粒数比较法。采样时,用一个灵敏度很高的颗粒计数器测量进入滤料前后空气中的颗粒数,则采样效率 K 为采集到的颗粒物数目占总颗粒数目的百分率,可用式(5-3)计算:

$$K=\frac{n_1-n_2}{n_1}\times 100\% \tag{5-3}$$

式中 n_1——进入滤料前空气中的颗粒数,即总颗粒数,个;

n_2——进入滤料后空气中的颗粒数,个。

②质量比较法。采样效率 K 为采集到的颗粒物质量占总质量的百分数,用式(5-4)计算:

$$K=\frac{m_1}{m}\times 100\% \tag{5-4}$$

式中 m_1——采集到的颗粒物质量,g;

m——颗粒物的总质量,g。

当全部颗粒物的大小相同时,这两种采样效率在数值上才相等。但是,实际上这种情况是不存在的。由于粒径在几微米以下的小颗粒物的颗粒数总是占大部分,而按质量计算却占很小部分,因此质量采样效率总是大于颗粒数采样效率。在大气监测评价中,评价采集颗粒物方法的采样效率时多用质量采样效率表示。

5.4.3 环境空气中污染物的测定

环境空气中的污染物包括气体污染物和颗粒污染物。气体污染物主要有二氧化硫、氮氧化物、一氧化碳、臭氧、总烃等。颗粒污染物包括总悬浮颗粒物、PM_{10} 和 $PM_{2.5}$、自然降尘、颗粒物中的金属元素、颗粒物中的非金属元素及化合物、颗粒物中的有机物。

1. 环境空气中气体和蒸汽污染物的测定

对逸散和排放到环境空气的污染物进行测定，气体和蒸汽污染物类型如表5-5所示。

除以上常见的气体或蒸汽污染物，还有一些污染源是多种物质或污染物混合或反应的最终产物，例如空气污染源需要测定的硫酸盐化速率和总烃。

硫酸盐化速率是指污染源排放到空气中的SO_2、H_2S、H_2SO_4蒸气等含硫污染物，经过一系列氧化演变和反应，最终形成危害更大的硫酸雾和硫酸盐雾，这种演变过程的速度称为硫酸盐化速率。其测定方法有二氧化铅-重量法、碱片-重量法、碱片-离子色谱法和碱片-铬酸钡分光光度法等。

污染环境空气的烃类一般指具有挥发性的碳氢化合物，常用两种方法表示，一种是包括甲烷在内的碳氢化合物，称为总烃（THC），另一种是除甲烷以外的碳氢化合物，称为非甲烷烃（NMHC）。空气中的烃类主要是甲烷，其质量浓度范围为1.5~6 mg/m^3。当空气严重污染时，甲烷以外的烃类大量增加。甲烷不参与光化学反应，因此，测定非甲烷烃对判断和评价空气污染具有实际意义。空气中的烃类主要来自石油炼制、焦化、化工等生产过程中逸散和排放的废气及汽车尾气，局部地区也来自天然气、油田气的逸散。测定总烃和非甲烷烃的主要方法有气相色谱法、光电离检测法等。

2. 环境空气中颗粒污染物的测定

环境空气中颗粒物的测定项目有总悬浮颗粒物浓度、PM_{10}和PM_{25}浓度、灰尘自然尘降量的测定、颗粒物中化学组分含量等。

（1）总悬浮颗粒物（TSP）浓度。TSP的测定常采用重量法。该方法用抽气动力抽取空气，经过切割器切割后的空气通过已恒重的滤膜，则空气中的总悬浮颗粒物被阻留在滤膜上，根据采样前后滤膜的质量之差及采样体积，即可计算总悬浮颗粒物的质量浓度。滤膜经处理后，可进行化学组分分析。该法适用于大流量或中流量总悬浮颗粒物采样器进行空气中总悬浮颗粒物的测定，检测限为0.001 mg/m^3。

（2）PM_{10}和$PM_{2.5}$浓度。PM_{10}在环境空气中持续的时间长，对人体健康和大气能见度有很大影响。PM_{10}通常来自在未铺沥青或水泥的路面上行驶的机动车、材料的破碎碾磨处理过程及被风扬起的尘土；一些颗粒物来自烟囱与车辆等污染源的直接排放；另一些则是由环境空气中硫的氧化物、氮氧化物、挥发性有机化合物及其他化合物互相作用形成的细小颗粒物。它们的化学和物理组成依地点、气候、季节不同而变化很大。$PM_{2.5}$的粒径比PM_{10}更小，如图5-2所示。$PM_{2.5}$含有大量的有毒、有害物质，而且在大气中的停留时间长、输送距离远。虽然$PM_{2.5}$只是地球大气成分中含量很少的组分，但被人吸入后，会累积在呼吸系统中，引发许多疾病，粗颗粒物可侵害呼吸系统，诱发哮喘病；细颗粒物可能引发心脏病、肺病、呼吸道疾病，降低肺功能等，因此，对于老人、儿童和已患心肺病等敏感人群，风险是较大的。

（3）灰尘自然沉降量的测定。该指标系指在空气环境条件下，单位时间靠重力自然沉降落在单位面积上的颗粒物量（简称降尘）。自然尘降能力主要取决于自身质量和粒度大小，此外风力、降水、地形等自然因素也起着一定的作用，因此，把自然尘降和非自然尘降区分开是很困难的。灰尘自然沉降量用重量法测定。

表 5-5　气体和蒸汽污染物类型

空气污染物	符号	来源	特性	测定方法
二氧化硫	SO_2	主要来源于煤和石油等燃料的燃烧、含硫矿石的冶炼、硫酸等化工产品生产排放的废气	一种无色、易溶于水、有刺激性气味的气体，能通过呼吸进入气管，对局部组织产生刺激和腐蚀作用，是诱发支气管炎等疾病的原因之一，特别是当它与烟尘等气溶胶共存时，可加重对呼吸道黏膜的损害	四氯汞钾盐酸副玫瑰苯胺分光光度法、甲醛吸收副玫瑰苯胺分光光度法、紫外荧光光谱法、电导法、库仑滴定法、火焰光度法等
氮氧化物	氮氧化物以 NO、NO_2、N_2O_3、N_2O_4、N_2O_5 等多种形态存在，其中 NO 和 NO_2 是主要存在形态	主要来源于石化燃料高温燃烧和硝酸、化肥等生产排放的废气，以及汽车排气	NO 为无色、无臭、微溶于水的气体，在空气中易被氧化成 NO_2。NO_2 为棕红色具有强刺激性臭味的气体，毒性比 NO 高 4 倍，是引起支气管炎、肺损害等疾病的有害物质	空气中 NO、NO_2 常用的测定方法有盐酸萘乙二胺分光光度法、化学发光法、原电池库仑法、定电位电解法
一氧化碳（CO）	CO	主要来自石油、煤炭燃烧不充分的产物和汽车排气；一些自然灾害如火山爆发、森林火灾等也是来源之一	一种无色、无味的有毒气体，燃烧时呈淡蓝色火焰。它容易与人体血液中的血红蛋白结合，形成碳氧血红蛋白，使血液输送氧的能力降低，造成缺氧症。中毒较轻时，会出现头痛、疲倦、恶心、头晕等感觉；中毒严重时，则会发生心悸亢进、昏睡、窒息而造成死亡	非分散红外吸收法、气相色谱法、定电位电解法、汞置换法等

表 5-5(续)

空气污染物	符号	来源	特性	测定方法
臭氧	O_3	大气中含有极微量的臭氧,是高空大气的正常组分。大气中的氧在太阳紫外线的照射下或受雷击可以形成臭氧,雨天雷电交加时也可产生臭氧。在紫外线的作用下,臭氧参与烃类和NO的光化学反应形成光化学烟雾	臭氧具有刺激性,量大时会刺激黏膜和损害中枢神经系统,引起支气管炎和头痛等症状	臭氧的手工测定方法主要是靛蓝二磺酸钠分光光度法、硼酸碘化钾分光光度法、化学发光分析法、紫外光度法
挥发性有机物和甲醛	VOCs 和 CH_2O	挥发性有机物(VOCs)是指室温下饱和蒸气压超过 133.32 Pa 的有机物,如苯、卤代烃、氧烃等。VOCs 和甲醛是室内空气污染的主要有机物,主要来自燃料的燃烧、烹调油烟和装饰材料、家具、日用生活化学品释放的蒸气,以及室外污染空气的扩散	具有毒性和刺激性,有的还有致癌作用,这些有机物浓度虽低,但释放时间长,对人体健康潜在危害大	采用吸附管采样-热脱附/气相色谱-质谱法测定 VOCs,该方法可测定环境空气中二氯乙烯、三氯甲烷、甲苯等 35 种 VOCs。 测定空气中甲醛常用的方法有酚试剂分光光度法、乙醛丙酮分光光度法、气相色谱法、离子色谱法等

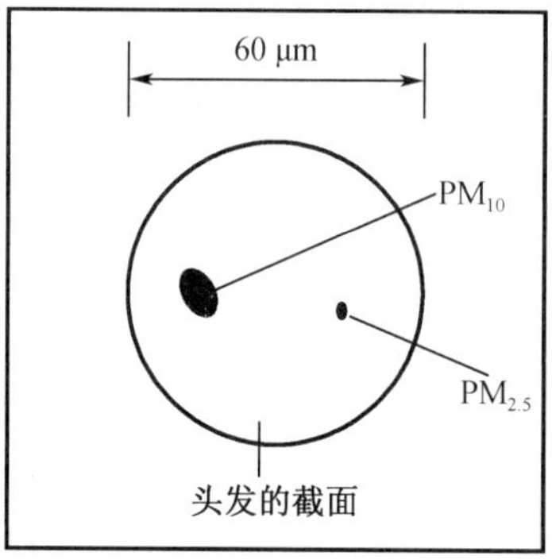

图 5-2　PM_{10} 和 $PM_{2.5}$ 的大小与头发直径的比较

颗粒物中常需测定的金属元素和非金属化合物有铍、铬、铅、铁、铜、锌、镉、镍、钴、锑、锰、砷、硒、硫酸盐、硝酸盐、氯化物、五氧化二磷等。它们多以气溶胶形式存在,其测定方法分为不需要样品预处理和需要样品预处理两类。不需样品预处理的方法如中子活化法、X射线荧光光谱法、等离子体发射光谱法等。这些方法灵敏度高,测定速度快,且不破坏试样,能同时测定多种金属及非金属元素,但所用仪器价格昂贵,普及使用尚有困难。需要对样品进行预处理的方法如分光光度法、原子吸收分光光度法、荧光分光光度法、催化极谱法等是目前广泛应用的方法。

颗粒物中的非金属元素主要有硅、磷、砷、氟、硫、氯、溴、硒、碲、碘等。细颗粒物中还含有硫酸盐、硝酸盐等化合物。这里只介绍氟化物。氟化物主要是冰晶石、氟化钠、氟化铝、氟化钙(萤石)等。氟化物污染主要来源于含氟矿石及其以燃煤为能源的工业过程。氟化物通过呼吸进入人体,会引起黏膜刺激、中毒等症状,并能影响组织和器官的正常生理功能。另外,氟化物对植物的生长也会产生不利影响。测定环境空气中氟化物的方法有离子选择电极法、分光光度法等。离子选择电极法具有简便、准确、灵敏和选择性好等优点,是目前广泛采用的方法。

颗粒物中的有机组分种类多,多数具有毒性,如有机氯和有机磷农药、芳烃类和酯类化合物等。其中,受到普遍重视的是多环芳烃(PAHs),如菲、蒽、芘等达几百种,有不少具有致癌作用。例如苯并[α]芘(又称3,4-苯并芘)就是其中一种强致癌物质,它主要来自含碳燃料及有机物热解过程中的产物。煤炭、石油等在无氧加热裂解过程中,产生的烷烃、烯烃等经过脱氢、聚合,可产生一定数量的苯并[α]芘,并吸附在烟气中的可吸入颗粒物上散布于空气中;香烟烟雾中也含苯并[α]芘。测定苯并[α]芘的主要方法有荧光光谱法、高效液相色谱法、紫外分光光度法等。在测定之前,需要先进行提取和分离。

5.5 辐射环境监测

辐射分为电离辐射和非电离辐射。电离辐射是指能够通过初级或次级过程引起电离事件的带电粒子或不带电粒子，如 α 粒子、β 粒子、γ 射线等。在地壳中发现的主要放射性核素有铀、钍和钋及其他放射性物质，它们释放出 α 粒子、β 粒子或 γ 射线。非电离辐射是指那些能量低而不能引起电离事件的光和电磁波。

随着原子能工业的迅速发展，以及放射性物质在国防、医学、科研和民用等领域的应用不断扩大，有可能使环境中的放射性水平高于天然本底值，甚至超过标准规定的剂量限值，导致放射性污染。当这些放射性物质作用于机体后，使机体中的蛋白质、酶类等大分子化合物被激发或电离，造成分子结构的变化和生物学功能性质的改变，从而引起组织细胞遭到破坏和各个系统（神经、消化、造血、内分泌等）的功能障碍，使机体发生病理性的变化，导致放射性损伤的发生。这都说明对作业（或工作）场所物质的放射性进行经常性、有效的放射性监测也是安全检测与监控的重要任务。

5.5.1 辐射的基础知识

辐射是一种特殊的能量传递方式。其通常可分为两大类，即电离辐射与电磁辐射。放射性物质以波或微粒形式发射出的能量叫作核辐射。核辐射是原子核从一种结构或一种能量状态转变为另一种结构或另一种能量状态过程中所释放出来的微观粒子流。核辐射可以引起物质的电离或激发，故称为电离辐射。它包括 α 粒子、β 粒子及各种原子核反应或放射性核素自然衰变过程中所放出的高速带电粒子和中子等。电离辐射又分直接致电离辐射和间接致电离辐射。直接致电离辐射包括质子等带电粒子。间接致电离辐射包括光子、中子等不带电粒子。电磁辐射包括可见光、红外线、紫外线、γ 射线和 X 射线等。辐射一般是指上述物理现象，即波动能量或微观粒子束本身，有时亦指一种物理过程，如太阳辐射。

1. 基本概念

（1）核衰变。核衰变是指原子核自发释放出某种粒子而从一种结构或一种能量状态转变为另一种核或另一种能量状态的过程，分为 α 衰变、β 衰变和 γ 衰变。

（2）半衰期。当放射性核素因衰变而减少到原来的一半时所需的时间称为半衰期。衰变常数（λ）与半衰期（$T_{1/2}$）有如下关系：

$$T_{1/2}=\frac{0.693}{\lambda} \tag{5-5}$$

半衰期是放射性核素的基本特性之一，不同核素的半衰期不同，如 $^{238}_{92}U$ 的半衰期可达 4.5×10^{9} 年。放射性核素每一个核的衰变并非同时发生，而是有先有后，所以对一些半衰期长的核素，一旦发生核污染，要通过衰变使其自行消失需要很长的时间。

(3)放射性活度。放射性活度是指单位时间内发生核衰变的数目,可表示为

$$A=\frac{\mathrm{d}N}{\mathrm{d}t}=\lambda N \tag{5-6}$$

式中 A——放射性活度,Bq;

$\mathrm{d}N$——在 $\mathrm{d}t$ 时间内衰变的原子数;

$\mathrm{d}t$——时间,s;

λ——衰变常数,表示放射性核素在单位时间内的衰变概率。

(4)照射量。照射量被定义为

$$X=\frac{\mathrm{d}Q}{\mathrm{d}m} \tag{5-7}$$

式中 X——照射量,C/kg,单位为伦琴(R),1 R=2.58×10^{-4}C/kg;

$\mathrm{d}Q$——γ 射线或 X 射线在空气中完全被阻止时,引起质量为 $\mathrm{d}m$ 的某一体积元的空气电离所产生的带电粒子的总电量值,单位为库仑(C)。

(5)吸收剂量。吸收剂量是用于表示在电离辐射与物质发生相互作用时单位质量的物质吸收电离辐射能量大小的物理量,定义为

$$D=\frac{\mathrm{d}\bar{E}_D}{\mathrm{d}m} \tag{5-8}$$

式中 D——吸收剂量,J/kg;

$\mathrm{d}\bar{E}_D$——电离辐射给予质量为 $\mathrm{d}m$ 的物质的平均能量,J。

2. 辐射源

(1)天然射源。天然辐射源是指天然存在的电离辐射源,主要来源于宇宙辐射、宇宙放射性核素及原生放射性核素。它们产生的辐射称为天然本底辐射,是判断环境是否受到放射性污染的基准。

(2)人为辐射源。引起环境辐射污染的主要来源是生产和使用放射性物质的单位(例如核设施、射线装置、放射性同位素的应用和伴生放射性的开采等)所排放的放射性废物,以及核武器爆炸、核事故等产生的放射性物质。

3. 辐射监测的分类

辐射监测是指为了评估和控制辐射或放射性物质的照射,对放射性污染物的含量或剂量进行的测量,及对测量结果进行的分析和解释。

(1)按监测对象分类,可分为辐射源监测、个人剂量监测和辐射环境监测。辐射源监测是指对辐射源强度、半衰期、射线种类及能量等项目的测定;个人剂量监测是指对放射性专业工作人员或公众体中放射性物质含量、放射性强度、空间照射量或电离辐射剂量的监测;辐射环境监测包括内环境监测和外环境监测,内环境监测是指对辐射源所在场所内部工作区域所进行的监测,而外环境监测是指对辐射源所在场所的边界以外环境,包括空气、水体、土壤、生物、固体废物等进行的监测。

(2)按主要测定的放射性核素的类别分类,可分为 α 放射性核素监测和 β 放射性核素监测。放射性核素包括^{239}Pu、^{226}Ra、^{224}Ra、^{222}Rn、^{210}Po、^{232}Th、^{234}U 和^{235}U;β 放射性核素包括^{3}H、^{90}Sr、^{89}Sr、^{134}Cs、^{137}Cs、^{131}I 和^{60}Co。这些核素在环境中出现的可能性较大,其毒性也较大。

(3)按监测的方式分类,可分为定期监测和连续监测。定期监测的一般步骤是采样、样品预处理、样品总放射性或放射性核素的测定;连续监测是在现场安装放射性自动监测仪器,实现采样、预处理和测定自动化。

5.5.2 辐射防护标准及检测仪器

我国为了保障核安全,预防与应对核事故,安全利用核能,保护公众和从业人员的安全与健康,保护生态环境,促进经济社会可持续发展,制定了《中华人民共和国核安全法》;为了防治放射性污染,保护环境,保障人体健康,促进核能、核技术的开发与和平利用,制定了《中华人民共和国放射性污染防治法》;为贯彻《中华人民共和国环境保护法》和《中华人民共和国放射性污染防治法》,防治放射性污染,改善环境质量,保护人体健康,制定了《核动力厂环境辐射防护规定》(GB 6249—2011)等防治标准;为了防治电磁辐射污染,制定了《电磁环境控制限值》(GB 8702—2014),规定了电磁环境中控制公众暴露的电场、磁场、电磁场的场量限值。下面介绍我国的部分标准。

1. 职业性放射性工作人员和居民每年限制剂量当量(见表 5-6)

表 5-6 职业性放射性工作人员和居民每年限制剂量当量 单位:Sv

受照射部位		职业性放射性工作人员的年最大允许剂量当量/Sv①	放射性工作场所、相邻及附近地区工作人员和居民的年最大允许剂量当量/Sv①	广大居民年最大允许剂量当量/Sv②
器官分类	器官名称			
第一类	全身、性腺、红骨髓、眼晶体	5×10^{-2}	5×10^{-3}	5×10^{-4}
第二类	皮肤、骨、甲状腺	3.0×10^{-1}	3×10^{-2}②	1×10^{-2}
第三类	手、前臂、足踝	7.55×10^{-1}	7.5×10^{-2}	2.5×10^{-2}
第四类	其他器官	1.5×10^{-1}	1.5×10^{-2}	5×10^{-3}

注:①表内所列数值均指内、外照射的总剂量当量,不包括天然本底照射和医疗照射。

②16 岁以下人员甲状腺的限制剂量当量为 1.5×10^{-2} Sv/a。

2. 露天水源中限制放射性比活度和放射性工作场所空气中最大允许放射性比活度(见表 5-7)

表 5-7 部分放射性核素在露天水源中限制放射性比活度和放射性工作场所空气中最大允许放射性比活度

放射性核素		露天水源中的限制放射性比活度/($Bq\cdot L^{-1}$)①	放射性工作场所空气中的最大允许放射性比活度/($Bq\cdot L^{-1}$)②
名称	符号		
氚	^{3}H	1.1×10^{4}	1.9×10^{2}
铍	^{7}Be	1.9×10^{4}	3.7×10

表 5-7(续)

放射性核素		露天水源中的限制放射性比活度/($Bq \cdot L^{-1}$)①	放射性工作场所空气中的最大允许放射性比活度/($Bq \cdot L^{-1}$)②
名称	符号		
碳	^{14}C	3.7×10^{3}	1.5×10^{2}
硫	^{35}S	2.6×10^{2}	1.1×10
磷	^{32}P	1.9×10^{2}	2.6
氩	^{41}Ar	—	7.4×10
钾	^{42}K	2.2×10^{2}	3.7
铁	^{55}Fe	7.4×10^{3}	3.3×10
钴	^{60}Co	3.7×10^{2}	3.3×10^{-1}
镍	^{59}Ni	1.1×10^{3}	1.9×10
锌	^{65}Zn	3.7×10^{2}	2.2
氪	^{85}Kr	—	3.7×10^{2}
锶	^{90}Sr	2.6	3.7×10^{-2}
碘	^{131}I	2.2×10	3.7×10^{-1}
氙	^{131}Xe	—	3.7×10^{2}
铯	^{137}Cs	3.7×10	3.7×10^{-1}
氡	^{220}Rn③	—	1.1×10
	^{222}Rn③	—	1.1
镭	^{226}Ra	1.1	1.1×10^{-3}
铀	^{235}U	3.7×10	3.7×10^{-3}
钍	^{232}Th	3.7×10^{-1}	7.4×10^{-3}

注:①露天水源的限制放射性比活度是为广大居民规定的,其他人员也适用此标准。

②放射性工作场所空气中的最大允许放射性比活度是为职业放射性工作人员规定的,工作时间每周按 40 h 计算。

③矿井下^{222}Rn子体或^{220}Rn子体的 α 潜能值不得大于 4×10^{4} MeV/L。

放射性核素在放射性工作场所以外地区空气中的最大允许放射性比活度,按表 5-7 放射性工作场所空气中的最大允许放射性比活度乘以表 5-8 所列比值进行控制。

表 5-8　控制比值

放射性同位素	比值	
	放射性工作场所相邻及附近地区	广大居民区
^{3}H、^{35}S、^{41}Ar、^{85}Kr、^{131}Xe	1/30	1/300
^{14}C、^{55}Fe、^{59}Ni、^{65}Zn、^{90}Sr、^{226}Ra	1/30	1/200
其他放射性核素	1/30	1/100

3. 电场、磁场、电磁场的公众暴露控制限值

为控制电场、磁场、电磁场所致公众暴露，环境中电场、磁场、电磁场场量参数的公众暴露控制限值如表 5-9 所示。

表 5-9 公众暴露控制限值

频率范围	电场强度/ $(V \cdot m^{-1})$	磁场强度/ $(A \cdot m^{-1})$	磁感应强度/μT	等效平面波功率密度/ $(W \cdot m^{-2})$
1~8 Hz	8 000	$32\ 000/f^2$	$40\ 000/f^2$	—
8~25 Hz	8 000	$4\ 000/f$	$5\ 000/f$	—
0.025~1.2 kHz	$200/f$	$4/f$	$5/f$	—
1.2~2.9 kHz	$200/f$	3.3	4.1	—
2.9~57 kHz	70	$10/f$	$12/f$	—
57~100 kHz	$4\ 000/f$	$10/f$	$12/f$	—
0.1~3 MHz	40	0.1	0.12	4
3~30 MHz	$67/f^{1/2}$	$0.17/f^{1/2}$	$0.21/f^{1/2}$	$12/f$
30~3 000 MHz	12	0.032	0.04	0.4
3 000~15 000 MHz	$0.22f^{1/2}$	$0.000\ 59f^{1/2}$	$0.000\ 74f^{1/2}$	$f/7\ 500$
15~300 GHz	27	0.073	0.092	2

注：①频率 f 的单位为所在行中第一栏的单位。
②0.1~3 MHz 频率，场量参数是任意 6 min 内的方均根值。
③100 kHz 以下频率，需同时限制电场强度和磁感应强度；100 kHz 以上频率，在远场区，可以只限制电场强度或磁场强度，或等效平面波功率密度，在近场区，需同时限制电场强度和磁场强度。
④架空输电线路线下的耕地、园地、牧草地、畜禽饲养地、养殖水面、道路等场地，其频率为 50 Hz 的电场强度控制限值为 10 kV/m，且应给出警示和防护指示标志。

对于脉冲电磁波，除满足上述要求外，其功率密度的瞬时峰值不得超过表 5-12 中所列限值的 1 000 倍，或场强的瞬时峰值不得超过表 5-12 中所列限值的 32 倍。

4. 辐射检测仪器

辐射检测仪器的种类较多，需根据监测目的、试样形态、射线类型、强度及能量等因素进行选择。辐射检测仪器的基本原理是基于射线与物质间相互作用所产生的各种效应，包括电离、发光、热效应、化学效应及能产生次级粒子的核反应等。最常用的检测器主要有电离型检测器、闪烁检测器和半导体检测器。

(1) 电离型检测器

电离型检测器是利用射线通过气体介质时，使气体发生电离的原理制成的，主要有电流电离室、正比计数管和盖革计数管(GM 管)三种。电流电离室是测量由于电离作用而产生的电离电流，适用于测量强放射性；正比计数管和盖革计数管则是测量出每一个入射粒子引起电离作用而产生的脉冲式电压变化，从而对入射粒子逐个计数，适用于测量弱放射性。

(2)闪烁检测器

闪烁检测器是利用射线与物质作用发生闪光的仪器。它具有一个受带电粒子作用后其内部原子或分子被激发而发射光子的闪烁体,当射线照在闪烁体上时,便发射出荧光光子,利用光导和反光材料等将大部分光子收集在光电倍增管的光阴极上。光子在光电倍增管的光阴极上打出光电子,经过倍增放大后在阳极上产生电压脉冲,此脉冲再经电子线路放大和处理后被记录下来。闪烁检测器以其高灵敏度和高计数率的优点而被用于测量α、β、γ辐射强度。由于它对不同能量的射线具有很高的分辨率,因此可用测量能谱的方法鉴别放射性核素。这种仪器还可以用来测量照射量和吸收剂量。

(3)半导体检测器

半导体检测器的工作原理与电离型检测器相似,但其检测元件是固态半导体。当放射性粒子射入这种元件后,产生电子-空穴对,电子和空穴受外加电场的作用,分别向两极运动,并被电极所收集,从而产生脉冲电流,再经放大后,由多道分析器或计数器记录。

半导体检测器可用于测量α、β和γ辐射。与前两类检测器相比,在半导体元件中产生电子-空穴对所需能量要小得多。因此,在同样外加能量下,半导体中生成电子-空穴对数目要比闪烁探测器中生成的光电子数多近1 000倍。硅半导体检测器可用于α计数和α能谱、β能谱的测定。γ射线一般采用锗半导体做检测元件,因为它的原子序数较大,对γ射线吸收效果更好。

5.5.3 放射性监测

放射性监测按照监测对象可分为以下几类。

①现场监测,即对放射性物质生产或应用单位内部工作区域所作的监测;

②个人剂量监测,即对放射性专业工作人员或公众作内照射和外照射的剂量监测;

③环境监测,即对放射性生产和应用单位外部环境进行监测,包括空气、水体、土壤、生物、固体废物等所作的监测。

在环境监测中,主要测定的放射性核素为以下几类。

①α放射性核素,即^{239}Pu、^{226}Ra、^{242}Ra、^{222}Rn、^{210}Po、^{222}Th、^{234}U和^{235}U;

②β放射性核素,即^{3}H、^{90}Sr、^{89}Sr、^{134}Cs、^{137}Cs、^{131}I和^{60}Co。

这些核素在环境中出现的可能性较大,其毒性也较大。

对放射性核素具体测量的内容包括:

①放射源强度、半衰期、射线种类及能量;

②环境和人体中放射性物质含量、放射性强度、空间照射量或电离辐射剂量。

环境放射性监测方式包括定期监测和连续监测。定期监测的一般步骤是采样、样品预处理、样品总放射性或放射性核素的测定;连续监测是在现场安装放射性自动监测仪器,实现采样、预处理和测定自动化。

1. 环境样品进行放射性测定过程

对环境样品进行放射性测定要经过样品采集、样品预处理和选择适宜方法与仪器三个过程。

(1)样品采集

样品包括放射性沉降物和放射性气溶胶。放射性沉降物包括干沉降物和湿沉降物,主要来源于大气层核爆炸所产生的放射性尘埃，小部分来源于人工放射性颗粒物。对于放射性干沉降物样品可用水盘法、黏纸法、高罐法采集。湿沉降物系指随雨（雪）降落的沉降物。

（2）样品预处理

对样品进行预处理的目的是将样品处理成适于测量的状态，将样品的欲测核素转变成适于测量的形态并进行浓集，以及去除干扰核素。常用的样品预处理方法有衰变法、共沉淀法、灰化法、电化学法、有机溶剂溶解法、蒸熘法、溶剂萃取法、离子交换法等。

如果使放射性核素沉积在惰性金属片电极上，可直接进行放射性测量；如将其沉积在惰性金属丝电极上，可先将沉积物溶出，再制备成样品源。

（3）选择适宜方法与仪器

对放射性工作场所中的粉尘（铀、钍矿的开采），实验室内及排至实验室外的放射性挥发性气体（碘蒸气、氡气等），放射性废水、废物和做放射治疗的病人或实验动物的排泄物（尿、粪便）均应进行辐射监控。监控放射性气体、气溶胶时，一般用空气采样器抽吸、过滤，若是放射性废水或排泄物应先蒸干浓缩后再监测。剂量较大时可使用一般的监控仪，若辐射水平较低或天然本底的监控，可用低本底测量仪测定样品中的比活度。

环境样品经用上述方法分解和对欲测放射性核素分离、浓集、纯化后，有的已成为可供放射性测量的样品源，有的尚需用蒸发、悬浮、过滤等方法将其制备成适于测量要求状态（液态、气态、固态）的样品源。蒸发法系指将样品溶液移入测量盘或承托片上，在红外灯下徐徐蒸干，制成固态薄层样品源。悬浮法系将沉淀形式的样品用水或适当有机溶剂进行混悬，再移入测量盘用红外灯徐徐蒸干。过滤法是将待测沉淀抽滤到已称重的滤纸上，用有机溶剂洗涤后，将沉淀连同滤纸一起移入测量盘中，置于干燥器内干燥后进行测量。还可以用电解法制备无载体的 α 或 β 辐射体的样品源。用活性炭等吸附剂浓集放射性惰性气体，再进行热解吸并将其导入电流电离室或正比计数管等检测器内测量；将低能 β 辐射体的液体样品与液体闪烁体混合制成液体样品源，置于闪烁检测器中测量等。

2. 个体外照射剂量

个体外照射剂量用佩戴在身体适当部位的个体剂量计测量，这是一种能监测放射性辐射累积剂量的小型、轻便、容易使用的仪器。常用的检测仪器有个人剂量笔、胶片剂量计和热释光剂量计等。

思考题

1. 简述环境监测的任务内容。
2. 叙述对污染物进行分析监测的方法。
3. 叙述环境监测中的安全风险与防控措施。
4. 简述水质监测项目的原则与方法。
5. 简述对空气污染源的划分。
6. 简述我国空气质量评价的标准中对污染监测内容的规定。
7. 简述空气中颗粒污染物的测定项目。
8. 简述常用辐射检测仪器的原理与特点。

第6章　矿山安全监测技术

矿山安全工程是以矿山生产过程中发生的人身伤害事故为主要研究对象,在总结、分析已经发生的矿山事故经验的基础上,综合运用自然科学、技术科学和管理科学等方面的有关知识,识别和预测矿山生产过程中存在的不安全因素,并采取有效的控制措施防止矿山伤害事故发生的科学技术知识体系。

矿山生产与其他生产活动一样,是人类利用自然创造物质文明的过程。在这一过程中,人类会遇到而且必须克服许多来自自然界和生产过程中的不安全因素。人们一旦忽略了对不安全因素的控制或者控制不力则将导致矿山事故。矿山事故不仅妨碍矿山生产的正常进行,而且可能造成人员伤亡、财产损失和环境污染。因此,搞好矿山安全生产是保护人员生命健康、顺利进行矿山生产的前提和保证。

矿山安全检测与监测技术是实现矿山安全的技术措施之一,是矿山生产技术的重要组成部分。矿山安全检测技术能发现、识别各种不安全因素及其危险性,为消除或控制不安全因素,防止矿山事故发生及避免人员受到伤害提供预警和依据。搞好矿山安全生产是保护人员生命健康、顺利进行矿山生产的前提和保证。

矿井监控系统可按监控目的、使用环境、复用方式、网络结构、信号、信号的传输方向、同步方式、调制方式等进行分类。矿井监控系统按监控目的不同可分为环境安全、轨道运输、胶带运输、提升运输、供电、排水、矿山压力、火灾、水灾、煤与瓦斯突出、大型机电设备健康状况等监控系统;按使用环境不同可分为防爆型(本质安全型、隔爆兼本质安全型、隔爆型等)、矿用一般型、地面普通型和复合型(由防爆型、矿用一般型和地面普通型中两种或两种以上构成)系统;按复用方式不同可分为频分制、时分制、码分制和复合复用方式(同时采用频分制、时分制、码分制中两种或两种以上)系统;按采用的网络结构不同可分为星形、环形、树形、总线形和复合形(同时采用星形、环形、树形、总线形中两种或两种以上)系统;按信号传输方向不同可分为单向、单工和双工系统;按所传输的信号不同可分为模拟传输系统和数字传输系统。矿井监控系统要符合《金属非金属矿山安全规程》(GB 16423—2006)的要求。

6.1　安全监测监控系统的发展与特点

6.1.1　安全监测监控系统的发展

(1)系统能实现监测与监控,且能根据被监测环境地点的参数进行有效的危险性判别,分析和提出专家决策方案。同时系统应用软件依照网络化、数据化,按统一的格式向外提供监测数据。

(2)针对通信协议不规范和传输设备物理层协议不规范的问题,应尽快寻找一种解决系统兼容性的途径或制定相应的专业技术标准,这对促进矿井监测监控技术发展和系统的推广应用均具有十分重要的意义。

(3)研制高可靠性瓦斯传感器。

(4)矿井瓦斯爆炸多半是由电气火灾引起的,因此应研制智能化的高压开关柜、高压真空馈电开关、低压真空馈电开关等,依此向系统提供多参数的信息,

(5)制定科学、合理的政策法规,研究提高矿井安全管理水平的管理技术,使矿井安全生产管理从以人治为主发展到依法治理。

6.1.2 矿山监控系统的特点及要求

矿山不同于一般工业现场环境,矿山监控系统有其自身的特点。

(1)电气防爆。一般工业监控系统均工作在非爆炸性环境中,而矿井监控系统工作在有瓦斯和煤尘爆炸危险的煤矿井下。因此,矿井监控系统的设备必须是防爆型电气设备,并且不同于化工、石油等爆炸性环境中的工厂所使用防爆型电气设备。

(2)网络结构。一般工业监控系统电缆敷设的自由度较大,可根据设备、电缆沟、电杆的位置选择星形、环形、树形、总线形等结构,构建通信可靠、多环冗余、多主并发、开放接入、互联互控、组网灵活、配置简单、布置方便的网络结构。而矿井监控系统的传输电缆必须沿巷道敷设,挂在巷道壁上。由于巷道为分支结构,并且分支长度可达数千米,因此,为便于系统安装维护、节约传输电缆、降低系统成本,宜采用树形结构。

(3)数字传感器技术。自诊断、自识别、总线式、自动调校、数字化是解决传感器抗干扰性差的有效途径。

(4)联动控制技术。主要由灾害预警系统触发联动事件,当预测到有危险时,将通过异常联动功能实现各系统间的联动控制。

(5)抗电磁干扰技术。由于煤矿井下空间小,采掘机、运输机等大型设备启停和架线电机车火花等会造成电磁干扰严重。井下监控设备要有较强的抗电磁干扰技术。

(6)利用监控系统数据的预警技术。充分利用煤矿监控系统数据,进行深度挖掘处理、自动计算,结合瓦斯预警规则实现多因素、多指标的瓦斯涌出灾害实时超前预警,并自动发出断电和人员撤离指令。

(7)工作环境恶劣。煤矿井下除有甲烷、一氧化碳等易燃易爆气体外,还有硫化氢等腐蚀性气体,矿尘大、潮湿、有淋水、空间狭小,因此,矿井监控设备要有防尘、防潮、防腐、防霉、抗机械冲击等措施。

除以上要求,在监控系统中,传感器(或执行机构)宜采用远程供电,而不宜采用中继器。

6.1.3 智慧矿山

智慧矿山是对矿山地质与测量、矿产资源管理、采矿、选矿、资源节约与综合利用、生态环境保护等生产经营各要素实现数字化、自动化和协同化管控,其运行系统具备感知、分析、推理、判断能力的现代化矿山。智慧矿山把新一代信息技术充分运用在煤炭企业的管

理和生产活动中，充分发掘和利用企业信息资源，实现生产安全可控，乃至个性化的实时监测、定位追溯、报警联动、调度指挥、预案管理、远程控制、安全防范、远程维保、决策支持等功能，实现对“万物”的“高效、节能、安全、环保”的“管、控、营”一体化。智慧矿山建设的主要内容如下。

（1）综合自动化完善。生产现场的生产过程及设备的自动化控制，包括设备自动化控制、监测、动态管理、工艺参数等自动化系统的完善。目前，我国矿山企业基本完成了不同程度的自动化，但在采、掘、运、选、加工等各个工序和各个环节上的自动化系统建立的时间和系统不同，导致数据控制不能共享和访问，相互独立，属“信息孤岛”状态。因此，需要进行信息技术改造，进一步实现综合自动化全覆盖的根本目标。

（2）数字化建设。用信息技术改造传统产业，提升传统产业实现跨越式发展，开展“两化融合”“三网合一”等工作，将所有的工作信息转变成电子信息和数字信息，解决数据传输、数据呈现问题。

（3）智慧化建设。而且随着科技水平的提高，矿山智慧化的程度也将不断提升。矿山智慧化建设可划分为四个阶段：一是单个系统、单项技术的智能化，实现一个系统、一个岗位的智慧化；二是多个系统的智慧化，实现部分系统的集成，实现区域智慧化；三是实现一个工序的智慧化；四是实现全矿山的智慧化，包括生产安全、洗选、运输、加工等智慧化生产，公辅设施的无人值守。随着科技的进步及应用，各个环节的智慧化还将不断进步和优化，从而达到更高的效率。

6.2 矿山安全监测监控系统

《煤矿安全规程》（2022 版）中规定：所有矿井必须装备安全监控系统、人员位置监测系统、有线调度通信系统。国家安全生产监督管理总局颁布的《金属非金属地下矿山监测监控系统建设规范》（AQ 2031—2011）也规定了金属非金属地下矿山监测监控系统的安装、维护和管理要求。

安全监控系统的安装使企业能监控生产过程，保障安全生产。政府等管理部门利用实时监控功能能够实时地监控企业的生产情况。矿山井上管理人员能够直观地监测和记录作业现场情况，及时发现安全隐患和事故苗头，对发生的灾害事故进行预防。矿山的安全监控系统的主要功能如下。

（1）环境监测：主要监测矿山开采过程中，各种有毒、有害气体及工作面的作业环境，如甲烷气体浓度、一氧化碳、氧气浓度、风速、负压、温度、烟雾等，实时监测与显示。

（2）生产监控：主要监控井上、井下主要生产环节的各种生产参数和重要设备的运行状态参数，如矿物仓位、水仓水位、压风机风压、箕斗计数、各种机电设备开停等生产参数和电压、电流、功率、电度等电量参数，以及胶带跑偏、胶带速度、轴承温度、机头堆煤等各种机电设备的运行情况等，实现生产的自动监测与监控。

6.2.1 矿山监测传感技术

矿山监测系统中所涉及的传感器要求符合隔爆或本质安全要求。矿用常见的传感器如图 6-1 所示。

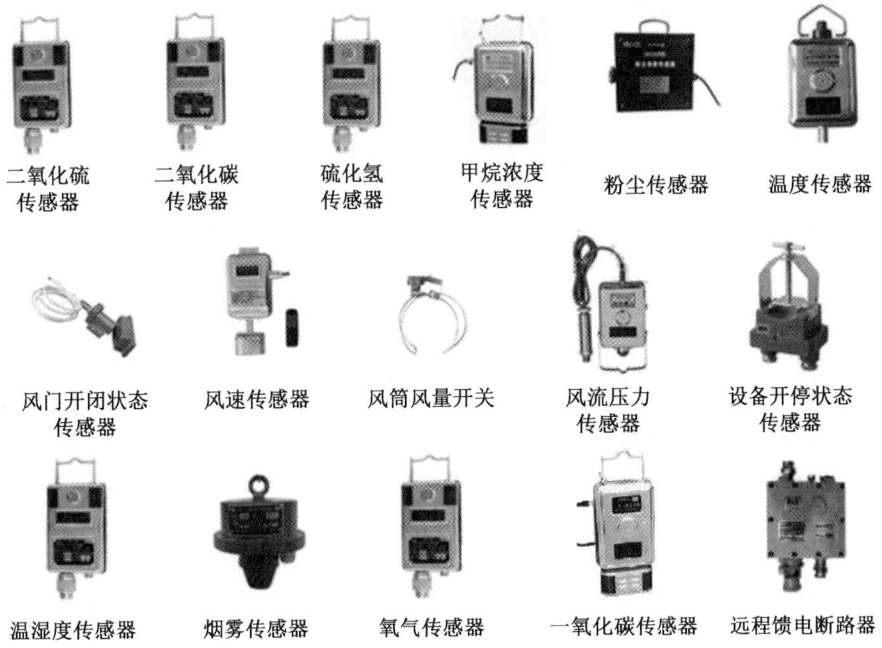

图 6-1 矿用常见的传感器

传感器安装在矿井井下的巷道、设备上,监测矿井环境中的甲烷、一氧化碳、氧气、二氧化硫、二氧化碳等有毒有害气体的浓度,环境的温度、湿度等相关参数。甲烷、馈电、设备开停、风压、风速、一氧化碳、烟雾、温度、风门、风筒等传感器的安装数量、地点和位置必须符合《煤矿安全监控系统及检测仪器使用管理规范》(AQ 1029—2019)要求。企业应按规定对传感器定期调校,保证监测数据准确、可靠。

1. 甲烷传感器

甲烷(CH4)浓度监测是矿井安全监控的首要内容。当环境中甲烷浓度大于或等于报警浓度时,甲烷传感器发出声光报警信号;当环境中甲烷浓度大于或等于断电浓度时,其可切断被控区域的全部非本质安全型电气设备的电源并闭锁,当甲烷浓度低于复电浓度时解锁。

目前,矿用甲烷传感器(也称瓦斯传感器或甲烷变送器)按测量浓度范围分为低浓甲烷传感器和高浓甲烷传感器两类。矿用低浓甲烷(瓦斯)传感器适用于煤矿井下或其他有瓦斯气体的环境,监测环境瓦斯浓度,并能连续、自动地将瓦斯浓度值转换成标准电信号传送给关联设备。矿用低浓甲烷传感器多采用载体催化作为敏感元件,可以检测 0%~4%瓦斯气体浓度。该传感器具有可抗高浓度瓦斯冲击、敏感元件使用寿命长、响应时间短等技术特点,结构简单,调校方便,可以就地用数码管显示瓦斯浓度数值,当超过设定浓度值时,传感器发出声光报警信号。高浓甲烷传感器具有高低浓度自动转换检测功能，适用于各类瓦斯矿井，尤其在高瓦斯突出矿井更能体现其优越性。其防爆要求为 ExibdI（矿用本安兼隔爆型）。

甲烷传感器具有频率型或电流型标准信号输出，可与国内各种煤矿安全监控系统、风电瓦斯闭锁装置、瓦斯断电仪等煤矿安全监控设备配套使用。传感器设计充分考虑了恶劣的环境条件，在结构强度和防水性能方面都采取了有效的措施，同时还特别加大了接口连接器的尺寸，保证传感器能稳定、可靠地工作，具有瓦斯浓度显示、输出信号、声光报警和断线指示等功能。

2. 矿用风速传感器

矿用风速传感器用于检测煤矿井下各坑道、风口、主风扇等处的风速。在煤炭开采过程中，会有瓦斯涌出。为稀释矿井空气中的瓦斯，需不断地向井下输送新鲜空气。风量是通风系统的重要参数之一。因此，对矿井风速的监测是矿井监控的主要内容之一。用于矿井的风速传感器主要有超声波旋涡式和超声波时差式两种，其防爆要求为 ExibI（矿用本质安全型）。

超声波旋涡式风速传感器是利用卡曼涡街效应设计的。该传感器首先将风速转换成与风速成正比的旋涡频率，然后通过超声波将旋涡频率转换成超声波脉冲，最后将超声波脉冲转换成电脉冲，从而测得风速。由于超声波旋涡式风速传感器具有寿命长、易维护、成本低等优点，因此在矿井监控系统中获得了广泛应用。

3. 一氧化碳传感器

该传感器用于检测矿井下空气中和火区的一氧化碳气体含量，适用于监测矿井下自然发火、运输胶带和火灾的早期预报，可与国内各种监测系统配套使用，防爆要求为 ExibI（矿用本质安全型）。常用的矿用一氧化碳传感器具有以下特点：

（1）采用可靠的传感元件，使用寿命长，仪器性能稳定；

（2）可以利用红外遥控调零点、灵敏度、报警点，校调简单；

（3）具有不送气报警自检功能，通过自检可以检查传感器的声光报警电路是否正常；

（4）采用智能控制算法，对数据采用科学数值滤波分析，对传感元件灵敏度采用多点线性化处理，提高了传感器的测量精度。

4. 温度传感器

该传感器适用于矿井下或地面有瓦斯爆炸气体环境中，能够对管道介质温度、环境温度，以及机电设备轴承温度进行连续检测，防爆要求为 ExibI（矿用本质安全型）。

5. 风流压力传感器

风流压力传感器是在矿井中测量风压的传感器，包括矿井负压传感器和矿井正压传感器，防爆要求为 ExibI（矿用本质安全型）。矿井的风压是矿井通风的一个重要参数，通过对风压的连续监测，可为矿井的通风管理、风量的调配等通风安全工作及时提供必要的数据。

在矿井均压灭火技术中，密闭空间内外的压力差是灭火工作中最主要的一个参数，它的连续监测对防灭火工作是十分必要的。矿井中还需监测瓦斯抽放泵的工作压力、井下主要风门两端的压力等，这都均需使用负压传感器。矿井负压/正压传感器可与多种监控系统配套使用，能实现对矿井风压、风门、密闭通风巷道等的差压监测。

6. 设备开停状态传感器

设备开停状态传感器主要用于检测矿井主要机电设备（如采矿机、运输机、提升机、破碎机、泵站、局部通风机、抽风机、压风机等)的运转状态(开停状态)。实现矿井主要机电设备的集中自动监测,随时全面了解全矿的生产、工作状况。该传感器把检测到的开停信号以±5 mA 的恒流(分别对应于开停状态)或以继电器触点信号的形式传输给监控分站,为了解矿井主要设备的运行状态、运转时间长短、统计设备利用率提供依据。该传感器适用于各种类型交流驱动的用电设备。在供电电流不小于 10 A 的情况下,均可检测出设备的开停状态,其防爆要求为 ExibI(矿用本质安全型)。

7. 风速传感器

风速传感器用于矿井下主要的测风巷道及风口、主要通风机井口等处的风速检测,以确保煤矿的安全生产,防爆要求为 ExibI(矿用本质安全型)。

风速传感器的风速探头选用稳定性良好的超声波元件,超声波被风速调制解调后经波形整形电路处理后输出与风速对应的频率信号,再送给单片机电路进行运算处理,然后输出对应的频率信号并进行风速值的就地显示。

8. 烟雾传感器

烟雾传感器主要用于井下易发生火灾的区域,如煤层自燃发火或煤层有自燃发火倾向、泵站、机电硐室、运输巷道、辅助通风机房等,对这些区域的火情进行烟雾的实时监测,其防爆要求为 ExibI(矿用本质安全型)。

9. 风门开关传感器

风门开关传感器可连续检测煤矿井下通风巷道里所有的风门开/关状态。当风门由于各种原因未关严时,它可向监控检测系统发出开关量信号,这样通风管理人员和有关人员可以准确地掌握井下任何地点的风门的开关状态,其防爆要求为 ExibI(矿用本质安全型)。

6.2.2 矿井监控系统的应用

煤矿安全管理监测预警系统的总体结构可分为地面监测中心和井下监测分站。地面监控中心可以显示井下安全生产状态,通过对各种数据的分析和处理,向各监控变电站发出各种控制指令。地面监控中心的计算机系统还可以实现数据存储、曲线绘制、报表生成、故障统计和打印等功能。在具体的工作中,地面监控系统还要依靠辅助设备进行具体的分析,例如通过联合使用煤岩分界识别设备及技术,通过对采矿设备进行精准定位来保证生产监控系统的准确性和可靠性,有效减少安全事故的发生。井下监测分站是传输传感器采集数据的中转站,可以实现与地面监测中心的通信,执行监测中心下达的指令。煤矿安全管理监测预警系统是一个综合系统,主要管理井下生产环境中瓦斯浓度、温度等参数的监测系统。同时,还可以监控各种地下设备设施的安全问题。监测预警系统利用计算机信息技术,提供一个能高效处理数据的计算机应用系统,实现对井下各种环境参数和机电设备的可视化监测,并能实时监测井下各种信息,通过搭建工业以太网,建立井下与地面的信息传输通道,将数据传输到地面监控上位机中。通过对监测数据、事故报告等信息进行整合并集中显示在地面总控计算机中,可以非常全面地掌握煤矿的生产情况,确保井下能够安全地进行煤炭的生产作业工作。

这里以 KJ83N 型煤矿安全监测监控系统为例进行说明矿井监控系统。

1. 系统组成

KJ83N 型煤矿安全监测监控系统由地面中心站、KJ83N 安全监控软件、传输接口装置、地面环网接入设备、井下环网多功能接入设备、本安数据交换机、井下智能分站、各种矿用传感器及控制执行器组成。整个系统的组成如图 6-2 所示。

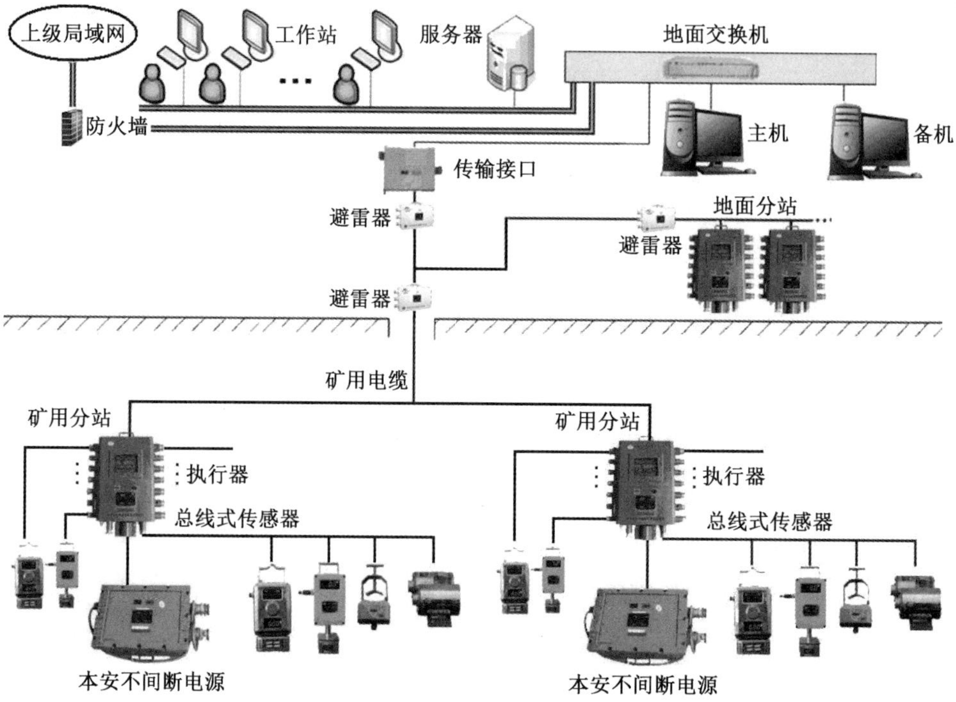

图 6-2　KJ83N 型煤矿安全监测监控系统原理图

监测监控系统地面中心站装备 2 套主机，1 套使用、1 套备用，应确保系统 24 h 不间断运行。监测监控系统在瓦斯超限后应能迅速自动切断被控设备的电源，并保持闭锁状态。监测监控系统地面中心站执行 24 h 值班制度，值班人员应在矿井调度室或地面中心站，以确保及时做好应急处置工作。监测监控系统应能对紧急避险设施内外的甲烷和一氧化碳浓度等环境参数进行实时监测。所有的数据连接通过交换机相关的隔爆兼本质安全型网络接口实现监控分站。该系统电缆传输方式结构如图 6-3 所示。

2. 安全监测监控系统的主要功能

KJ83N 型安全监测监控系统可将计算机网络、光纤高速通道、矿井安全和生产监控及其他子系统综合在一起，形成一个完整、实用的全矿井综合自动化系统。系统为集散型结构，其信息检测及分站等设备的布置完全按照矿井特点设置，根据需要各部分既可以集成在一起，又可以单独使用。

（1）满足《煤矿安全监控系统通用技术要求》（AQ 6201—2019）、《煤矿安全监控系统及检测仪器使用管理规范》（AQ 1029—2019）和《煤矿安全规程》（2022 年版）的规定。

（2）系统监测监控瓦斯、风速、温度、负压、一氧化碳、氧气、烟雾、风门开关、主要通风机、局部通风机开停等环境参数，以及电流、电压、水仓水位、煤仓煤位、箕斗计数、各机电设备开停和馈电、断电状态等生产运行参数。系统实现了风电瓦斯闭锁功能、全矿井的瓦斯超限断电功能及断线断电。

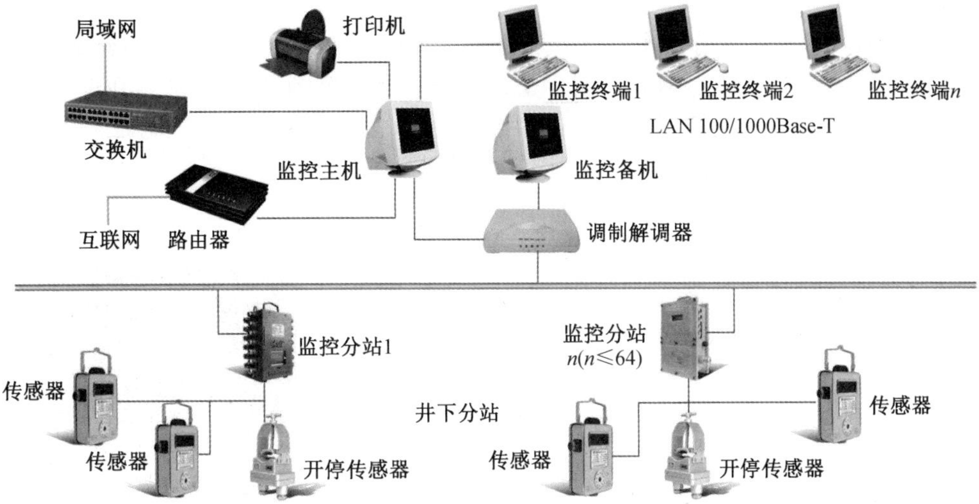

图 6-3　KJ83N 型煤矿安全监测监控系统电缆传输方式结构示意图

(3)系统能够监测监控电压、电流、电量、顶板压力、位移等参数,并且提供了对顶板压力、位移的报警分析。

(4)系统配套的分站都能够实现风电瓦斯闭锁、断电仪的功能;分站脱离系统可独立运行并且能实现风电瓦斯闭锁、断电仪功能;分站配接的传感器种类、量程、断电点、复电点、风电瓦斯闭锁等参数在地面中心站定义生成,并下发到分站,分站免编程,如图 6-4 所示

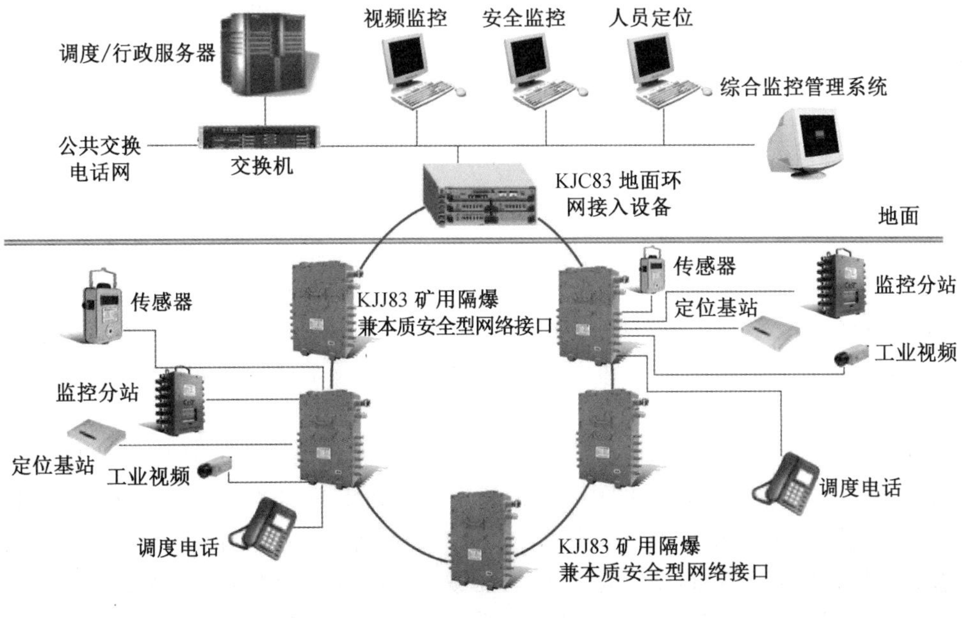

图 6-4　KJ83N 型煤矿安全监测监控系统光纤环网传输式结构示意图

(5)在全监测系统范围内通过便携式调试电话机与地面中心站或分站、传感器进行语音通信。

(6)视频监控系统,将给管理工作带来极大的方便,管理人员可以根据工作需要,通过网络查看各个生产区域的现场情况,延伸管理人员的观察范围,使管理人员在办公室就可及时、准确地了解到现场的情况,做出相应决策,有效地提高了办公、生产效率,提高矿井的生产能力,加大安全管理力度。

3. 煤矿安全监测监控系统工作过程

(1)监控主机接收各监控分站上传的信息,各监控分站按照一定的采样周期对该分站所连接的各传感器信号(开关量、模拟量和累计量)进行检测。监控分站如图 6-5 所示。

图 6-5　监控分站

(2)当需要对井下供电设备进行控制时,监控主机将控制命令传给分站,由分站通过控制端口输出控制信号,达到控制井下供电设备的目的。

(3)监控主机对接收到的各种传感器实时信号进行处理和存储,并通过显示器、大屏幕等进行显示。监控主机可显示各种传感器数据的实时或历史曲线、柱状图等,可打印各种报表,同时可通过数据上传软件将监测数据上传至监控中心。

(4)监控分站将传感器对矿井实时采集的数据参数,处理后实时地向地面主机传送;接收和执行地面主机发出的各种控制命令,完成对关键生产场所的安全监测与控制。

6.3　井下人员定位系统

6.3.1　概述

随着我国经济体制改革的不断深入及现代化进程不断加快,国家对矿区安全也日益重视,监管力度不断加强,装备矿山安全监控系统,可以有效遏制重大安全事故的发生。但是,由于缺少对井下人员位置信息的监控,目前还普遍存在入井人员管理困难,井上人员难以及时准确掌握井下人员的分布和作业情况,一旦发生事故,抢险救灾、安全救护的效率低,特别是事故发生后对矿井人员的抢救缺乏可靠的位置信息,严重地制约了抢险救灾的效率,因此会失去最宝贵的抢救时机。安全生产的核心是人的安全,因此,利用相应的矿井人员跟踪定位设备,全天候对矿井下人员进行实时自动跟踪和考勤,随时掌握每个员工在井下的位置、活动轨迹及全矿井下人员的位置分布情况等需求十分迫切。

人员定位系统属于矿山安全定位技术,能够在线监测井下人员的分布情况,并可以与矿山监控系统兼容。矿山井下定位系统属于矿山人员管理系统的一部分,集成了计算机网络技术、窄带无线扩频通信技术、地理信息技术、嵌入式微处理器技术、传感器技术和人脸识别技术等,可实现对矿井中作业人员的定位监测。矿山井下定位系统通过对坑道远距离移动目标进行非接触式信息采集处理,可实现对人、车、物在不同状态(移动、静止)下的自动识别,从而实现目标的自动化监测管理。

每个井下工作人员的具体位置、移动的路线、安全状态都可以通过井上局域网络的计算机或者大屏幕直观地显示出来。所有数据被长期保存在数据库中,并可以对每个人员在井下移动路径进行回放显示,同时具有实时考勤、寻呼、遇险求救报警等功能。通过井上局域网络与互联网的连接,管理人员可以在任何一个能够登录互联网的计算机上看到这些信息。便携式甲烷巡检仪集定位、寻呼、求救报警、瓦斯检测、人员搜救功能于一体,可以为矿山遇险人员的营救提供客观的区域定位数据资料。入井口采用人脸识别技术实现入井人员的唯一性身份鉴别,避免一人多卡、替人下井的现象。

6.3.2 井下人员定位系统的定位技术与功能

矿用人员定位系统利用无线射频技术、数据处理技术、数据通信技术和地理信息系统,结合无线网络的传输定位技术及煤矿井下通信基站技术,实现了井下人员的精确定位和其他各业务的需要(手机通信、瓦斯等实际数据传输、无线视频监控),可提供丰富的数据、图形信息,能从地面实时监测井下人员、设备当前位置、行走路径,统计井下人员数量和分布情况,按照煤矿的实际情况提供考勤功能。在事故发生前,安全生产监控中心,可以随时掌握井下不同位置的各种安全生产要素,并采取积极有效的预防措施;事故发生后,可快速检索事故发生时,甚至事故发生后相当一段时间内,井下工作人员的具体分布位置,从而制定出及时有效的抢救措施,并实施有效的现场抢救指挥。

1.井下人员定位系统的定位技术

目前,井下人员定位系统的主要技术包括 RFID 技术、ZigBee 技术、Wi-Fi 技术、UWB 技术。

(1)RFID 技术

RFID 技术是一种非接触式的自动识别技术,通过射频方式实现双向通信,并自动识别各类物体,进行数据交换和采集。使用 RFID 技术的井下人员定位系统一般由读卡分站、人员标识卡(有源或无源)组成,读卡分站通过天线发送一定频率的射频信号,当人员标识卡进入发射天线射频信号的工作区域时产生感应电流而被激活,并将识别信息通过卡内置天线发送到分站,从而实现了人员位置信息的采集。

RFID 技术具有读取数据方便快捷、实时性好、使用寿命长、安全性好、信号的穿透能力强等特点,是目前大部分井下人员定位系统所采用的技术。采用 RFID 技术的系统包括 KJ251、KJ69J、KJ237、KJ128A、KJ133、KJ139、KJ280、KJ278 等。

(2)ZigBee 技术

ZigBee 技术是一种近距离、低复杂度、低功耗、低速率的双向无线网络通信技术。它是一种适用于固定、便携或移动设备使用的低复杂度、低成本、低功耗、低速率的无线连接技术。ZigBee 技术的特点主要体现在以下几个方面:采用直序扩频通信方式,抗干扰能力强、传输速率高,在 2.4 GHz 时传输速度为 250 kb/s,功耗极低,传输距离较远(最远可达 300 m),具有自动路由功能,网络容量大,最多可达 65 536 个网络设备,网络构成灵活,能组成星型、簇型及网状型网络,协议简单,占用资源小,成本很低。采用 ZigBee 技术的设备互相可以通信。系统通过直序扩频的通信方式,解决了现有 RFID 面临的环境干扰问题,以及工作可靠性和稳定性问题,并通过直序扩频的信噪比增益,大大地降低了系统的功耗,达到提高电池使用寿命的目的。采用 ZigBee 技术的系统包括 KJ236、KJ272、KJ571、KJ399 等。

(3)Wi-Fi 技术

Wi-Fi(wireless fidelity)是一种无线局域网技术,又称 802.11 标准,是 IEEE 定义的一个无线网络通信的工业标准,具有覆盖范围广、可靠性高、传输速度快、有效距离长等特点。采用该技术的系统相对较少,如 KJ361 等。

(4)UWB 技术

UWB(ultra wide band)是一种无载波通信技术,利用纳秒至微秒级的非正弦波窄脉冲传输数据。在较宽的频谱上,UWB 能在 10 m 左右的范围内实现数百兆的数据传输速率。UWB 可在非常宽的带宽上传输信号,可占用 500 MHz 以上的带宽。由于 UWB 可以利用低功耗实现高速数据传输,因此在近年来得到了迅速发展。UWB 具有较强的抗干扰能力、极宽的带宽、低功耗、高传输速率、发送功率小等优点,主要应用于室内通信、高速无线网络、家庭网络、安全检测、位置测定、雷达等领域。

综合来看,上述技术应用到井下人员定位系统中时各有优势,如 UWB 技术的定位精度最高,可以实现精确定位;ZigBee 技术的系统成本最低;Wi-Fi 技术的有效距离最远等。井下人员定位系统的定位技术如表 6-1 所示。

表 6-1　井下人员定位系统的定位技术

技术	RFID	ZigBee	Wi-Fi	UWB
系统成本	较低	最低	较高	最高
电池寿命	几年	几年	几天	几小时
有效距离	100 m	10~75 m	100 m	30 m
定位方式	区域定位	区域定位	区域定位	精确定位
定位精度	10~30 m	10~75 m	10 m 左右	15~30 cm
工作频段	低频 125 kHz;高频 13.54 MHz;超高频 850 MHz~910 MHz;微波 2.45 GHz	868 MHz、915 MHz、2.4 GHz	2.4 GHz	3.1~10.6 GHz

2. 井下人员定位系统的功能要求

井下人员定位系统要具备对携卡人员出/入井时刻、重点区域出/入时刻、工作时间、井下和重点区域人员数量、井下人员活动路线等信息进行监测、显示、打印、储存、查询、报警、管理等功能,需满足《煤矿井下作业人员管理系统使用与管理规范》(AQ 1048—2007)、《煤矿井下作业人员管理系统通用技术条件》(AQ 6210—2007)、《金属非金属地下矿山人员定位系统建设规范》(AQ 2032—2011)、《金属非金属地下矿山人员定位系统通用技术要求》(AQ/T 2051—2016)的有关要求等。井下人员定位系统还应具备以下功能。

(1)具备抗干扰功能。井下巷道地形条件复杂,无线信号在传输过程中容易产生多径干扰问题,会对人员定位的精度造成影响。系统采用了 DSS 直序扩频技术,在发射、接收信号过程中引入随机扩频码,从而有效避免了其他信号的干扰。

(2)实现了卡唯一性检测功能。通过使用卡唯一性检测功能,可防止一人带多张卡下井的现象。实现该功能的手段包括:采用无源和有源双频卡,高频模块实现人员定位,低频模块实现入井考勤;在井口进行考勤,设置虹膜或指纹识别装置等。

(3)具备双向无线寻呼、紧急呼救功能。人员定位标识卡上装有高亮度报警灯、蜂鸣器、震动器,当其接收到分站发出的呼叫信号后,标识卡采用声、光、震动方式提示相关人员。在需要紧急撤离,或寻找失踪人员时,人员无线寻呼系统将发挥重要作用。系统可以向目标发出呼叫信息,呼叫信息有3种类型:一般呼叫、紧急呼叫和紧急撤离(可由矿方自定义),可以呼叫单独一个人,也可以成组呼叫,可以呼叫某个区域的人员,也可以多个区域或全矿区呼叫。呼叫信息由计算机控制,通过指定的分站发出;信息可以立即传达到每一个人,实现实时信息传递。紧急情况下,井下人员还可以通过标识卡向系统发出呼救信号,从而得到其他人员的及时救助。

(4)具备禁区报警、分站考勤、超时报警等功能。对于指定的禁区(如采空区),如果有人员进入,可实时声音报警,并显示进入禁区的人员。

(5)支持CAD矿图直接导入、轨迹回放等功能。

(6)具有电池电量情况查询、监测等功能。

6.3.3 井下人员定位系统的应用

1. 系统组成

井下人员定位系统必须满足《煤矿井下作业人员管理系统使用与管理规范》(AQ 1048—2007)、《煤矿井下作业人员管理系统通用技术条件》(AQ 6210—2007)的有关要求等,应具备位置监测、管理、存储、报警、显示、打印、查询等功能。井下人员定位系统的工作原理如图6-6所示。

人员定位基站的主要功能是统计矿井人员的具体位置,并根据矿井人员的信号定位进行跟踪。作为中间媒介,传输设备的主要功能是将人员定位信号反馈给地面系统。目前,常用的传输设备主要包括通信线和定制的调节器。地面计算机主要用于实时监测和记录入井人数、深井人数和出井人数,并根据区域划分显示每个区域的人数等基本信息。同时,它还可以实时跟踪人员,确定入井人员的具体位置。将人员定位系统和信息安全防护系统结合起来,可以快速、准确地查找入井人员的具体位置,保证发生危险时可以准确地找到入井人员,及时采取相应的救援措施。

井下人员定位系统主要由地面监控子系统、井下无线传感网络定位系统和光纤以太网有线传输系统三部分组成,如图6-7所示。

无线传感网络定位子系统主要由ZigBee传感器节点构成。移动定位节点(井下工作人员的终端设备)在无线传感定位网络中被配置为End Device节点;参考定位节点(井下固定位置的定位基站或参考点设备)在无线传感定位网络中被配置为Route节点;协调器中心节点(井下监控中心的服务器或数据处理设备)在无线网络传感定位网络中被配置为Coordinator节点。三种节点以Mesh网络拓扑结构组成无线传感网络,在系统中起到信息采集、传输和定位的功能。

光纤以太网有线传输系统在整个系统中充当网络桥梁的作用:它一方面将无线传感器网络采集的信息、语音和视频传送到地面监控系统;另一方面,它将地面监控系统发出的控制命令信息传输到井下无线传感器网络、语音系统和视频系统中。

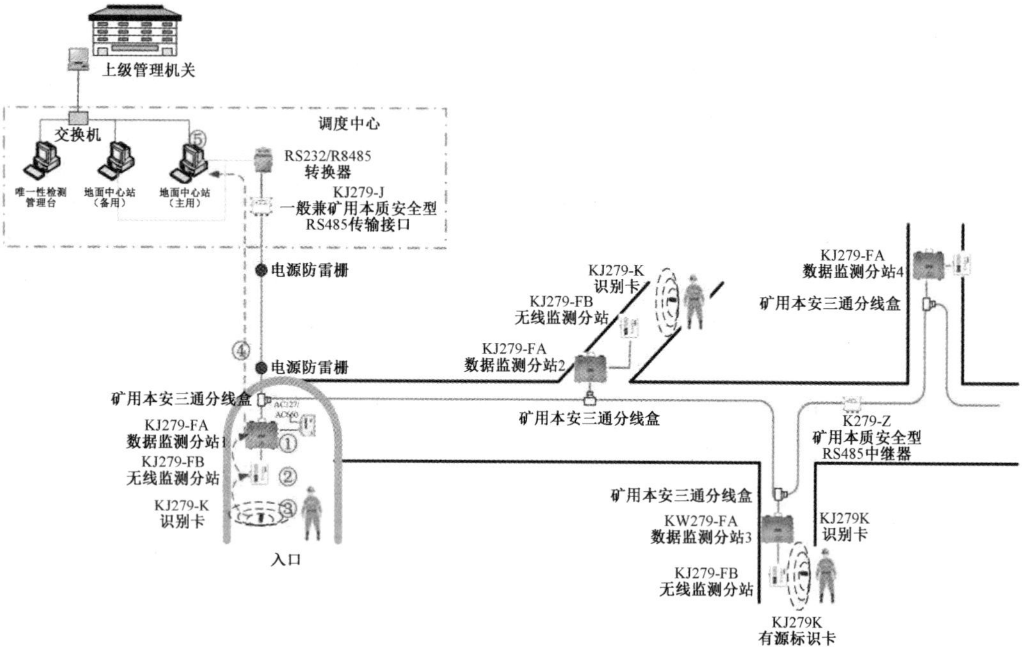

图 6-6　井下人员定位系统的工作原理

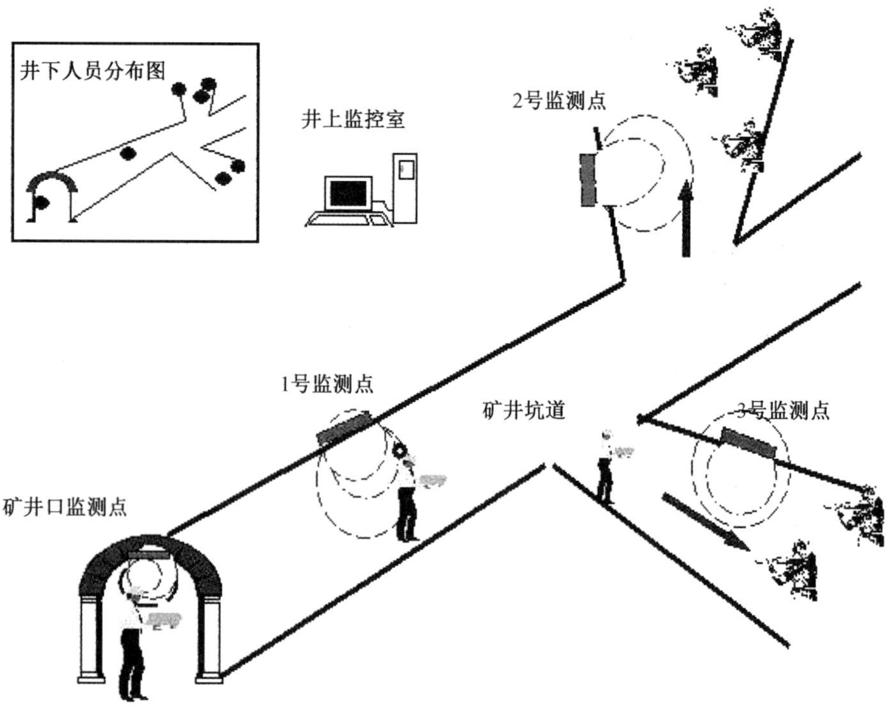

图 6-7　井下人员定位系统的定位

地面监控系统主要由地面监控主机、数据采集、数据库服务器及其他终端设备组成，主要负责对传输上来的信息进行存储、处理和显示等。数据库存放于服务器中，其他管理部门和人员可以通过互联网在平板电脑、手机等远程终端查询监控。打印机和大屏幕等终端设备可以完成相关信息的输出。

井下人员定位系统包括中心站计算机、中心站软件、通信装置、人员定位分站、目标识别器和人员识别标签。

(1)中心站计算机：负责整个系统设备及人员检测数据的管理、分站实时数据通信、统计存储、屏幕显示、查询打印、画面编辑及网络通信等。

(2)中心站软件：支持人员信息编码采集、识别、加工、显示、存储、查询和报表打印等功能。

(3)通信接口装置：支持各种通信模式，包括光纤、电缆构成的以太网、工业总线等。

(4)人员定位分站：通过与各动态目标识别器的有线通信，实时获取人员编码数据(可本地显示)。

(5)目标识别器：接收标识卡发出的无线人员编码信号，就地滚动显示所监测到的标识卡卡号，动态存储 24 h 内监测到的所有标识卡卡号，具备“黑匣子”及声光报警功能。

(6)人员识别标签：井下人员佩戴(灯绳式)。

动态目标识别器通过发射天线随时发射加密数据载波信号，当井下人员随身携带人员标识卡进入识别器信号覆盖区域后标识卡立即被激活(未进入信号覆盖区时标识卡处于休眠状态不工作)，经信号冲突检测后，将人员信息发送给识别器，识别器收到标识卡发送来的信息处理后发给读卡分站，由分站传送到通信接口装置发给地面中心站完成矿井人员自动跟踪定位管理。井下人员定位系统的定位如图 6-8 所示。

2. 工作过程

(1)在井下需要进行人员跟踪定位的区域和巷道中，根据具体精度需求和现场实际情况，放置一定数量的协调器定位分站和定位参考节点，根据现场的实际情况放置合适密度的定位参考节点，以保证定位精度、通信距离、通信状况及系统成本达到最佳。在系统正常工作之前，需要预先在定位区域采集数据，确定定位参考节点的位置坐标，并建立信号数据库，建立煤矿井下的 GIS 地图，以便用于实时显示定位信息。

(2)每个下井人员都要佩戴存储有个人具体信息的移动定位卡即移动定位节点，下井后，在 ZigBee 网络覆盖范围内，移动定位节点将自动加入 ZigBee 无线网络。协调器定位分站将接收到的定位信息参数上传到井上监控主机，经过相关定位算法和应用软件的处理后，得出移动定位节点的具体信息(如姓名、工号、工种、位置及相应的时间)，同时还可以把这些相关信息实时动态地显示在电脑或大屏幕上，并及时将这些信息进行存储和备份。

(3)井上管理人员可以随时在下井的人员当中查找特定人员的当前位置，也可以查看任何一位矿工的下井历史记录信息。

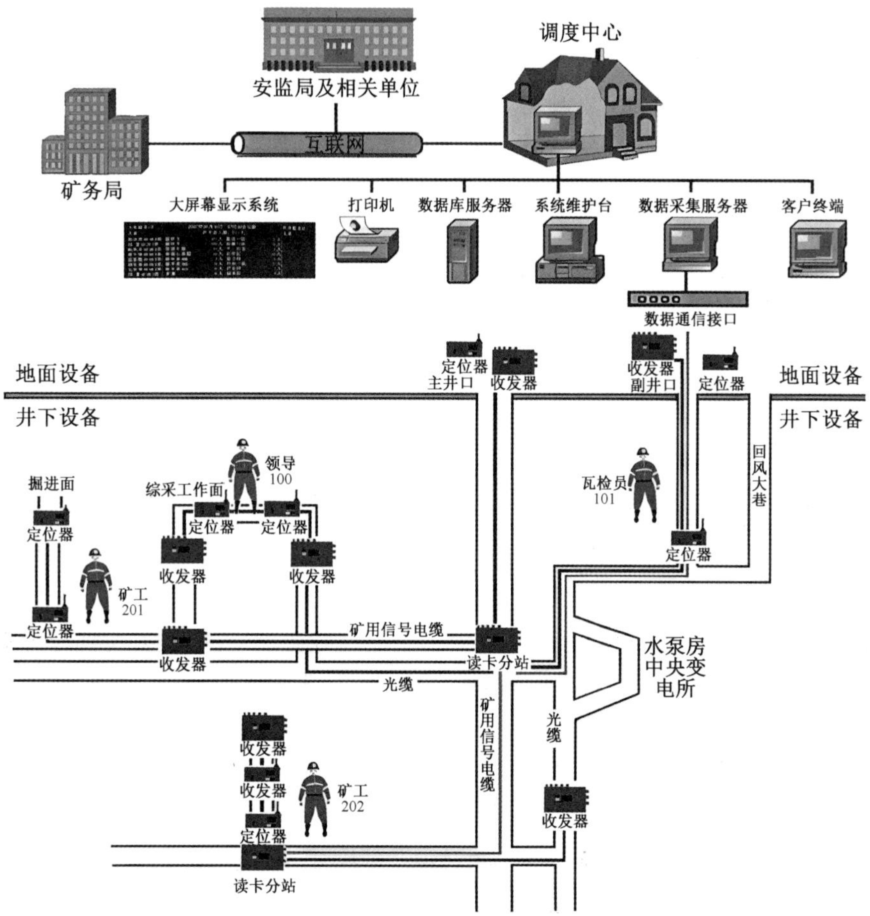

图 6-8 井下人员定位系统示意图

6.4 尾矿库监测技术

尾矿库是指筑坝拦截谷口或围地构成的用以堆存金属、非金属矿山矿石选别后排出的尾矿的场所，它是维持矿山正常生产的必要设施，也是金属、非金属矿山的重大危险源。作为具有高势能的人造泥石流危险源，尾矿库一旦发生溃坝事故，将会给下游人民的生命财产造成巨大损失，给周边环境造成严重污染。

我国作为非煤金属矿山生产大国，尾矿库还存在以下不利因素。

一是筑坝尾矿粒度细。由于筑坝的尾矿粒度细，细尾矿的力学强度低、透水性差、不易固结，造成坝体稳定性较差。

二是上游法筑坝多。我国目前85%的尾矿库采用上游法筑坝，较下游法和中线法筑坝的坝体稳定性差。

三是尾矿库安全设计标准较低。我国作为发展中国家,尾矿库防洪、抗震及坝体稳定等建设标准与发达国家相比相对偏低。

四是受地震威胁大。我国是多地震国家,尾矿库防震抗震是重要问题。

五是失事后果严重。我国人口众多,尾矿库难以避开居民区和重要工业、交通设施,一旦失事,损失巨大。

6.4.1 尾矿库结构组成

尾矿是指选矿厂从金属或非金属或矿石中筛选出精矿后排放出的“废渣”。每年我国产生的尾矿砂大约 3×10^9 t,然而当前我国在尾矿再开发方面尚未形成新产业,仅用于建筑等产业。大量尾矿砂不仅占用大量的山地,又因选矿过程中使用大量化学药剂导致排放大量含有重金属离子等有毒液体,造成污染河道、污染水源地、堵塞公共排水系统等危害。

尾矿库是金属或非金属矿石在经过选矿厂筛选出有用的材料以后,用于堆积剩余废渣的专用场地,通常尾矿库由用于堆存矿渣的尾矿坝、排水构筑物、回水构筑物及输送系统组成。

尾矿库指用于堆放尾矿砂、选砂废水的一种特殊的水利工程,包括尾矿堆积设施、排水设备与管道、运送尾矿砂设施、安全监测设备、其他辅助设施等。根据尾矿库的地形特点及建造方式,尾矿库分为截河型、傍山型、山谷型、平地型。尾矿坝指阻挡尾矿砂及大量排水的防护设施,通常由坚硬石头堆成初期坝、后期砂土堆成子坝。上游式尾矿坝示意图如图6-9所示。

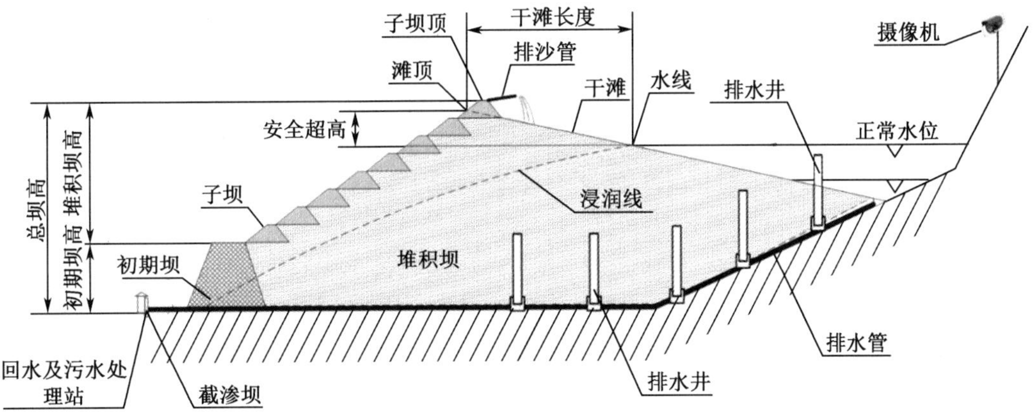

图 6-9 上游式尾矿坝示意图

尾矿库系统的目的是安全地沉淀和贮存尾矿,以恢复库区的生态环境。安全有三层内涵:

①不发生溃坝事故,不危及下游区的生命及财产安全,不影响矿山正常生产;

②不发生水体和大气污染,不危害当地居民的健康;

③安全的时间概述,即从尾矿库的设计及建设开始,经过安全闭库、土地恢复和区域生态平衡,直到证明尾矿库达到了物理稳定、化学稳定和生物地球化学稳定。

尾矿库的组成大致可分为堆存系统、排洪系统和回水系统。堆存系统是堆存尾矿的整体结构，它主要由坝体、放矿设备及前期安置的监测设备等组成，堆存系统的形成也基本预示着尾矿库雏形的完善。排洪系统是通过铺设排水管或排水涵洞将尾矿库中的渗流尾矿液体或山谷降雨及时排泄，避免洪水漫顶或浸润线过高。回水系统的设置是为了节约水资源，将随尾矿排放的水澄清后回收再利用；起到一定的调洪作用，在雨季或连续暴雨前期，及时排泄库内澄清水，待连绵暴雨时可以蓄水调洪。

尾矿库库容量和尾矿坝坝高是尾矿库在设计阶段的两个重要性指标。尾矿库的库容量指的是尾矿库库底面、坝体坡面和库水位标高面所围成的空间体积，用以储存尾矿渣的容积。各年的事故调查表明尾矿库库容量大小影响着尾矿库的安全状态，随着尾矿库库容量的增大，势必会造成其他指标的变化，例如库水位增高、浸润线的上升，影响着坝体的稳定性。而坝高与尾矿砂排放需求密切相关，若坝高过短则不能满足尾矿渣的日常排放，坝高的增加也极大地增加了尾矿库的溃坝风险。因此研究两者可以确保尾矿库在设计阶段的安全系数。尾矿库等级划分标准和构筑物等级如表 6-2、表 6-3。

表 6-2　尾矿库等级划分标准

等级	全库容 V/10 000 m^3	坝高 H/m
一等	$V \geqslant 50\ 000$	$H \geqslant 200$
二等	$10\ 000 \leqslant V < 50\ 000$	$100 \leqslant H < 200$
三等	$1\ 000 \leqslant V < 10\ 000$	$60 \leqslant H < 100$
四等	$100 \leqslant V < 1\ 000$	$30 \leqslant H < 60$
五等	$V < 100$	$H < 30$

表 6-3　构筑物等级

尾矿库等级	构筑物的级别		
	主要构筑物	次要构筑物	临时构筑物
一	1	3	4
二	2	3	4
三	3	5	5
四	4	5	5
五	5	5	5

由于尾矿库是不断堆积加高的，尾矿库的库容和坝高逐渐增大，因此，尾矿库使用后期的等级常较初期或中期要高。尾矿库的等级越高，对其安全程度的要求越高；其建、构筑物的设计安全系数越大，排洪标准也越高。

由于尾矿坝不断增高、库容不断增大，且尾矿含有重金属污染物，因此一旦发生溃坝事故将直接影响下游居民的生命财产安全和库区周边地区的生态环境。《尾矿库安全监督管理规定》根据尾矿库存在的隐患和安全度不同，将其分为危库、险库、病库、正常库四级。

尾矿库监测要求依据《尾矿库在线安全监测系统工程技术规范》（GB 51108—2015），如表 6-4 所示。

表 6-4 尾矿库监测要求表

排矿方式	监测对象	监测项目	筑坝工艺、尾矿库等级及主要构筑物级别			
			尾矿库堆积坝		初期坝、一次筑坝的土石坝	
			一等~三等	四等、五等	一等~三等	四等、五等
			1 级~3 级	4 级、5 级	1 级~3 级	4 级、5 级
湿排	尾矿库坝	巡视检查	应测	应测	应测	应测
		表面位移	应测	应测	应测	应测
		内部位移	应测	可测	应测	宜测
		外坡比	应测	宜测	—	—
湿排	尾矿库坝	浸润线	应测	应测	应测	应测
		渗流压力	可测	—	宜测	可测
		渗流量	宜测	可测	宜测	可测
		渗流水浑浊度	宜测	可测	宜测	可测
		干滩长度及坡度	应测	应测	宜测	可测
		视频	应测	应测	宜测	可测
	库区	巡视检查	应测	应测	应测	应测
		库水位	应测	应测	应测	应测
		降水量	应测	宜测	宜测	宜测
		视频	应测	应测	应测	可测
		库区地质滑坡体表面位移	应测	应测	应测	应测
		库区地质滑坡体内部位移	宜测	宜测	宜测	宜测
	排洪设施	巡视检查	应测	应测	应测	应测
		视频	宜测	可测	宜测	可测
		管、涵排水量	宜测	可测	宜测	可测
		表面位移	宜测	宜测	宜测	宜测
干式堆排	尾矿库坝、尾矿库堆外坡	巡视检查	应测	应测	应测	应测
		表面位移	应测	应测	应测	应测
		内部位移	宜测	可测	宜测	可测
		外坡比	应测	宜测	—	—

表 6-4(续)

排矿方式	监测对象	监测项目	筑坝工艺、尾矿库等级及主要构筑物级别			
			尾矿库堆积坝		初期坝、一次筑坝的土石坝	
			一等~三等	四等、五等	一等~三等	四等、五等
			1 级~3 级	4 级、5 级	1 级~3 级	4 级、5 级
干式堆排		浸润线	宜测	可测	宜测	可测
		视频	宜测	可测	宜测	可测
	尾矿堆场	巡视检查	应测	应测	应测	应测
		降水量	应测	宜测	应测	宜测
		视频	宜测	可测	宜测	可测
干式堆排	排洪设施	巡视检查	应测	应测	应测	应测
		视频	宜测	可测	宜测	可测
		管、涵排水量	宜测	可测	宜测	可测
		表面位移	宜测	宜测	宜测	可测

根据《尾矿库安全监测技术规范》(AQ 2030—2010)规定,尾矿库的安全监测应根据尾矿库等级、筑坝方式、地质、地理等条件设置相应的监测项目和设施。尾矿库安全监测指标包括位移(坝体表面位移、坝体内部位移、岸坡位移等)、浸润线与渗流、库水位、干滩长度、降水量等。尾矿库安全监测指标如表 6-5 所示。

表 6-5 尾矿库安全监测指标

监测内容	尾矿库等级				
	一等	二等	三等	四等	五等
位移监测	○	○	○	○	○
浸润线	○	○	○	○	○
库水位	○	○	○	○	○
干滩长度	○	○	○	○	○
降水量	○	○	○	○	
孔隙水压力	△	△	△	△	
渗透水量	△	△	△	△	
浑浊度	△	△	△	△	
在线监测系统	○	○	○	◎	

说明:○—应设置;◎—宜设置;△—必要时设置。

6.4.2 尾矿库在线监测系统的设计

1. 设计原则

系统的设计应满足一定的原则,尽量做到可靠、经济、合理。监测系统是提供获取结构信息的工具,使决策者可以针对特定目标做出正确的决策。其设计原则如下。

(1)保证系统的有效性。针对尾矿库的结构特点,根据结构状态识别和安全性评估要求确定监测系统的监测项目与传感器测点布置。

(2)保证系统的可靠性。由于尾矿库安全监测系统为野外实时运行,需保证系统的可靠性。

(3)保证系统的先进性。设备的选择、监测系统功能与现在技术成熟监测及测试技术发展水平、结构安全监测的相关理论发展相适应,具有先进性和超前预警性。

(4)可操作和易于维护性。系统应易于管理、易于操作,对操作维护人员的技术水平及能力不应要求过高,方便更新换代。

(5)系统应该具有很好的开放性、兼容性。在满足功能要求的前提下,应充分考虑现代技术的快速发展,以便系统升级。同时能够实现与应急管理部门的系统进行对接,实现信息共享。

(6)系统具有远程固件升级功能。根据系统自检及系统需求可通过远程进行固件升级,且系统具备各种类型的通信协议和接口,可为后期设备升级服务。

(7)以最优成本控制。监测系统的一个原则就是利用最优布控方式做到既节省项目成本、后期维护投入的人力及物力,又能最大限度发挥出实际监测的效果。

总之,系统坚持贯彻"技术可行、实施可能、经济合理"的基本原则,使监测系统做到可用、实用、好用,充分发挥作用,为尾矿库安全管理及安全运营提供数据和技术支持。

2. 系统目标

实现对尾矿库重要运行数据的实时采集、传输、计算、分析,包括库水位、库区降雨量、坝体位移、库岸位移、坝体浸润线,以及干滩视频监控、大坝视频监控等,实时掌握尾矿库整体运行的安全状态。

直观显示各项监测、监控信息数据的历史变化过程及当前状态,为矿区安全生产管理人员提供简单、明了、直观、有效的信息参考。一旦出现紧急异常情况(如库水位超过调洪保障水位、坝体位移或位移速率超过警界值、坝体浸润线异常超高、坝后渗流量异常超高等),系统能及时发出预警信息(包括声音报警、系统动画闪烁警报、监控大屏幕警报提示、相关管理人员和主管领导手机短信/邮件分级发布等)。多级管理平台工作模式,可方便实现尾矿库安全监测信息在库区监测站,矿区监测中心站,矿所在集团公司管理站,矿所在县、市、省安全生产主管部门等多级管理与信息共享。

3. 总体设计

尾矿库在线监测系统由库区监测点传感器系统和监控调度中心两部分组成一个有机的整体,实现系统的整体建设目标。尾矿库示意图如图 6-10 所示。

(1)库区监测点传感器系统总体设计

库区监测点传感器系统总体设计是按照现状进行设计的。按监测项目参数的性质划分,库区监测点传感器系统主要有以下几个部分。

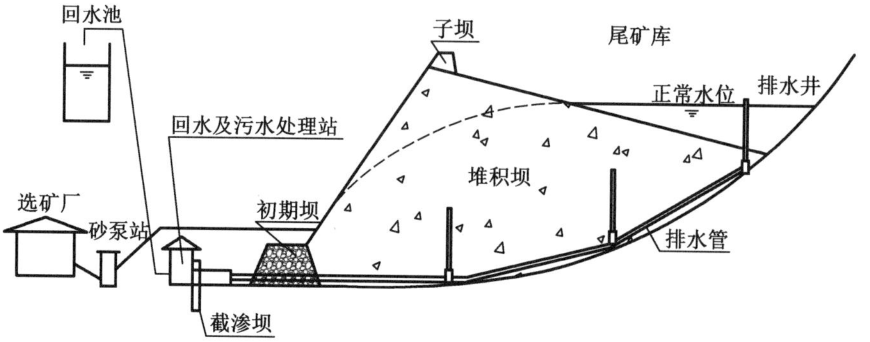

图 6-10　尾矿库示意图

①坝体地表变形位移测量:采用可以实时获取监测点高精度三维坐标的 GNSS 位移在线监测系统。

②坝体内部变形测量传感器:采用固定式测斜仪。

③坝体浸润线测量传感器:采用振弦式渗压计。

④库水位:采用雷达物位计。

⑤雨量监测:采用翻斗式雨量计。

⑥干滩监测:采用超声波物位计。

⑦渗流监测:采用量水堰。

⑧视频监控:高清广角网络摄像机。

(2)监控中心总体设计

监控中心由服务器、交换机、存储器、大屏幕、配电设施、消防设施、避雷等硬件系统和综合监控平台软件系统组成,可实现监测数据自动采集、传输、存储、处理分析,以及综合预警及网络发布。

(3)远程监控端总体设计

矿山企业尾矿库各级安全管理人员及政府各级主管部门,根据授权码登录系统,实现对监控参数的远程查看、检查、督导。

(4)尾矿库在线监测系统拓扑图如图 6-11 所示。

4. 系统实现的主要功能

(1)尾矿库安全监测分析功能。系统可监测尾矿库坝的状态变化,在发现不正常现象时及时分析原因,采取措施,防止事故发生,以保证周围人民生命财产安全;可定期进行观测数据的整编,为以后的设计、施工、管理提供资料;可随时对观测资料进行分析,开展对泥石流状态进行技术鉴定,总结经验,为制定安全措施、评价尾矿库坝状态提供数据;能根据实时采集数据自动绘出滑坡体地下水位变化线并给出相关数据;能对山体沉降和水平位移进行分析,并根据分析结果对形变的发展做出预测;能综合历史数据和实时采集的渗流、水位、形变等数据,按照国家有关标准进行相关过程线分析、位势分析、滞后时间分析、沉降分析、水平断面分析、纵断面分析、等值线分析、安全状态分析等有关山体滑坡的安全分析。

(2)报警与应急处置联动功能。监控系统设有自动预、报警功能,当监测参数有向危险状态演变时,系统将发出预警信息。当监测参数超过预设警戒值时,系统将发出报警信息。信息可同步传输到现场值班室、总调度室及政府安监部门等,从而有效预防事故,为有关部门提供数据支持。

(3)运行保障管理功能。为确保监控系统能长期可靠运行,必须对构成系统的监测设备、通信链路、监控设备、报警设备、配套建筑设施、电力供应、相关的操作人员等各个环节进行随时(定期)检查校验,建立运行档案,发现任何影响系统运行的问题以便及时处置。

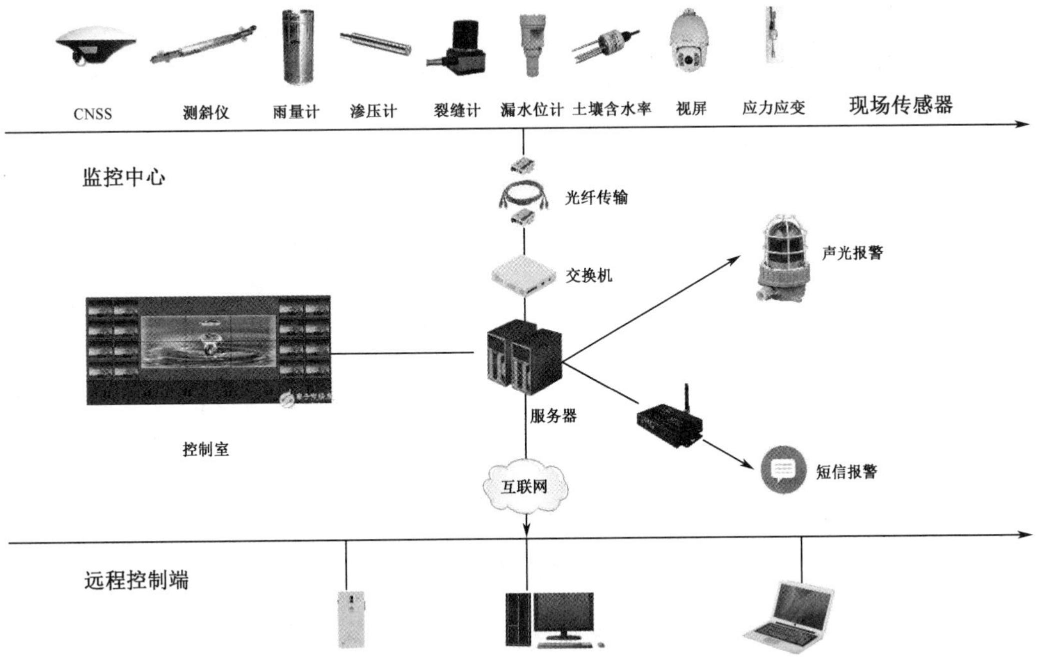

图 6-11 尾矿库在线监测系统拓扑图

6.4.3 尾矿库在线监测的组成

尾矿库在线监测是一项目前正在悄然兴起的监测技术。该项技术是通过网络通信、传感器和视频图像等现代科技手段,自动实时监测与尾矿库安全运行相关的坝体位移、浸润线、干滩长度、安全超高、库区水位等指标数据,及时了解尾矿库的运行状况和安全现状,并提供相关的技术分析。该项技术能使安全监督部门及时了解尾矿库的运行状况和安全现状,提高事故预警和应急响应能力,确保尾矿库运行安全和库区下游人民群众的生命财产安全。

根据监测内容设置及尾矿库的实际情况,依据国家规范"总体设计、分步实施"的原则对尾矿库监测系统布置设计表面位移监测系统、内部位移监测系统、浸润线监测系统、渗流监测系统、降雨量监测系统、库水位监测系统、干滩监测系统、视频监测,以及建设通信系统、电源系统、防雷系统等。尾矿库监测系统拓扑图如图 6-12 所示。

1. 地表位移监测

地表位移监测的主要目的是掌握尾矿坝整体表面位置的变化及其变化速率(包括平面位移和垂直沉降),确定尾矿坝坝体整体位移变形的情况,是确定尾矿库安全性的重要指标之一。监测横剖面宜选在最大坝高断面、有排水管通过、地质变化较大的地段及尾矿库运行有异常反应处。

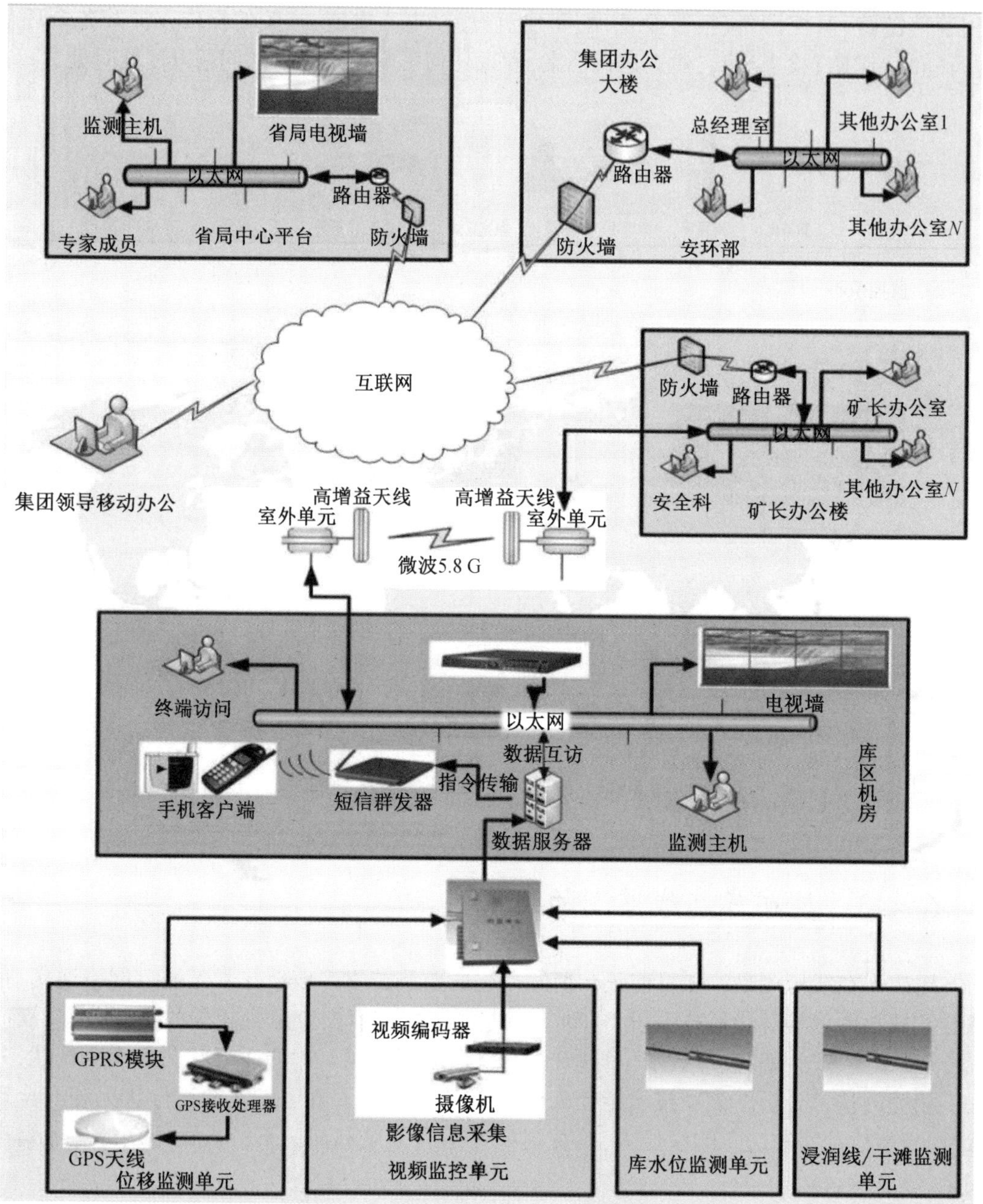

图 6-12　尾矿库监测系统拓扑图

主要监测手段：全球导航卫星系统（GNSS）、水准仪、静力水准仪、全站仪、经纬仪、引张线。比较适合进行坝体表面变形监测的技术手段主要包括 GNSS 监测技术、高精度智能全站仪技术。

智能全站仪技术，也称测量机器人或称测地机器人，可以进行自动搜索、跟踪、辨识和精确找准目标并获取角度、距离、三维坐标及影像等信息。该方式管理维护简便，监测精度高。其缺点是系统布设受地形、气候等条件的影响,不能完全实现通视测量,与传统测量方法相比,前期安装成本相对较高。尾矿库安全监测系统如图 6-13 所示。

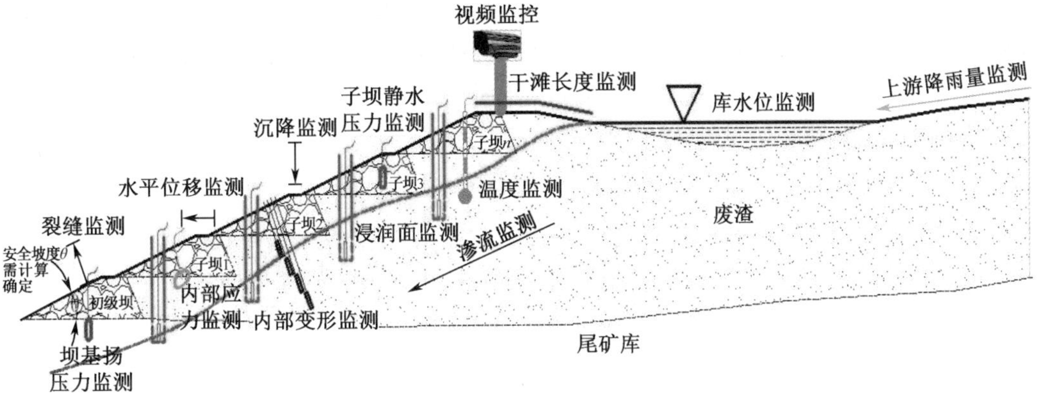

图 6-13 尾矿库安全监测系统示意图

GNSS 监测技术是基于全球卫星定位系统进行坝体的变形监测,该技术具有全天候监测、抗干扰强、精度高等特点。目前,主要选用 GNSS 监测实现尾矿库地表位移监测。

在尾矿库监测的应用中,需在库区周边稳定地带布设 1 处 GNSS 基准站及多个监测站。GNSS 基准站也称为连续运行参考站,是整个尾矿库坝表面位移监测的基准框架。1 个 GNSS 基准站能够覆盖半径 3 km 内的所有监测点。基准站布设在库外坚实土基上。为了保证监测系统稳定可靠,基准站需定时统一和矿区控制监测站点进行联测,以校准参考点是否会发生位移。

表面位移监测设施图如图 6-14 所示。

图 6-14 表面位移监测设施图

2. 尾矿库内部位移自动化监测

监测尾矿库内部位移的目的是掌握尾矿坝坝体内部的位移变化及其变化速率,结合表面综合位移信息可确定尾矿坝坝体整体位移变形情况。常用的监测工具包括多点位移计、固定测斜仪、钢丝水位位移计、引张线、激光准直仪等。目前,国内市场上主要选择固定式测斜仪。

固定式测斜仪适用于长期监测大坝、筑堤、边坡、基础墙等结构的变形,可以用来监测坝体水平位移变化。固定式测斜仪通过钻孔等其他方式,将测斜管埋入地下(测斜管由ABS塑料、铝合金等材料制成,管内有互呈90°夹角的四个导向槽),通过电缆将探头放入测斜管,测量测斜管轴线与铅垂线之间的夹角变化量,从而计算出土层各点的水平位移大小。深层水平位移监测原理如图6-15所示。

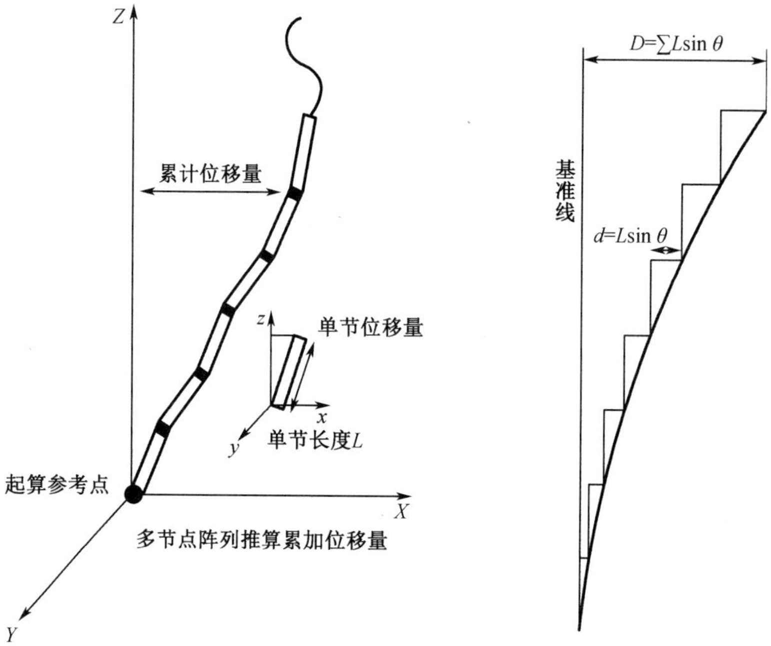

图6-15 深层水平位移监测原理

图6-15中每个测量单元(倾斜管)安装3个加速度传感器,通过测量传感器的加速度值来计算对应轴与重力方向的夹角 θ,通过夹角 θ 来计算对应测量单元的位移量。每个测量单元长度为 L,则第 i 个测量单元在重力方向的坐标系中对应的坐标长度为 $d=L\times\sin\theta_i$,对应的第 i 个测量单元在整体坐标系中的坐标为第1个测量单元到第 i 个测量单元的累加值,即

$$D\sum_{i=1}^{n} L\sin\ \theta i$$

式中 D——三维轴线(X、Y、Z)中单个测量单元相对基准的变形值;

L——单个测量单元的长度;

θ——单个测量单元对应轴与重力方向之间的夹角。

仪器安装于带标准导槽的测斜管中,通过测量滑轮的倾斜长度及角度计算出横向和纵向水平位移。固定式测斜仪安装示意图如图6-16所示。

3. 浸润线监测

浸润线监测的目的是确定各高程、各断面坝体浸润线的高程及其变化量,对比警界值进行安全评价与预警,是监测尾矿库坝稳定性的最重要的参数之一,也是判别尾矿库坝安全与否的重要特征。其监测手段包括测压管配合超声波水位计、磁敏水位计、渗压计、红外测距仪等。目前,主要选用渗压计用于尾矿库浸润线监测。

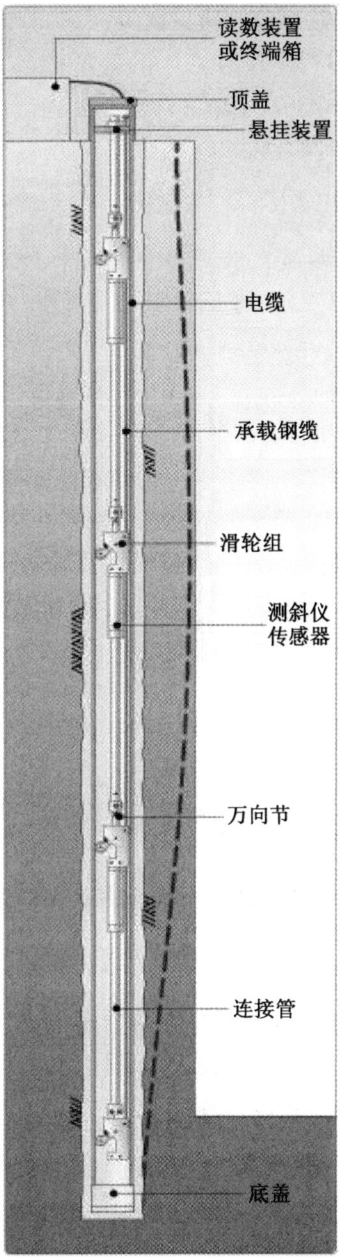

图 6-16 固定式测斜仪安装示意图

市场上主流的渗压计有两种:光纤渗压计和振弦式渗压计。无论是光纤渗压计还是振弦式渗压计都是测量单孔大的水压力信息,再通过公式算出水位,根据整个剖面的水位情况,自动绘制出该剖面浸润线图形。光纤渗压计和振弦式渗压计是目前市场上较成熟的产品，其耐腐蚀性、耐久性、准确性及精度较高，其性能指标均能满足《尾矿库监测技术规范》要求。

光纤渗压计可以在尾矿库坝面不带电作业，但对沉降比较严重的尾矿库不适用，因为光纤渗压计的传输线缆为单模铠装光缆，沉降严重时易造成光缆弯折，导致通信中断。振弦式渗压计因为是带电作业，需做安全的防雷设施。

渗压计安装示意图如图 6-17 所示。

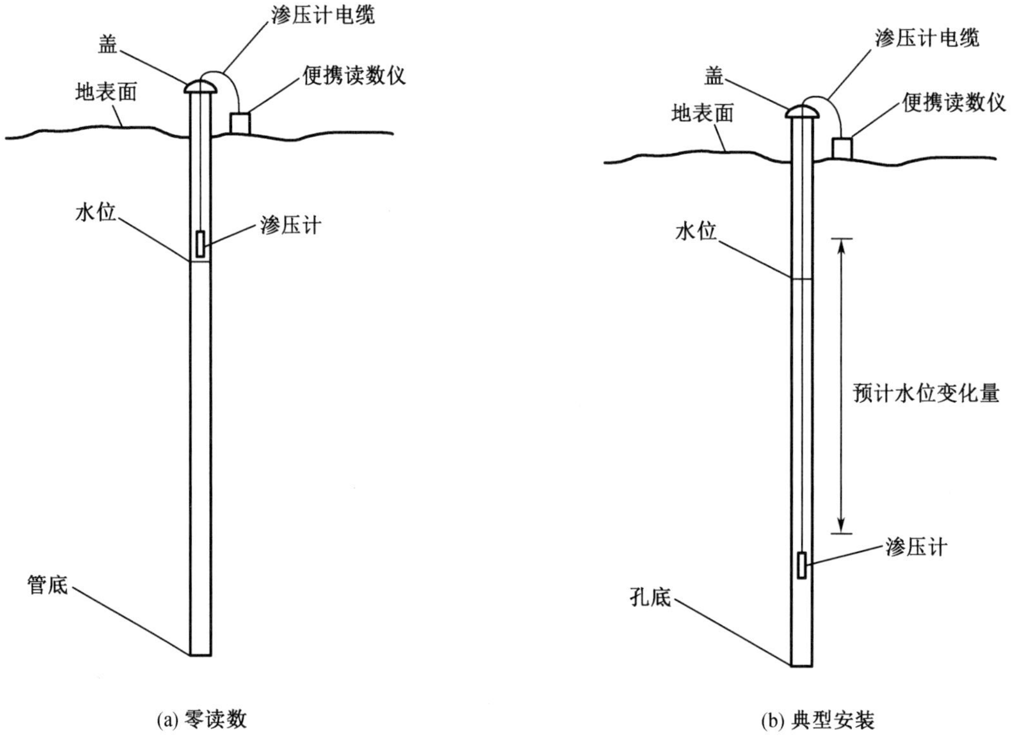

图 6-17　渗压计安装示意图

4. 雨量监测

雨量监测的目的是随时掌握库区降雨量，结合库水位控制最小干滩长度，预留调洪库容。其监测手段主要包括容栅式雨量计、自记雨量计、遥测雨量计、自动测报雨量计等。降水量监测，应根据尾矿库周边地形条件，在空旷处布置 1 个监测点。图 6-18 所示为太阳能雨量计。

5. 库水位监测

库水位监测的目的是随时掌握库水位，结合降雨情况控制最小干滩长度，预留调洪库容。库水位监测点应设置在能代表库内平稳水位的位置，宜布置在库内排洪构筑物上。其主要监测手段包括电子水尺、遥测水位计、超声波水位计、渗压计等。库水位利用超声波液位计测得探头距离水面的距离，从而计算出库区水位高程值。库水位监测系统工作示意图如图 6-19。

6. 干滩监测

在尾矿库中，超出水面的部分称为干滩。干滩长度将直接决定尾矿库的防洪能力，影响整个尾矿库能否安全运营管理。干滩监测包括干滩长度、干滩坡度、干滩高程。干滩长度与库水位降水量关系十分密切,库水位上涨自然导致干滩长度变短,所以干滩长度的监测也成了尾矿坝安全监测最直观的模块。干滩长度指滩顶至尾矿内水边线之间的水平距离。干滩长度直接影响浸润线的高低,干滩长度过短会导致坝体内部处于饱和状态,降低尾矿坝的稳定性,极易造成溃坝事故。正确测量干滩长度可以让矿山企业和安全监测部门在雨季有效地避免尾矿坝溃坝事故的发生。其监测的手段可以采用激光测距、超声波测距、图像识别方法等。

图 6-18　太阳能雨量计

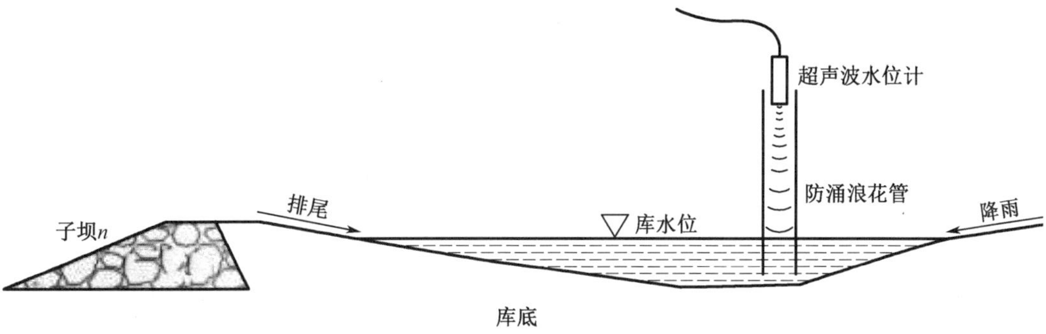

图 6-19　库水位监测系统工作示意图

干滩监测测量原理如下。

(1)在离滩顶 4 m 处设立一个监测点,测量出滩顶高程。

(2)在距离滩顶 20 m 处设立一个物位计,测量该处高程。

(3)两个物位计之间的距离为固定值 y_1,两个物位计之间的高差为 x_1,可通过三角函数计算角度 a。

(4)在积水区设立一个水位监测点,测得高度 x_2。

(5)通过第二点测得的高程减去水位高程 x_2 得出 x_3。

(6)通过角度 a 和高度 x_3 算出 y_2。

(7)干滩高程为 y_1+y_2。

干滩监测原理如图 6-20 所示。

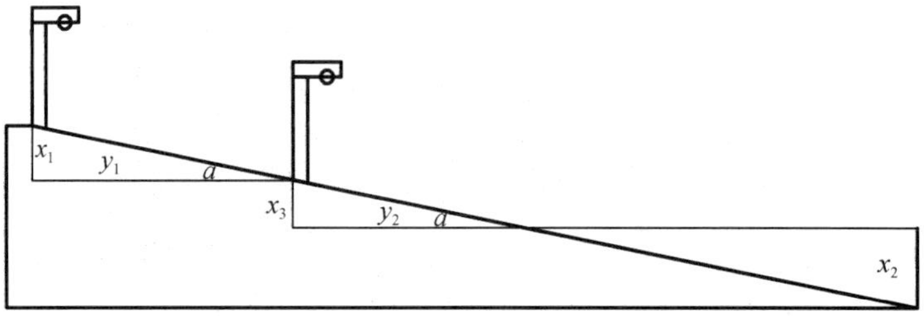

图 6-20　干滩监测原理示意图

计算原理如下所示。

干滩坡比=干滩高度/干滩长度

干滩高度=滩顶高程-水位高程

滩顶高程和水位高程在测量的过程中通过软件可以直接换算成高程,干滩高度可以直接得到,干滩长度由仪器直接测量,干滩坡比由软件计算可以直接得出。

7. 渗流监测

根据《尾矿库安全监测技术规范》中的要求:

(1)当流量小于 1 L/s 时宜采用容积法;

(2)当流量在 1~300 L/s 时宜采用量水堰法;

(3)当流量大于 300 L/s 或受落差限制不能设量水堰时,应将渗漏水引入排水沟中,应采用测流速法。

可利用三角堰量水堰法对尾矿库渗流量进行理论计算,如图 6-21 所示。通过在线监测系统实时监测渗流量值,对两者进行比较,分监测设施布置应根据坝型及坝基地质条件,渗漏水的出流和汇集条件等确定,对排渗异常的部位应专门监测;坝体渗流、绕渗及导渗的渗流量应分区、分段监测;当坝体下游有渗漏水逸出时,应在坝趾下游设导渗沟,应在导渗沟出口处设置监测设施;在导渗沟出口处建设量水堰槽,安装量水堰。

8. 视频监测

视频监测系统作为尾矿库区监测自动化的一部分,利用网络技术和视频技术,可以实现多媒体系统、控制系统和信息系统的集成,方便相关人员远程实时监控尾矿排放的情况,并且只需要少数工作人员操作,就能够观察多个监控区域,并且还能远距离控制视频。视频监测点应布置在尾矿库重点区域、初期坝、堆积坝、尾矿库排放口及排洪系统进口、出口处,如图 6-22 所示。

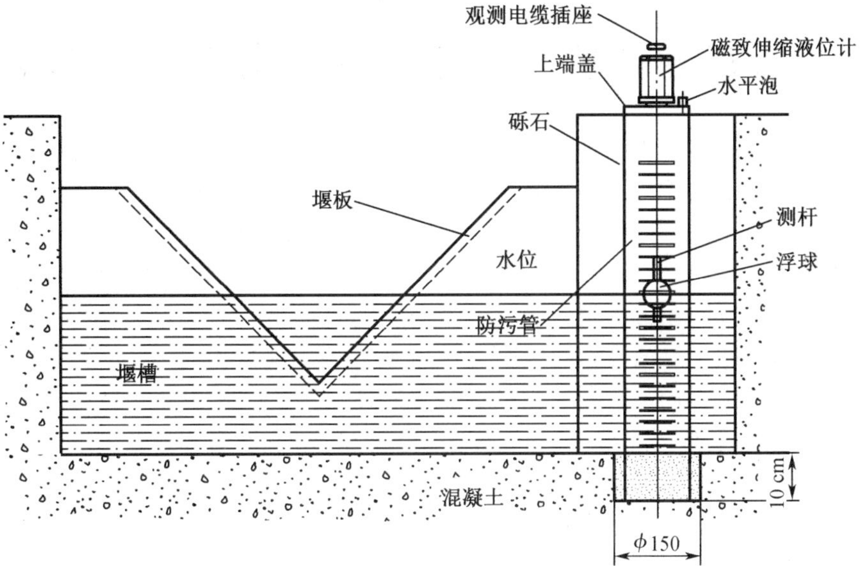

图 6-21　三角堰量水堰法

图 6-22　尾矿库视频监控点示意图

6.5 矿粉尘职业危害监测云服务平台构建

矿粉尘由开采过程中产生的各种微粒组成,受微粒形状、大小、质量,以及矿井内风速、湿度等多方面的影响,一部分矿粉尘会在矿井中形成浮尘,其中直径小于 5 μm 的呼吸性粉尘吸入作业工人的体内后,会在工人的肺里面沉积,并对其身体健康造成很严重的危害。当易燃粉尘浓度较高时极易发生燃烧或爆炸,对矿井及其中的作业工人造成极大的伤害。

随着物联网与粉尘分离技术的快速发展,矿粉尘检测装置为粉尘实时数据采集与监控提供了重要的技术途径。基于物联网的矿粉尘职业危害监测云服务平台通过引入云服务的模式,在先进的传感技术基础上,结合分布式数据库技术、网络传输技术及云服务平台的设计方式,对矿粉尘进行实时在线监测;采用分级分层的监管方式,提高各级部门的监管力度,跟踪采矿从业人员接尘状况,提早预防尘肺病的发生,从而促进尘肺病从以治疗为主的现状向以预防为主转变,降低尘肺病的发病率。

矿粉尘职业危害监测云服务平台根据对矿井粉尘浓度的监测、职业危害档案的管理和预警业务需求进行设计,根据物联网体系结构分为数据采集、数据中心和应用服务三个部分。数据采集包括个体呼吸性粉尘浓度和定点环境粉尘浓度采集、多源异构尘肺病基础信息采集等;数据中心部分包括多方式可靠网络传输、职业危害数据整合、分类数据库、数据交换与共享等;应用系统功能包括在线监测、扁平化监管、尘肺病预警、职业危害档案管理等。该平台的主要业务功能如图 6-23 所示。

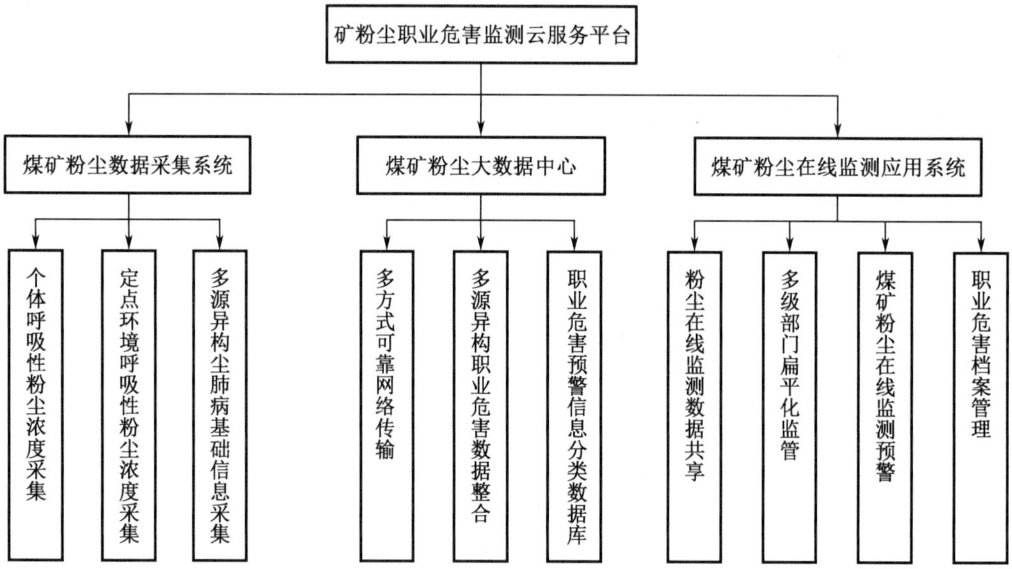

图 6-23　平台业务功能

矿粉尘职业危害监测云服务平台采用标准的物联网三层体系结构,由感知层(数据采集)、网络层(数据传输)、应用层(业务系统平台)组成。该平台针对不同级别的管理账户提供分层次的监控服务，形成检验检测机构跟踪服务、责任单位短信通知预警及个人累积接尘量超限预警的监管模式，实现在线、实时、连续的矿粉尘监测。平台通过对历史数据进行挖掘，并根据危害程度分级标准评估和预测工人患病风险，能有效降低职业病患病概率，提高煤矿作业环境职业危害防护管理水平。矿粉尘职业危害监测云服务平台拓扑结构如图 6-24 所示。

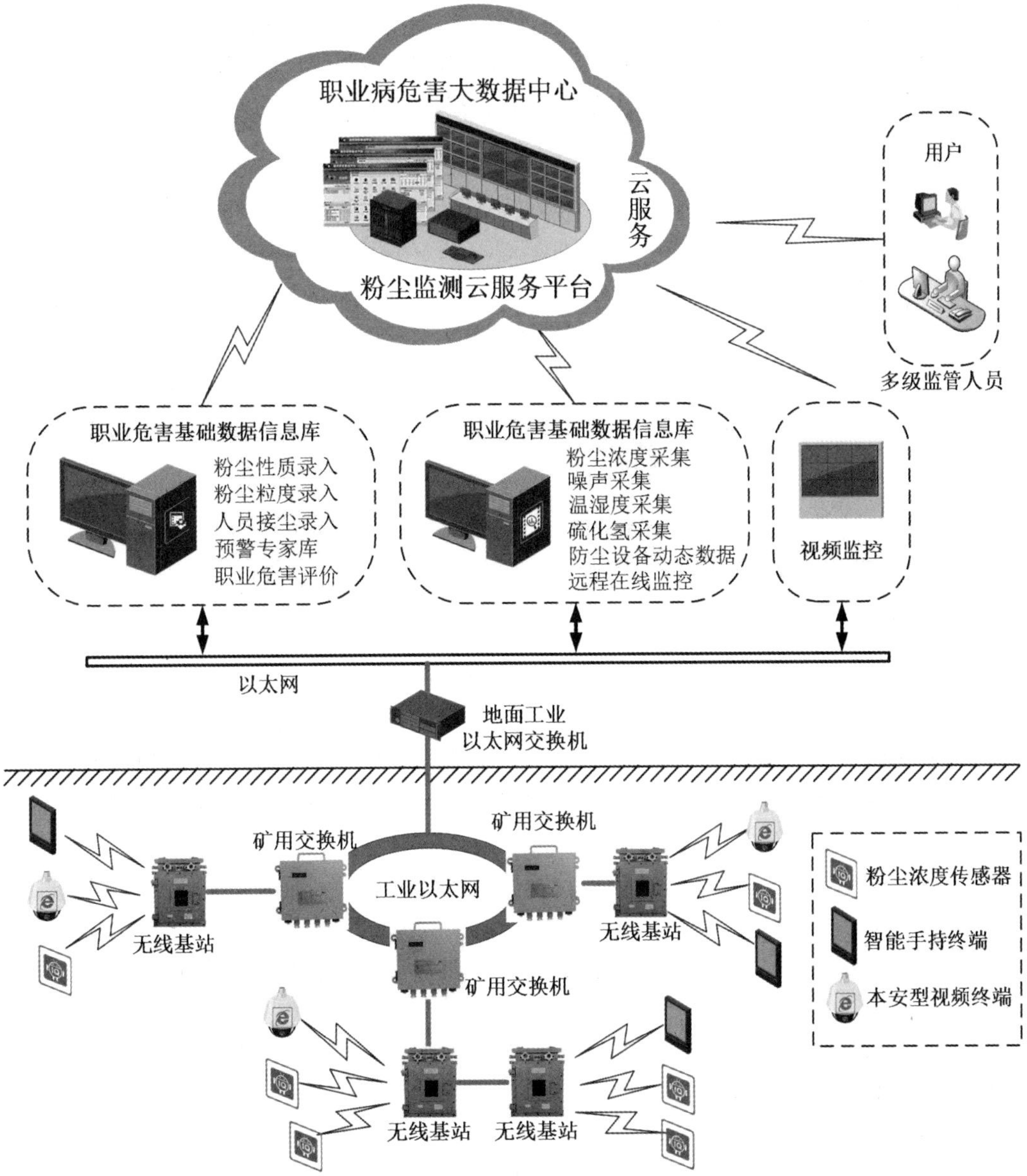

图 6-24 矿粉尘职业危害监测云服务平台拓扑结构

平台通过在煤矿监控点放置矿粉尘传感器，实时采集矿粉尘浓度，经矿井工业网络将信息传输至地面系统，地面系统通过有线网络和无线网络（如北斗导航系统、GPRS 等）将实时采集的煤矿多点粉尘浓度信息传输至矿粉尘大数据中心，构建扁平化的多级矿粉尘监测云服务应用系统。平台采用中断预警的工作方式，当监控点粉尘浓度超限时将立即向地面监控系统报告。通过应用系统，多级政府监管部门、企业、作业工人可实现实时监控煤矿作业粉尘浓度，并为决策提供支撑。当出现粉尘浓度超限预警时，管理人员可通过平台应用系统对超限区域进行除尘操作，保障作业工人的安全生产环境。

1. 数据采集系统

矿粉尘数据采集系统由矿井下粉尘浓度传感器和无线网络节点组成，借助具有灵活性的矿用无线通信系统网络结构方案，扩大矿井下的监测范围，其功能是采集矿井下呼吸性粉尘和总粉尘浓度、作业工人和移动设备等信息，并将采集到的传感数据通过有线和无线传输方式实时传送至上层煤矿粉尘大数据中心。数据采集系统结构如图 6-25 所示。

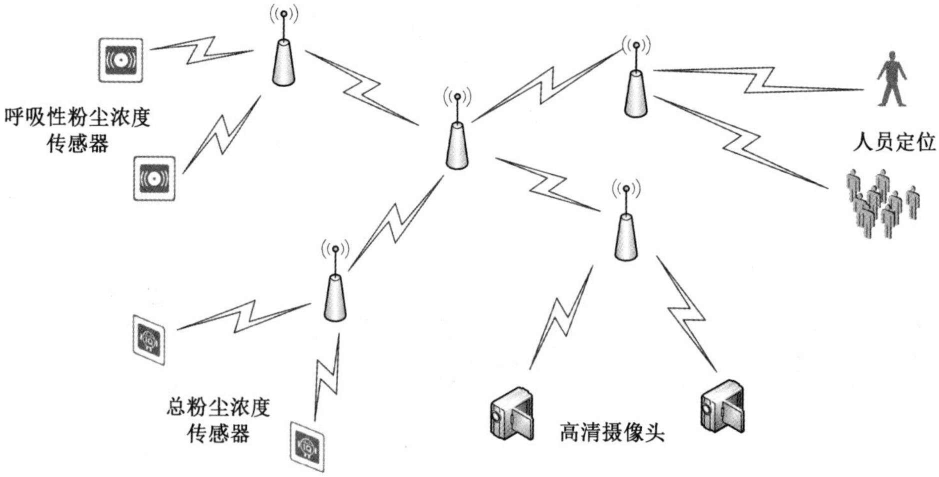

图 6-25 数据采集系统结构

（1）呼吸性粉尘浓度传感器：连续监测矿井下造成尘肺病主要因素的呼吸性粉尘浓度。

（2）总粉尘浓度传感器：对矿井下的总粉尘浓度进行连续监测，用来评价矿井的粉尘危害情况。

（3）高清摄像头：辅助监控矿井扬尘状况，以及煤矿作业环境中电源、水房、消防通道等关键位置。

（4）定位传感器：跟踪作业工人在井下的活动轨迹，匹配作业工人所在区域的粉尘浓度。

（5）粉尘浓度传感器的布置位置：主要分布于采煤工作面、掘进工作面、转载点和主要峒室，可根据工作面大小和巷道长度设置采集点的个数。

2. 数据传输系统

煤矿粉尘大数据中心通过数据传输系统来保证传感器数据的可靠性，但目前矿井下多采用有线连接方式进行通信，线路仅敷设在主要大巷，导致在矿井下存在许多盲区；由于煤矿作业面需要经常进行爆破采掘，再加上井下环境长期处于潮湿、高温、震动等不稳定因素中，仅采用有线方式不足以满足实时在线监测的要求。无线传输网络能够覆盖矿井下所有区域，安装配置灵活且能够进行自我修复，但其作用范围有限，远距离传输难以实现。数据传输系统可结合有线传输和无线传输的优点，进行整个监测平台的网络敷设，实现井下全覆盖,提高传输系统效率。

数据中心采用开放和面向服务架构(service-oriented architecture,SOA)标准,提供优化、快速的数据传输机制,对海量的粉尘数据进行高度并行处理,通过构建统一的粉尘基础数据库,包含企业信息、作业工人职业档案信息、综合监管信息、粉尘浓度历史信息、决策支持信息、空间地理信息等多类数据库,可存储并处理各业务子系统的分类数据。基础数据库的建立参照作业场所职业危害监管信息系统基础数据结构的标准进行设计,粉尘监测基础数据如表 6-6 所示。

表 6-6 粉尘监测基础数据表

名称	数据格式和标准	数据阈值	单位
PM_{10}	环境空气质量标准	≤65	μg/m³
$PM_{2.5}$	环境空气质量标准	≤10 正常	μg/m³
总尘浓度	GBZ/T 192.1—2007	≤4	mg/m³
游离 SiO_2	GBZ 2.1—2007	SiO_2≤10%	%
噪声	GB 12348—2008	≤60+10	dB
风速	JB/T 11258—2011	0~10	m/s
风向	JB/T 11258—2011	0~360	(°)
温度	CGPM 协议	-20~40	℃
湿度	GB/T 11605—2005	20~60	%rh

数据中心架构如图 6-26 所示。

(1)业务数据由动态数据和静态数据组成,其中动态数据包括作业环境粉尘浓度,作业场所工人位置及时间信息,作业场所风速、温湿度等环境参数信息等;静态数据包括煤矿企业基本信息、作业工人基本信息、监测点参数信息等。

(2)系统数据包括系统日志、系统配置项、多级用户权限管理等。

数据服务包括查询和展示功能,通过用户的各项指令操作反馈给用户。

数据管理包括基础数据的安全维护、备份恢复等,采用隐私保护策略及算法保证云平台数据的安全。

数据采集及处理部分采用软件滤波的方法对数据进行抗干扰处理,减小与真实值的误差;数据压缩与数据融合算法的加入,能够在井下环境复杂、节点资源受限的情况下,降低节点能耗与通信流量,同时减少信息的冗余度,提高采集信息的可靠性与高效性。

3. 应用服务

(1)数据共享服务。矿粉尘在线监测数据共享子系统是一个开放式的数据应用开发平台,采用互联网租户方式,实现对多种数据源的数据进行统一载入、分类、处理及存储。数据共享子系统基于实时采集的矿区粉尘数据,主要对各接口信令数据进行聚集处理,面向企业、检验检测机构各接口信令及相关数据的聚集,形成数据集市,实现数据共享,提供职业危害监测数据共享服务,同时实现统一的应用门户,帮助企业和检验检测机构实时、方便、快捷地监控职业危害信息。

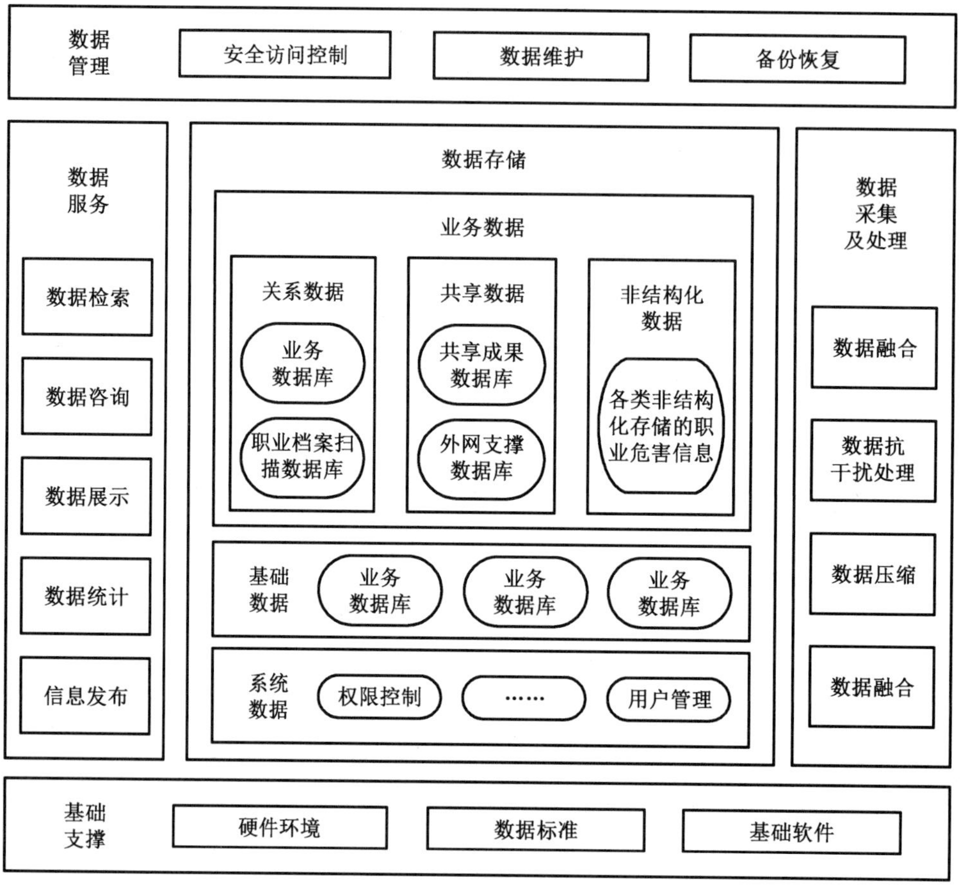

图 6-26　数据中心架构

(2)面向多级行业监管部门。平台提供业务功能多级部署,实现扁平化管理。通过统一门户,形成职业危害预测预警产业链多方(国家监管部门、地方监管部门、企业和作业工人)共同监管的管理模式,可实时监管企业职业危害情况,其拓扑结构如图 6-27 所示。粉尘监测应用系统采用扁平化监管模式,打破了传统根据行政区域划分的管理方式,将全国范围的矿区粉尘监测进行集中管理,并向各级行政单位及企业提供其负责区域内的相关应用服务。

(3)矿粉尘在线监测预警。在线监测预警子系统通过对矿区粉尘数据的实时处理,并进行可视化展现,为各级监管部门提供决策支撑。该系统包含监测点的运行概况,监测点粉尘概况,实时的浓度超限报警及设备报警展示,监测点动态实时粉尘浓度,监测点粉尘浓度实时排行,监测点粉尘浓度趋势图,以及告警信息的处理状态。通过移动地图可实时展示单个点的详细信息,并且可以打开监控摄像头查看某个监测点的实时视频画面。

(4)矿粉尘职业危害档案管理。面向煤矿作业工人和企业,系统提供个人职业健康档案服务,企业和作业工人均可实时查看历史监控档案,可分析工人累计接尘状况,提前预警作业工人的健康状况。

(5)矿粉尘监测预警云服务模式。通过引入以呼吸性粉尘为主的煤矿职业危害在线监测技术,建立矿粉尘监测的云服务模式,提升矿区粉尘职业危害监测专业化服务水平和监管水平，推进粉尘职业危害监测的市场化运营，培育职业危害监测服务产业。矿粉尘职业危害监测服务模式如图 6-28 所示。粉尘检测采用个体携带采样器、固定式传感器采样等多种方式，连续监测采矿区粉尘浓度；采集的粉尘浓度数据集中上传至构建的矿粉尘监测云服务平台；平台对数据进行处理分析，以系统应用的方式为用户提供服务，运营公司负责整个平台的建设和运营；服务对象包括行业多级监管部门、企业、作业工人和检验检测机构。通过建设云服务平台，将传统的职业危害监测数据服务外包给运营公司，形成职业危害监测监管产业链多方（企业、监管部门、作业工人、运营公司）共赢的商业模式。

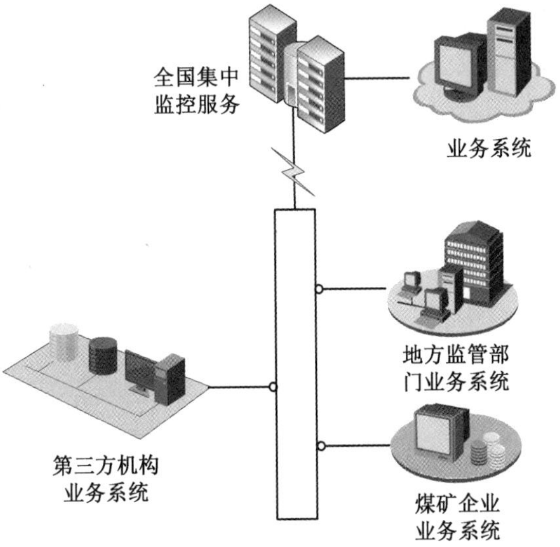

图 6-27　多级部门扁平化监管拓扑结构

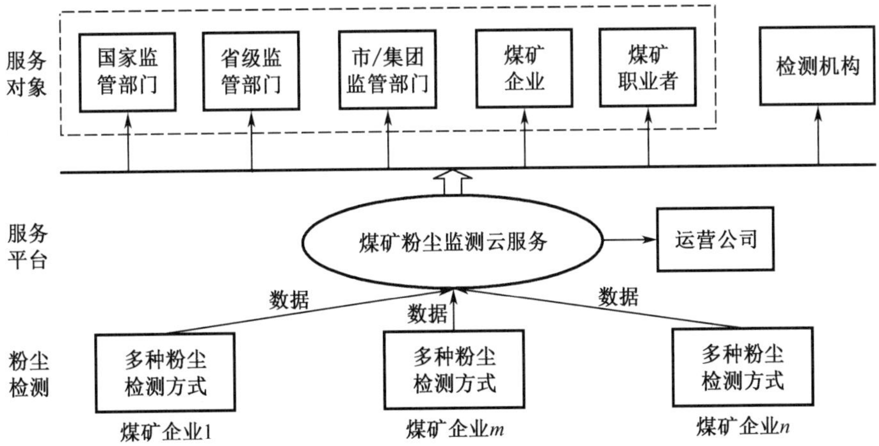

图 6-28　矿粉尘职业危害监测服务模式

4. 矿粉尘职业病预警

矿粉尘职业病预警作为平台的关键服务，其可以分为两个方面：一方面是针对作业工人个体的患病风险提前预测，关键在于通过历史数据掌握作业工人的接尘史，通过累计接尘量的计算估计患病的概率;另一方面则是针对接触职业危害的整个群体进行集体发病率的预测,能够为监管部门和煤矿企业提早预知风险,提前做好预防措施。

思考题

1. 简述矿井监控系统的特点与要求。
2. 简述矿山监测系统中的常用传感器类型。
3. 简述矿山安全监测监控系统的主要功能。
4. 简述井下人员定位系统的定位技术。
5. 简述井下人员定位系统的常用功能。
6. 简述尾矿库的结构组成。
7. 叙述尾矿库安全监测系统监测的内容。

第7章 火灾探测

火灾有着巨大的破坏力,会产生显著的负面影响。火灾的出现一方面会导致巨大的财产损失,在重大的情况下还会危害人的身体与心理,导致严重的伤亡与恐慌等问题。因为火灾存在显著的负面影响,针对火灾所设计的预防、监测及补救措施,得到了多个国家与区域的普遍关注。火灾的预防和管理是安全生产的重要组成部分,火灾监测是安全设施设计的重要组成部分,是减少各行业在生产过程中发生火灾事故的重要途径。

7.1 火灾的产生及其分类

7.1.1 火灾的常见原因

在日常生活和工作中,造成火灾的原因主要有电气、生产作业、用火不慎、吸烟、玩火、自燃、雷击静电、放火及其他原因或不明确原因等。

根据国家消防救援局发布的2022年全国消防救援队伍接处警与火灾情况,2022年全国消防救援队伍共接报处置各类警情209.2万起,共计出动消防救援人员2 247.2万人次、消防车401.3万辆次,营救被困人员16.8万人,疏散遇险人员26.7万人;共接报火灾82.5万起,死亡2 053人、受伤2 122人,直接财产损失71.6亿元,与2021年相比,起数、死亡人数分别上升7.8%和1.2%,受伤人数和财产损失分别下降8.8%和0.9%。2022年警情首破200万起,8月为最繁忙的一个月。夏秋季节任务最重,经济人口大省警情相对较多。农村地区火灾占比较大,各类火灾风险相对突出。农村地区消防基础设施相对薄弱,老龄人口比重高,群众自防自救能力较差,生产经营场所以“小作坊”为主,且多为耐火等级较低的自建民房,火灾风险高。从初步调查的农村火灾原因看,违规生产作业引发的火灾起数比城市高90%,用火不慎引发的火灾比城市高48.1%,吸烟、遗留火种、玩火、燃放烟花爆竹等引发的火灾也比城市高50%以上。

根据2022年的数据,自建住宅火灾形势仍较严峻,电气火灾风险最大。从初步调查的自建住宅火灾起火原因看,因电气故障引发的火灾占总数42.8%,明显高于各类场所。火灾中电气占30.9%和非自建住宅火灾中电气占32.9%的比重,表明电气线路原始设计敷设不规范、私拉乱接电线、超负荷用电等电气类问题是自建住房存在的最大火灾隐患,加之违规用作生产、储存、经营等现象也较普遍,又进一步加大了火灾风险。高层建筑火灾明显上升,违章电焊引发多起大火。厂房火灾总量有所减少,物资仓储场所火灾增幅较大。2022年共接报各类厂房火灾1.8万起、死亡121人、受伤157人、初步统计损失15亿元,与2021年相比,除亡人受河南安阳“11·21”特别重大火灾影响上升4.3%外,起数、伤人数和损失分别下降6.7%、13.3%和15.5%,其中较大火灾5起,比2021年减少50%。同时,由于疫情防控需要,2022 年快递物流行业保供应、保畅通的压力倍增,相关场所物资大量堆积甚至积压滞留,火灾荷载增大。2022 年接报物资仓储场所火灾 5 069 起,比 2021 年上升 15.9%,其中物流快递场所火灾 347 起,比 2021 年上升 34.5%,均高于火灾整体增幅。

小经营场所火灾相对多发,电动自行车火灾继续上升。2022 年共接报各类小经营场所火灾 1.5 万起、死亡 91 人、受伤 104 人,分别比 2021 年上升 15.4%、13.8%和 31.6%,其中,较大火灾 11 起,比 2021 年增加 3 起,上升 37.5%;不少小经营场所存在人员夜间留宿、下店上宅、前店后宅、“三合一多合一”等问题,凌晨 0 时至 8 时发生火灾造成的死亡人员占总数的 57.1%,11 起较大火灾有 6 起发生在该时段。2022 年,全国电动自行车保有量 3 亿多辆且不断增多,火灾风险持续上升,全年共接报电动自行车(电动助力车)火灾 1.8 万起,比 2021 年上升 23.4%,接报居住场所内因蓄电池(电动自行车充电电池居多)故障引发的火灾 3 242 起,比 2021 年上升 17.3%,相关风险应予持续关注。

电动自行车已成为影响群众安全的突出隐患,新能源、新业态等不断衍生火灾新风险。消防救援局有关负责人介绍,全年共接报电动自行车及其电池故障引发的火灾近 1.8 万起、死亡 57 人。由于不少电动自行车火灾未引发周边物品燃烧,当事人多数不报警,此数据可能与实际数据相差较大。目前,电动自行车保有量庞大,群众使用较多,快递外卖群体高频次使用,“人车同屋”、在通道走道充电停放等违规行为仍比较普遍,火灾风险仍将长期影响群众消防安全。

另外,2022 年新能源汽车火灾共发生 3 000 余起,新能源汽车的火灾风险总体高于传统汽车,储能电站、光伏、氢能等新能源产业,直播带货、密室逃脱、室内冰雪场馆,以及洗浴、KTV+剧本杀、电影+足疗等新兴业态发展积累的消防安全风险也逐渐显现。

7.1.2 火灾特征

火灾是一种不可控的燃烧现象。燃烧是可燃物与氧化剂作用发生的放热反应,通常伴有火焰、发光和(或)发烟的现象,所以放热、发光和生成新物质是火灾的三个主要特征,此外火灾还产生电磁波、次声波等。将表征火灾特征的这些参量称为火灾参量,通过测量有无火灾参量,就可以知道是否发生火灾。

1. 热量

火灾的热量是可燃物中的化学能经氧化反应转换过来的,火灾放热是火灾的重要特征。各种可燃物放热的能力各不相同,表征各种可燃物放热能力的指标有摩尔燃烧热、质量热值(单位为 $kJ \cdot kg^{-1}$)、体积热值(单位为 $kJ \cdot m^{-3}$)等。由于摩尔质量很难精确测定,所以摩尔燃烧热用得较少。质量热值是指单位质量可燃物完全燃烧时所放出的热量,可燃物可以是气体、液体和固体;体积热值是指单位体积可燃气体完全燃烧时放出的热量。热值根据可燃物中的水和氢燃烧生成的水是液态还是气态,又有高热值和低热值之分,液态水为高热值,气态水为低热值。热值越高,单位质量可燃物放热越多,火灾发展越快。热量以导热、对流和辐射三种方式向周围传递,使周围没有燃烧的可燃物温度升高,引起燃烧,导致火灾向周围蔓延、扩散,所以燃烧热量既是燃烧产物,又是继续燃烧的条件。三种传热方式在整个火灾过程中同时起作用,但不同的火灾环境、火灾燃烧的不同阶段,各种传热方式的重要性也不一样。

2. 火焰

火焰是一种状态或现象，是可燃物和氧化剂发生化学反应时释放出光和热的现象。发光的气相燃烧区域称为火焰。有火焰的燃烧称为有焰燃烧，如可燃气体燃烧、可燃液体蒸气燃烧、可燃固体挥发燃烧都是有焰燃烧。无火焰的燃烧称为无焰燃烧，如火灾初期的阴燃，固体碳、焦炭和某些金属的燃烧属于无焰燃烧。阴燃可以在较低的加热温度和较低的氧气浓度下进行，氧化反应速度和火灾传播速度慢，产生的烟量、可燃气体和有毒气体量较多，当散热条件较差时，热量积累可以从无焰燃烧转换成有焰燃烧。

3. 烟

烟是指人的肉眼可见的悬浮在大气中的燃烧生成物，其粒径为 0.01~10 μm。燃烧生成物包括燃烧或热解产生的固体或液体微粒，包括不可燃气体（CO_2、SO_2、H_2O 等）、可燃气体、较大的分子团、未燃烧的物质颗粒（如 CO、气态及液态碳氢化合物、炭粒），以及醇类、醛类、酮类、酸类、脂类和其他化学物质与灰烬。烟气是燃烧气体及被这些气体所夹带的颗粒和卷吸混入的大量空气的总称，所以烟气是烟和空气的混合物。雾是指使能见度减小到 1 km 以内的水滴在大气中的悬浮体系。

烟雾泛指由工业排放的固体粉尘凝结所生成的雾状物，或由碳氢化合物和氮氧化物经光化学反应生成的二次污染物，是多种污染物的混合体形成的。烟雾有人为产生的，也有自然产生的，它具有“烟”“雾”的二重性。烟、烟气、烟雾都含有燃烧生成物即烟粒子，不同的是烟气中卷入了空气，烟雾中包含了自然雾，在概念上有区别。火灾过程中会产生大量的热量，甚至高温，燃烧气体和热空气夹带着燃烧生成物的颗粒上升，周围的冷空气过来补充，同时带来氧气，使燃烧维持并蔓延，所以火灾产生的烟通常以烟气方式存在。

4. 燃烧音

燃烧过程中，受热物体内部分子碰撞产生的声压，激发周围空气媒质的低频振动，形成燃烧音。燃烧音的音频频谱主要包括可听域、超声波域和次声波域三个部分。可听域中含有许多日常的杂音，要把这些杂音和燃烧音区分开是非常困难的。在超声波域中，人耳虽然不能听到这个频带内的声音，所含日常噪声也较少，但通过统计物体燃烧结果表明，由于燃烧物质的不同，有的含高频成分多，有的含高频成分少，有的甚至不含，因此，利用超声波监测不适合所有的燃烧现象。次声波域的特征和超声波域类似，不能被人耳听到，并且含日常噪声较少，物体燃烧时之所以存在这种成分，是因为空气膨胀和燃烧热量引起室内空气压力的缓慢变动，这个频率仅几赫兹。可以确定，无论哪种性质的燃烧，周围温度、湿度如何，都会存在次声波，只是次声波的频率不同而已，因此可以根据燃烧时产生的次声波来判断是否发生火灾。

7.1.3 火灾产生的条件

火灾是一种在时间和空间上失去人为控制的燃烧现象，是可燃物与氧化剂发生相互作用的一种氧化还原反应，所以产生火灾的必要条件包括可燃物、氧化剂和着火源以及它们之间的相互作用。通常将可燃物、助燃物和着火源称为燃烧三要素，但只有三要素没有相互作用是不会产生火灾的。

1. 可燃物

凡是能与氧气或其他氧化剂相互作用产生燃烧的物质都称为可燃物。但是有一些高分子聚合物,如聚氯乙烯、酚醛塑料等,在强烈火焰中能够燃烧,离开火焰后又不能继续燃烧,此类物质称为难燃物。可燃物可以是单质,如碳(C)、氢(H)等,也可以是化合物或混合物,如乙醇、甲烷、木材等。可燃物按其组成可分为有机可燃物和无机可燃物。可燃物按其存在形态可分为固体可燃物、液体可燃物和气体可燃物。不同形态的同一种物质燃烧性能是不同的,一般来说气态最容易燃烧,其次是液态,最后是固态。

2. 助燃物

凡是能和可燃物发生反应并能帮助或支持燃烧的物质称为助燃物。空气中的氧气(体积百分数约为 21%)就是一种常见的助燃物,所以一般可燃物在空气中均能燃烧。空气供应不足就会产生不完全燃烧,隔绝空气会使燃烧停止。其他常见的助燃物有卤族元素,如氟、氯、溴、碘等。此外还有一些化合物,如硝酸盐、氯酸盐、重铬酸盐、高锰酸钾及过氧化物等,它们的分子中含氧较多,当受到光、热或摩擦、撞击等作用时,都能发生分解放出氧气,使可燃物氧化燃烧,因此也属于助燃物。

3. 着火源

凡是能引起可燃物质燃烧的热源,都称为着火源。它可以是明火强制着火,也可以是可燃物本身自燃或受热自燃。强制着火就是常温下,可燃物与着火源直接接触产生的燃烧,并且在着火源移去后仍能保持继续燃烧的现象。常见的着火源如下。

(1)明火。如火柴火、蜡烛火、打火机火、烟头火、炉火、焚烧等。

(2)电火。电器线路或设备由于漏电、短路、过负荷、接触电阻过大或绝缘被击穿所造成的高温、电火花、电弧及雷击等。

(3)高温物质。如烧红的电热丝、灼热铁块、高温设备、管道及正在使用的炉灶、烟囱等。

(4)化学热。物质氧化、分解、聚合反应时发热。

(5)摩擦热。如机械摩擦、压缩、撞击产生的热。

(6)生物能。如生物在新鲜植物中发酵而发热。

(7)光能。如辐射热、阳光聚集而产生的热。

(8)核能。如核裂变产生的热。

此外,还有自然界存在的地热、火山爆发等。

以上各种热能都能引起可燃物质的燃烧。

在实际上,燃烧反应在可燃物质、助燃物质和着火源等方面都存在极限值。燃烧需要达到以下 4 个充分条件。

(1)必须具有一定数量的可燃气体或可燃蒸气浓度。例如,在室温 20 ℃ 的同样条件下,用明火瞬间接触汽油和煤油时,汽油就会立即燃烧起来,而煤油却不燃。这是因为汽油的蒸气量已经达到燃烧所必需的浓度,而煤油由于蒸气量不够,没有达到燃烧浓度,虽有足够的空气(氧)和着火源的接触,却不会发生燃烧。

(2)必须有足够数量的氧和氧化剂。大家知道,空气中的含氧量为 21%,当空气中含氧量减少到 18%~14%时,通常可燃物质燃烧十分缓慢,甚至熄灭。例如,点燃的蜡烛用玻璃罩罩起来,不使用周围空气进入,经过较短时间,蜡烛就会熄灭。通过对玻璃罩内气体的分析,发现这些气体中只含有 16% 的氧气。这说明蜡烛燃烧时,空气中的含氧量不低于 14.4%,乙醇和煤油燃烧时空气中的含氧量不低于 15%才能进行,否则就不能燃烧。

(3)着火源必须具有一定的温度和热量。例如,从烟囱里冒出的火星,温度约有

600 ℃,已超过一般可燃物质的燃点。如果这些火星落在易燃的柴草或刨花上,就能引起燃烧,这说明这种火星有引燃这些物质的温度和热量。如果这些火星落在大块木材上,就不能引起燃烧。这是因为火星温度虽然很高,但缺乏足够的热量,因此不能引起大块木材的燃烧。

(4)燃烧要素之间必须相互作用。例如,房间内有门窗桌椅等可燃物质,有充满空间的空气,有火源、电源,已经具备了燃烧的3个基本要素,但是并没有发生燃烧现象。这是因为三要素之间没有相互结合、相互作用的缘故。

综上所述,可以知道燃烧是有条件的,必须是3个要素同时存在,缺一不可,并且相互作用,燃烧才能发生。

火灾的发生、发展,除了要具备上面的基本条件外,还有一个量的要求,如在空气中燃烧,空气中氧气浓度不能低于16%;可燃物的数量不够,火灾规模的大小与可燃物的数量有直接关系;着火源的温度达到该可燃物着火点且着火能量要足够等,这些称为火灾产生的充分条件。因此只要破坏燃烧的充要条件,就能达到防火、灭火的目的。从消防的观点来说,一切防火措施都是为了防止和避免三要素的相互作用;一切灭火措施,都是为了破坏三要素的结合,或者抑制连锁反应,使燃烧反应中的游离基消失。

7.1.4 火灾分类

《火灾分类》(GB/T 4968—2008)标准规定:根据可燃物的类型和燃烧特性,将火灾分成6类。

A类火灾:固体物质火灾。这种物质通常具有有机物性质,一般在燃烧时能产生灼热的余烬,如木材、棉、毛、麻、纸张火灾等。

B类火灾:液体或可熔化的固体物质火灾,如汽油、煤油、柴油、原油、甲醇、乙醇、沥青、石蜡火灾等。

C类火灾:气体火灾,如煤气、天然气、甲烷、乙烷、丙烷、氢气火灾等。

D类火灾:金属火灾。

E类火灾:带电火灾,物体带电燃烧的火灾。

F类火灾:烹饪器具内的烹饪物(如动植物油脂)火灾。

这种火灾分类对选用灭火方式,特别是对选用灭火器具有指导作用。

从产生火灾的原因分,有人为火灾和自然火灾。人为火灾是由于人们违反安装或使用规定、违反操作规则、电气设备陈旧、吸烟、用火不慎、玩火、放火等引起的火灾,如电气火灾、建筑火灾、工业火灾、油品火灾等;自然火灾是自然发生的火灾,如地震火灾、雷电火灾及其他原因引起的火灾。据统计,建筑火灾有99%是人为火灾,森林火灾也有90%是人为火灾,因此经常对人员进行火灾安全教育和制定防火安全制度对于防止火灾发生具有十分重要的意义。

7.2 火灾探测技术

火灾的识别是以探测物质燃烧过程中产生的各种物理现象为机理,从而达到早期识别火灾这一目的。火灾的早期发现,是充分利用灭火措施减少火灾损失、保护生命财产的重要保障。火灾报警系统以实现火灾早期探测和报警、向各类消防设备发出控制信号并接收设备反馈信号,进而实现预定消防功能为基本任务的一种自动消防设施。它具有能在火灾初期,将燃烧产生的烟雾、热量、火焰等物理量,通过火灾探测器变成电信号,传输到火灾报警控制器,火灾探测器探测到火灾信号后,能自动切除报警区域内有关的空调器,关闭管道上的防火阀,停止有关换风机,开启有关管道的排烟阀,自动关闭有关部位的电动防火门、防火卷帘,按顺序切断非消防用电源,接通事故照明及疏散标志灯,停运除消防电梯外的全部电梯,并通过控制中心的控制器,立即启动灭火系统,进行自动灭火。

火灾的产生和发展是一个复杂且不稳定的过程,这个过程伴随着一系列复杂的物理变化和化学反应,除了有物质和能量的变化外,同时火灾过程还受众多外界因素的干扰。在火灾过程中会产生一些火灾特征参量,如烟雾、燃烧气体、燃烧音、火焰及周围环境温度变化等,火灾探测技术探测火灾的过程就是通过火灾探测器对燃烧过程中产生的特征参量进行检测,并将检测到的信号传递给控制器,控制器经过分析和判断并做出响应来确定是否有火情存在。

7.2.1 火灾探测器

近年来随着人们对火灾防控的重视程度越来越强,火灾探测技术有了前所未有的发展。火灾探测技术的研究,在火灾防控和最大限度地降低人员伤亡和财产损失等方面起着非常重要的作用。目前,对火灾气体、烟雾、温度和火焰的测量都分别有成熟的产品,如可燃气体探测器、感烟探测器、感温探测器和火焰探测器等。

在火灾自动报警系统中,火灾探测器是火灾自动报警和自动灭火系统最关键的部件之一,能不断地监视和探测被保护区域火灾的早期信号,是整个火灾报警控制系统警惕火灾的“眼睛”。火灾自动报警系统设计的最基本和最关键工作之一就是正确地选择火灾探测器的类型和布置火灾探测器的位置及确定火灾探测器数量等。

火灾探测器是能对火灾参量做出响应,自动产生火灾报警信号的器件。火灾参量有烟气、火焰、温度、燃烧产物、电磁波、声音、气味等,火灾探测器通过敏感元件感知这些火灾参量并转换成电信号,然后对电信号进行处理,将处理结果与设定的规则进行比较后,输出正常、火警或故障信号。火灾报警控制器接收到火灾探测器的信号后,再做出相应的进一步反应。

火灾探测器本质上是感知其装置区域范围内火灾形成过程中的物理和化学现象的部件。原则上讲,火灾探测器既可以是人工的,也可以是自动的。由于人工很难做到 24 h 全天候看守,因此一般讲火灾探测器均是指自动火灾探测器。

火灾探测器的基本功能要求如下:

(1)信号传感要及时,具有相当精度;

(2)传感器本身应能给出信号指示;

(3)通过报警控制器,能分辨火灾发生具体位置或区域;

(4)探测器应具有相当稳定性,应尽可能地防止干扰。

火灾探测器通常由敏感元件、电路、固定部件和外壳 3 部分组成。

(1)火灾探测器按结构造型分类,可分成点型和线型两大类。点型火灾探测器是探测元件集中在一个特定点上,响应该点周围空间的火灾参数的火灾探测器。民用建筑中基本都使用点型探测器。线型火灾探测器是一种响应某一连续线路周围的火灾参数的火灾探测器,线型探测器多用于工业设备及民用建筑中一些特定场合。

(2)火灾探测器根据探测火灾参数的不同,可以划分为感烟、感温、感光及可燃气体和复合式等几大类。

(3)火灾探测器按照安装场所的环境条件分类,主要有陆用型(主要用于陆地,无腐蚀性气体,温度范围为-10~+50 ℃,相对湿度在 85%以下的场合中)、船用型(其特点是耐温和耐湿,也可用于其他高温、高湿的场所)、耐酸型、耐碱型、防爆型等。

(4)火灾探测器按探测到火灾信号后的动作是否延时向火灾报警控制器送出火警信号,可分为延时型和非延时型两种;按输出信号的形式,可分为模拟型和开关型;按安装方式,可分为露出型和埋入型。

火灾探测器根据响应的火灾参量不同和响应使用方法的差别,形成了各种各样的分类,如表 7-1 所示。

表 7-1 火灾探测器分类表

<table>
<tr><th>感知参量</th><th>型式</th><th colspan="2">探测原理</th></tr>
<tr><td rowspan="9">感烟火灾探测器</td><td rowspan="2">点型</td><td>离子感烟探测器</td><td>单源单室感烟探测器、双源双室感烟探测器、双源单室感烟探测器</td></tr>
<tr><td>光电感烟探测器</td><td>减光型感烟探测器、散射型感烟探测器</td></tr>
<tr><td>线型</td><td colspan="2">吸气式感烟火灾探测器</td></tr>
<tr><td rowspan="2">区域</td><td colspan="2">线型光束感烟火灾探测器、光截面感烟火灾探测器</td></tr>
<tr><td>空气采样感烟火灾探测器</td><td>图像型感烟火灾探测器</td></tr>
<tr><td rowspan="3">点型</td><td>定温</td><td>玻璃球膨胀定温探测器、易熔合金定温探测器、金属薄片定温探测器、双金属水银接点定温探测器、热电偶定温探测器、半导体定温探测器</td></tr>
<tr><td>差温</td><td>金属模盒式差温探测器、热敏电阻差温探测器、半导体差温探测器、双金属差温探测器</td></tr>
<tr><td>差定温</td><td>金属模盒式差定温探测器、热敏电阻差定温探测器、双金属差定温探测器、半导体差定温探测器、模盒式差定温探测器、热电偶线性差定温探测器</td></tr>
</table>

表 7-1(续)

感知参量	型式		探测原理
感温火灾探测器	线型	定温	半导体线性定温火灾探测器、缆式线型定温火灾探测器、光纤光栅定温火灾探测器、分布式光纤线型定温火灾探测器、线式多点型感温火灾探测器
		差温	空气管式线型差温火灾探测器、热电偶线型差温火灾探测器
	图像型感温火灾探测器		
感光火灾探测器	点型紫外火焰探测器、红紫外复合火焰探测器		
	点型红外火焰探测器、双红外火焰探测器、三红外火焰探测器		
	图像型火焰探测器		
气体火灾探测器(可燃气体探测器)	半导体气体探测器、接触燃烧式气体探测器、光电式气体探测器、红外气体探测器、光电式气体探测器、红外气体探测器、热线型气体探测器、光纤可燃气体探测器		
复合火灾探测器	光电烟温复合探测器、光电烟温气(CO)复合探测器、双光电烟温复合探测器、焰烟温复合探测器、双光电烟双感温复合探测器、离子烟光电烟感温复合探测器		

需要根据火灾形成与发展的规律、被保护空间的高度和形状、探测器的使用环境条件和火灾探测器的特点选用合适的火灾探测器安装部位。如服装城的火灾通常有阴燃阶段，不能用感温火灾探测器，而要选用感烟火灾探测器；大型停车场由于汽车发动时有大量烟雾喷放，不适合用感烟火灾探测器，要用火焰探测器或者感温火灾探测器；净空高度大于 12 m 的高大物流仓库要用光截面感烟火灾探测器、红外光束线型感烟火灾探测器或者火焰探测器，而不能用点型感烟火灾探测器和感温火灾探测器等。表 7-2 给出了各类探测器的适用场所，供参考。

表 7-2　各类火灾探测器适用场所或情形一览表

序号	场所或情形	感烟		感温		火焰		气体	说明
		点型	线型	点型	线型	能量	图像		
1	饭店、旅馆、教学楼、办公楼的厅堂(净空高度 <12 m)、卧室、办公室等	○							厅堂、办公室、会议室、值班室、娱乐室、接待室等，灵敏度档次为中、低，可延时；卧室、病房、休息厅、衣帽室、展览室等，灵敏度档次为高
2	计算机房、通信房、电影电视放映房等	○							灵敏度档次为高或高、中
3	楼梯、走道、电梯机房等	○							灵敏度档次为高、中

表 7-2(续 1)

序号	场所或情形	感烟		感温		火焰		气体	说明
		点型	线型	点型	线型	能量	图像		
4	书库、档案库等	○							灵敏度档次为高
5	有电气火灾危险	○							
6	气流速度>5 $m \cdot s^{-1}$	○							不用离子感烟
7	相对湿度经常大于 95%			○					不用离子感烟
8	有大量粉尘、水雾滞留	×	×	○					
9	可能发生无烟火灾	×	×	○					
10	正常情况有烟或蒸气滞留	×	×	○					
11	有可能产生蒸气或油雾	×	×	○					
12	厨房、锅炉房、发电机房、烘干车间、茶炉房等			○					
13	吸烟室			○					
14	汽车库			○					
15	其他不宜安装感烟探测器的厅堂或公共场所	×	×	○	○	○	○		
16	可能产生阴燃火或发生火灾且不及早报警将造成重大损失的场所	○	○	×	×				
17	温度≤0 ℃			×	×				
18	正常情况下温度变化较大场所								不用 R 型探测器
19	可能产生腐蚀性								不用离子探测器
20	产生醇类、醍类、酮类等有机物质								不用离子探测器
21	存在高频干扰								不用光电探测器
22	银行、百货商店、仓库	○	○						
23	火灾时有强烈火焰辐射					○	○		
24	易燃材料房间、飞机库、油库、海上石油钻井和开采平台、炼油裂化厂等					○	○		
25	需要对火焰做出快速反应					○	○		
26	液体燃烧火灾等无阴燃阶段的火灾					○	○		

表 7-2(续 2)

序号	场所或情形	感烟		感温		火焰		气体	说明
		点型	线型	点型	线型	能量	图像		
27	博物馆、图书馆、美术馆	○	○			○	○		
28	电站、变压器间、配电室	○	○			○	○		
29	可能发生无焰火灾					×	×		
30	火焰出现前有浓烟扩散					×	×		
31	探测器探头易被污染					×	×		
32	探测器视线易被遮挡(如物体、油雾、水雾和冰)					×	×		
33	探测器易受阳光、白炽灯等光源直接或间接照射,正常情况下有高温黑体								不用单波段红外火焰探测器
34	探测区域可燃物是金属或无机物								不用红外火焰探测器
35	正常情况有阳光、明火作业以及 X 射线、弧光和闪电等								不用紫外火焰探测器
36	大空间(会展中心、大会堂、体育馆、候机厅、候车厅、演播厅、中庭、室内广场、大型厂房、大型库房、大型车库等)		○			○	○		
37	铁路隧道、公路隧道、地铁				○	○	○		
38	电缆隧道、电缆竖井、电缆桥架、夹层、闷顶				○				
39	需要进行火灾早期探测的关键场所,机柜内检测,低温、空气流动等场所								吸气式感烟探测器
40	配电装置、开关设备、变压器				○				
41	远程输油或输气管道,皮带输送装置				○				
42	除液化石油气以外的石油储罐				○				

表 7-2(续 3)

序号	场所或情形	感烟		感温		火焰		气体	说明
		点型	线型	点型	线型	能量	图像		
43	强电磁场、雷电频发区、易燃易爆				○				线型光纤探测
44	需要检测环境温度和被检测物体温度的变化,地下空间,人员不易进入								具有实时温度检测的线型光纤探测
45	生产、使用、散发和存储可燃气体或易产生可燃蒸气,生产过程中产生可燃气体(如调漆、喷漆车间)							○	根据被测气体选用气体探测器
46	火灾初期产生 CO,且其他探测器不适宜检测,烟不易对流,闷顶内								CO 火灾探测器
47	烟草仓库								防磷酸铝腐蚀
48	联动控制、灭火系统控制								复合探测

说明:

①符号:○——适合的探测器,优先选用;×——不适合的探测器,不应选用;空白——无符号,表示谨慎选用。

②离子探测指离子感烟探测器;光电探测指光电感烟探测器;定温探测指定温感温探测器;差温探测指差温感温探测器;火焰指火焰探测器;能量指能量型火焰探测器;图像指图像型火焰探测器。

③线型感温探测器包括缆式线型定温探测器、空气管式感温探测器、光纤光栅感温探测器、分布式拉曼光纤感温探测器和分布式布里渊光纤感温探测器。其中光纤光栅感温探测器是准分布式感温探测器,其本质是点型感温探测器,所以它既可作线型感温探测器,也可作点型感温探测器使用,故在配电装置、开关设备中,作为感温探测有一定优势,但是长距离探测就不如分布式光纤感温探测器了。

④应根据被保护场所的典型应用温度和最高应用温度选择感温探测器。

⑤吸气式感烟探测器的优点十分突出,随之而来的缺点也十分明显,使用时要注意扬长避短。

⑥下列场所可不设火灾探测器:厕所、浴室等;不能有效探测火灾的场所;不便维修、使用(重点部位除外)的场所。

7.2.2 火灾探测与识别技术

感温型、感烟型、感光型、气体型探测器作为当前最成熟的火灾探测技术,已经得到了广泛的应用,但依然存在部分技术缺陷。受限于传感器的安装位置及探测有效距离,其探测范围也受到制约,如高大空间建筑、长通道建筑里的火灾,通常难以及时探测到,为了覆盖整个监测区域,可能需要布置大量传感器,使得安装成本高昂。且由于传感器判断基于单一特征,易受环境光照、气流、温度、湿度、空气漂浮物等干扰,容易出现虚警和漏报等情况,从而产生误报或漏报,稳定性难以保证。此外,火灾产生的温度、烟雾、辐射等参量的传播需要时间,这也造成了响应的延迟,难以实现真正的早期火灾识别与预警。近年来信息融合在众多领域内得到了广泛发展。在火灾探测应用领域,首先对探测器信息进行有效处理,然后再利用数据融合算法对多种探测器的信息进行综合归纳和判断,有助于降低误判率,提高早期火灾识别的灵敏度和可靠性。随着计算机及人工智能的发展,以信号处理、模式识别与知识处理相结合的数据融合技术是火灾识别与联动控制系统的发展趋势。

1. 复合火灾探测技术

燃烧气体、烟雾、温度和火焰等参量在非火灾条件下也存在,由于火灾表现出的特征参量是复杂多变的,且易受外界因素的干扰,因此,只采集其中一个火灾特征参量进行分析是不能准确、及时地探测出各种火情的。单一参量的火灾探测器受环境影响程度大,应用范围小,容易出现误报和漏报而逐渐被淘汰。因此,如何提高火灾探测技术的可靠性,降低误报和漏报率是该领域亟须解决的难题,因此复合火灾探测技术便成了该领域的热门研究之一。复合火灾探测器是一种能够识别两种及以上火灾特征参量的火灾探测器,它的探测过程是根据多个火灾特征参量之间的逻辑关系,运用复杂算法来探测火灾。此技术大大降低了漏报、误报率,提高了可靠性。

我国在这方面的研究主要是以光电感烟感温探测构成的二参量探测技术和光电感烟、离子感烟和感温探测构成的三参量复合探测技术。目前,已有多家企业研制的复合火灾探测器通过认证。

2. 空气采样火灾探测技术

空气采样火灾探测器也称为吸气式火灾探测器。该技术采用主动吸取空气进行采样,可以快速识别和判断出火灾释放到空气中的燃烧气体和烟粒子。当空气中燃烧气体或烟粒子浓度达到报警阈值时,即可实现立即报警。与普通感烟探测器相比,空气采样火灾探测器将被动探测变为主动探测,报警时间大大缩短。目前,一些比较先进的空气采样火灾探测产品已经具备探测灵敏度高,系统稳定性好,不受粉尘、雾气等环境因素影响而造成误报和维护成本低等诸多优点而被应用到更多的环境中进行火灾探测。

3. 光纤感温火灾探测技术

一些特殊环境下的火灾探测需要实时、多点测量温度才能有效地探测出现场火情,而光纤感温火灾探测技术就能满足要求并适用于这样的环境。该技术的温度探测器是光纤或光栅,它能够检测多点实时温度值,若温度异常就能及时做出响应。目前,该技术的研究和运用已经很成熟,某些光纤探测温度的点数能达到数千个,测温距离能达到数千米。不同类型的光纤测温范围不尽相同,一些特殊光纤测温范围能达到 200~700 ℃,甚至更广。由于此技术能够实时多点测量温度,所以人们可以根据温度的分布情况来确定火灾的规模、火势蔓延的方向和制订合理的灭火方案。这种探测技术可实时监控温度变化,抗干扰能力强,特别适用于电缆桥架、夹层、隧道等不易接近的地方。

4. 图像火灾探测技术

火灾发生的过程中会伴随着火焰从无到有,火焰面积、形状和辐射强度无时无刻不在发生着变化,这些特征是火焰区别于其他现象的重要依据,为火灾的识别打下了基础,而图像火灾探测技术正是利用火焰的这些特征来探测火情的。该技术融合了图像处理技术、计算机控制技术和模式识别等高新技术。它是利用摄像头对现场进行实时监控,将采集到的图像转换为数字信号传输到计算机进行处理、分析,并结合先进的探测算法来识别火灾。

该技术具有非接触式探测、灵敏度强、受环境因素限制小等优点，特别适合于大空间及环境相对恶劣的场所进行监测。

在绝大多数的火灾场景中，均会存在火焰和伴随烟雾，基于视频图像的火灾识别技术正是基于对视频图像中出现的火焰或烟雾进行识别，从而实现对火灾场景的实时监测。它利用视频监控系统提供的图像信息，通过图像处理算法提取火灾特征信息，将火焰的光谱特性、色调特征、纹理特性及运动特性处理成可利用的数据，形成火灾识别的依据，并由计算机完成火灾自动判定。它结合了图像处埋、计算机视觉、机器学习、特征提取及模式识别等现代先进学科理论与技术，推动了火灾识别技术朝着综合化、智能化和网络化方向发展。相比于传统火灾识别技术，视觉识别具有检测面积大、响应时间短、信息丰富直观、维护成本低等优点，适用于绝大多数室内场所。针对视频图像火灾识别技术，国内外进行了广泛的研究与开发。其中，火灾识别理论研究大致经历了基于传统图像处理、基于浅层机器学习和基于深度学习三个阶段。

(1)基于传统图像处理的火灾识别

基于传统图像处理的火灾识别早期研究集中在对火焰特征、烟雾特征的提取，关键在于挖掘火灾图像的特征与规律，通过设定判别规则，实现火灾的识别。在火焰静态特征方面，主要有基于颜色特征分析、形状特征分析及纹理特征分析。但火焰的静态特征基于单帧图像获得，仅依靠静态特征设计判据，很可能出现误检漏检。所以，基于视频图像的帧间相关性提取火焰的动态特征，有助于提高目标识别的精确度。在火焰动态特征方面，主要有基于闪动频率特征分析、形状变化特征分析。根据经验，火灾发生时烟雾会早于火焰产生，且在火灾初期烟雾面积远大于火焰面积，故对烟雾进行特征分析，实现烟雾的准确检测有利于火灾的及早预警。在烟雾静态特征方面，相关研究大多集中在烟雾的颜色、纹理及透明度等特征。在烟雾动态特征方面，研究集中在烟雾的运动方向和闪烁频率等特征。

(2)基于浅层机器学习的火灾识别

利用图像识别技术，从视频中提取相应特征并进行判断是识别火灾最直接有效的方法。在实际应用中，为了提高识别的准确度，往往基于多特征融合，即提取多种火灾特征进行综合判断。但是，当选择的特征过多，或某些特征之间存在联动耦合时，制定最终的火灾判据会变得很困难。所以，结合模式识别、机器学习技术，利用人工神经网络、支持向量机等算法设计火灾分类器，受到了研究者的广泛关注。

(3)基于深度学习的火灾识别

基于浅层机器学习技术设计的火灾分类器，虽然在一定程度上提高了火灾识别的正确率，但其所使用的特征为人工设计。这种方法，一方面要求设计者具有丰富的专业知识与经验，另一方面，提取到的特征往往集中在浅层表达上，且当环境因素较为复杂时，提取到合理有效的特征会更加困难。近年来，随着深度学习理论的不断发展，利用深度学习技术，设计自学习分类器，从更深层次自动挖掘特征并分析，已经是火灾视频图像检测领域的一个新思路。深度学习领域常用算法包括深度置信网络、卷积神经网络等。

7.2.3　报警区域和探测区域的划分

1. 报警区域

报警区域应按防火分区或楼层划分；在划分报警区域时，既可将一个防火分区划分为一个报警区域，又可将同层的几个防火分区划分为一个报警区域，但不得跨越楼层。

2. 探测区域

探测区域应按独立房(套)间划分，其面积不宜超过 500 m^2；对可以从主要出口看清其内部，且面积不超过 1 000 m^2 的房间，也可划分为一个探测区域。对于非重点保护建筑，可将数个房间划分为一个探测区域，条件是下列之一：

①相邻房间不超过 5 个，总面积不超过 400 m^2，并在每个门口设有灯光显示装置；

②相邻房间不超过 10 个，总面积不超过 1 000 m^2，在每个房间门口均能看清其内部，并在门口设有灯光显示装置。

3. 特殊地方

特殊地方应单独划分探测区域，如楼梯间、防烟楼梯前室、消防电梯前室、坡道、管道井、走道、电缆隧道、建筑物闷顶等。

7.3 防灭火技术

防灭火技术是一门涉及火灾预防、控制和扑救的综合性技术，旨在减少火灾的发生和蔓延，最大限度地保护人民的生命和财产安全。

7.3.1 防火技术

1. 阻燃防火技术

阻燃防火技术是一种应对火灾的技术手段，其主要目的是减缓、阻止或防止材料在火灾条件下的燃烧过程。这种技术的应用广泛，涉及建筑、交通工具、电子设备、纺织品等多个领域。阻燃防火技术的主要原则是通过修改材料的物理和化学性质，使其在火灾发生时不容易燃烧，或者在燃烧时减缓燃烧速度，从而提高火灾的抵抗能力。

常见的阻燃材料包括：固体阻燃材料有水泥、钢材、玻璃等；液态的阻燃材料简称为阻燃剂，在需防火的墙体等材料表面上涂上阻燃剂能保证其在起火的时候不燃烧。

阻燃材料分为无机阻燃材料和有机阻燃材料：无机阻燃材料主要是三氧化二锑、氢氧化镁、氢氧化铝、硅系等阻燃体系；有机阻燃材料是以溴系、氮系、红磷及化合物为代表的一些阻燃剂。

2. 隔离防火技术

隔离防火技术即采用防火分隔设施进行防火。防火分隔设施是指防火分区间能保证在一定时间内起到阻燃效果的边缘构造及设施，主要包括防火墙、防火门、防火窗、防火卷帘等。防火分隔设施可以防止火势蔓延，为扑救火灾创造条件。

防火分隔设施可以分为两类：一类是固定式的，如普通的砖墙、楼板、防火墙、防火悬墙、防火墙带等；另一类是可以开启和关闭的，如防火门、防火窗、防火卷帘、防火吊顶、防火幕等。防火分区之间应采用防火墙进行分隔，如设置防火墙有困难时，可采用防火卷帘或防火水幕带帘进行分隔。

3. 通风防火与排烟

通风就是把建筑物室内被污染的空气直接或经过净化处理后排至室外,将新鲜的空气补充进来,达到保持室内空气环境符合卫生标准要求的过程。可见,通风是改善空气条件的方法之一,它包括从室内排除污浊空气和向室内补充新鲜空气两方面,前者称为排风,后者称为送风。实现排风和送风所采用的一系列设备、装置的总称为通风系统。建筑通风被应用于生产中时称为工业通风。通风系统可分为自然通风和机械通风。自然通风是利用房间内外冷热空气的密度差异和房间迎风面、背风面的风压高低进行空气交换;机械通风是使用通风设备向厂房(房间)内送入或排出一定量的空气,进行空气交换和处理工作。

根据通风范围的不同,机械通风又分为全面通风、局部通风和混合通风三种。通风方式的选择主要取决于有害物质产生和扩散范围的大小,有害物质面积大则采用全面通风,相反可采用局部和混合通风。

排烟包括自然排烟和机械排烟。自然排烟是利用火灾产生的热流的浮力和外部风力通过建筑物的对外开口把烟气排至室外的排烟方式,实质上就是热烟气与室外冷空气的对流运动,动力为火灾加热室内空气产生的热压和室外的风压。自然排烟的方式有以下两种。

(1)竖井排烟。其原理是依靠室内火灾时产生的热压和室外空气的风压形成"烟囱效应"排烟。该方法不需要能源,且设备简单;但排烟口和进风口需要两个较大的截面积(否则排烟效果不佳),占用建筑面积较大,排烟效果不均匀,适用性有局限。

(2)利用建筑的阳台、凹廊或在外墙上设置便于开启的外窗进行无组织的排烟。这种排烟方式不需要专门设备,不需要能源,适用性广,可与建筑物原有构造结合;但是因受室外风向、风速和建筑本身的密封性或热压作用的影响,排烟效果不太稳定。

机械排烟系统由挡烟垂壁、排烟口、防火排烟阀门、排烟风机和烟气排出口组成。机械排烟系统可兼作平时通风排风使用。机械排烟方式是用机械设备强制送风(或排烟)的手段来排除烟气的方式。送风和排烟可全部借助机械力作用,也可一个借助机械力的作用,另一个则借助自然通风或排烟作用,据此,机械排烟又具体分为以下三种方式。

(1)全面通风排烟方式。对着火房间进行机械排烟,同时对走廊、楼梯(电梯)前室和楼梯间进行机械送风,控制送风量略小于排烟量,使着火房间保持负压,以防止烟气从着火房间漏出的排烟方式。

(2)机械送风正压排烟方式。用送风机给防烟前室和楼梯间等送新鲜空气,使这些部位的压力比着火房间相对高些,着火房间的烟气经专设的排烟口或外窗以自然排烟的方式排出。

(3)机械负压排烟方式。用排烟风机把着火房间内的烟气通过排烟口排至室外的方式。

7.3.2 灭火技术

灭火技术是指用各种手段和设备扑灭或控制火灾,以减少火灾对人员、财产和环境的危害。不同类型的火灾可能需要不同的灭火方法。

1. 水喷雾灭火

水喷雾灭火系统是在自动喷水灭火系统的基础上发展起来的。它是利用水雾喷头在一定水压下将水流分解成细小水雾滴进行灭火或防护冷却的一种固定式灭火系统。水喷雾灭火系统具有投资小、操作方便、安全环保的特点。

2. 泡沫灭火

泡沫是由液体的薄膜包裹气体而成的小气泡群。用水作为泡沫液膜的气体可以是空气或二氧化碳。由空气构成的泡沫称为空气机械泡沫或空气泡沫，由二氧化碳构成的泡沫称为化学泡沫。泡沫的灭火机理是利用水的冷却作用和泡沫层隔绝空气的窒息作用。燃烧物表面形成的泡沫覆盖层可使燃烧物表面与空气隔绝，由于泡沫层封闭了燃烧物表面，可以遮断火焰的热辐射，阻止燃烧物本身和附近可燃物质的蒸发；泡沫析出的液体可对燃烧表面进行冷却，而且泡沫受热蒸发产生的水蒸气能降低氧的浓度。这类灭火剂对可燃性液体的火灾最适用，是油田、炼油厂、石油化工、发电厂、油库及其他企业单位油罐区的重要灭火剂，也可用于普通火灾扑救。

泡沫灭火剂可分为化学泡沫灭火剂和空气泡沫灭火剂。化学泡沫是通过硫酸铝和碳酸钠的水溶液发生化学反应产生的，泡沫中包含的气体为二氧化碳。空气泡沫是通过空气泡沫灭火剂的水溶液与空气在泡沫产生器中进行机械混合搅拌而生成的，所以空气泡沫又称为机械泡沫，泡沫中所含气体为空气。

空气泡沫灭火剂种类繁多，按泡沫的发泡倍数，可分为低倍数泡沫、中倍数泡沫和高倍数泡沫三类。低倍数泡沫灭火剂的发泡倍数一般在 20 倍以下。根据发泡剂的类型和用途，低倍数空气泡沫灭火剂又分为蛋白泡沫、氟蛋白泡沫、水成膜泡沫、合成泡沫、抗溶性泡沫 5 种类型。中、高倍数泡沫灭火剂属于合成泡沫类型。

3. 细水雾灭火技术

细水雾指滴径小于 400 μm 的小水滴，可以通过撞击、气动、高压、静电及超声波等多种方式产生。当细水雾直接喷射或被卷吸进火焰区时，由于其表面积与体积比较大，吸收热量快，迅速汽化后体积扩大约 1 600 倍，直接影响燃烧过程的化学反应速率及火焰的传播速率，达到控制和扑灭火灾的目的。

细水雾灭火技术主要通过汽化隔氧、冷却燃料和氧化剂及吸收部分热辐射等效应与火相互作用，降低燃烧化学反应速率和火焰传播速率，达到控制和扑灭火灾的目的，不会产生“二次性环境污染"，可以达到火灾防治洁净化的目标。

细水雾对明火的扑灭作用明显，能消除有害气体不完全燃烧带来的影响，但对阴燃的扑灭效果相对较差。由于阴燃过程对氧气的依赖性小，故汽化隔氧效果不明显。对阴燃物体只能直接喷射细水雾冷却扑灭，喷雾可以有效防止阴燃转化为明火，有利于控制火灾发展。细水雾灭火技术可用来抑制油池火、气相扩散火焰、受限空间内火灾、特殊火灾（如电器火灾）、抑制预混火焰的传播及防止爆炸，目前很多研究成果已产品化

4. 气体灭火技术

以气体作为灭火介质的灭火系统称为气体灭火系统。气体灭火系统的适用范围是由气体灭火剂的灭火性质决定的。卤代烷 1211 和卤代烷 1301 灭火剂与二氧化碳灭火剂在灭火应用中具有许多相同之处：化学稳定性好、耐储存、腐蚀性小、不导电、毒性低、蒸发后不留痕迹、适用于扑救多种类型火灾。气体灭火系统不适用于下列类型物质的火灾：过氧化剂、过氧化剂的混合物以及能够自身提供氧而且在无空气的条件下能迅速氧化、燃烧的物质；金属氢化物；能自动分解的物质；能自燃的物质等。

5. 气溶胶灭火技术

气溶胶俗称烟或雾，是固体或液体微粒悬浮于气体介质中的一种物质分散形态。固体微粒主要是金属氧化物和碳酸盐，气体的主要成分是二氧化碳、氮气、水蒸气等。气溶胶灭火剂是固体气溶胶发生剂燃烧的产物，含有约60%的气体和40%的分散固体。在常规灭火质量浓度下燃烧产物本身对健康没有伤害。气溶胶灭火的关键在于灭火气溶胶中的固体微粒。气溶胶的灭火机理包含了物理吸热和化学阻断的双重作用。

气溶胶灭火系统的适用场所有计算机房、通信机房、配电柜、控制室、输变电设备、铁路机车室、印刷机械、汽车、仓库等，主要适用于扑救电气火灾、可燃液体火灾和固体表面火灾。

7.4 建筑内的火灾探测

7.4.1 火灾自动报警系统

火灾的探测识别是以探测物质燃烧过程中产生的各种物理现象为机理，从而达到早期识别火灾这一目的。火灾的早期发现，是充分利用灭火措施减少火灾损失、保护生命财产的重要保障。建筑内设置消防系统的第一任务是保障人身安全，这是设计消防系统最基本的理念。从这一基本理念出发，就会得出这样的结论：尽早发现火灾、及时报警、启动有关消防设施引导人员疏散，在人员疏散完后，如果火灾发展到需要启动自动灭火设施的程度，就应启动相应的自动灭火设施，扑灭初期火灾，防止火灾蔓延。自动灭火系统启动后，火灾现场中的幸存者，只能依靠消防救援人员帮助逃生。因为火灾发展到这个阶段时，滞留人员由于毒气、高温等原因已经丧失了自我逃生的能力。

在保护财产方面，火灾自动报警系统也有着不可替代的作用。使用功能复杂的高层建筑、超高层建筑及大体量建筑，由于火灾危险性大，一旦发生火灾会造成重大财产损失；保护对象内存放重要物质，物质燃烧后会产生严重污染及施加灭火剂后导致物质价值丧失，这些场所均应在保护对象内设置火灾预警系统，在火灾发生前，探测可能引起火灾的征兆特征，彻底防止火灾发生或在火势很小尚未成灾时就及时报警。电气火灾监控系统和可燃气体探测报警系统均属火灾预警系统。

火灾自动报警系统是能探测火灾早期特征、发出火灾报警信号，为人员疏散、防止火灾蔓延和启动自动灭火设备提供控制与指示的消防系统，也可称为火灾识别与联动控制系统。它的主要功能是安装在保护区的探测器不断地向所监视的现场发出巡逻信号，监视现场的烟雾浓度、温度等，并不断反馈给报警控制器，控制器将接收的信号与内存的正常整定值比较，判断确定火灾；当火灾发生时，发出声光警报；显示烟雾浓度；显示火灾区域或楼层房号的地址编码，并打印报警时间、地址等，同时向火灾现场发出警铃报警。报警系统报警后，依据预置的逻辑编程，控制系统将有相应动作，启动灭火系统、防排烟系统，点亮各应急疏散指示灯，指明疏散方向等。该系统可用于人员居住和经常有人滞留的场所、存放重要物资或燃烧后产生严重污染需要及时报警的场所，设有自动和手动两种触发装置。

火灾自动报警系统由触发器件、火灾报警装置、火灾警报装置,以及具有辅助功能的装置组成的火灾报警系统,是以实现火灾早期探测和报警,向各类消防设备发出控制信号并接收设备反馈信号,进而实现预定消防功能为基本任务的一种自动消防设施。它具有能在火灾初期,将燃烧产生的烟雾、热量、火焰等物理量,通过火灾探测器变成电信号,传输到火灾报警控制器,火灾探测器探测到火灾信号后,能自动切除报警区域内有关的空调器,关闭管道上的防火阀,停止有关换风机,开启有关管道的排烟阀,自动关闭有关部位的电动防火门、防火卷帘,按顺序切断非消防用电源,接通事故照明及疏散标志灯,停运除消防电梯外的全部电梯,并通过控制中心的控制器,立即启动灭火系统,进行自动灭火。

7.4.2 火灾自动报警系统的构成

根据《火灾自动报警系统设计规范》(GB 50116—2013),火灾识别与联动控制系统的结构形式有区域报警系统、集中报警系统和控制中心报警系统。

1. 区域报警系统

区域报警系统由火灾探测器、手动火灾报警按钮、火灾声光警报器、火灾报警控制器组成,且火灾报警控制器应设置在有人值班的场所。系统中可包括消防控制室图形显示装置和指示楼层的区域显示器,并应具有传输火灾报警信息、消防设施运行状态信息和消防安全管理信息到城市消防远程监控中心的功能,适用于仅需要报警,不需要联动自动消防设备的保护对象。

2. 集中报警系统

集中报警系统由火灾探测器、手动火灾报警按钮、火灾声光警报器、消防应急广播、消防电话、消防控制室图形显示装置、火灾报警控制器、消防联动控制器等组成。系统中的火灾报警控制器、消防联动控制器和消防控制室图形显示装置、消防应急广播的控制装置、消防电话总机等起集中控制作用的消防设备应设置在消防控制室内。系统设置的消防控制室图形显示装置为必备设备,且应具有传输火灾报警信息、消防设施运行状态信息和消防安全管理信息到城市消防远程监控中心的功能。该系统适用于不仅需要报警,同时需要联动自动消防设备,且只设置一台具有集中控制功能的火灾报警控制器和消防联动控制器的保护对象。

3. 控制中心报警系统

控制中心报警系统由火灾探测器、手动火灾报警按钮、火灾声光警报器、消防应急广播、消防电话、消防控制室图形显示装置、火灾报警控制器、消防联动控制器等组成,若系统包含两个及以上消防控制室的保护对象,应确定一个主消防控制室,对其他消防控制室进行管理,应根据建筑的实际使用情况界定消防控制室的级别。主消防控制室内应能集中显示保护对象内所有的火灾报警部位信号和联动控制状态信号,并能显示设置在各分消防控制室内的消防设备的状态信息。为了便于消防控制室之间的信息沟通和信息共享,各分消防控制室内的消防设备之间可以互相传输、显示状态信息;同时为了防止各个消防控制室的消防设备之间的指令冲突,规定分消防控制室的消防设备之间不应互相控制。一般情况下,整个系统中共同使用的水泵等重要的消防设备可根据消防安全的管理需求及实际情况,由最高级别的消防控制室统一控制。在控制中心报警系统里,消防控制室图形显示装置是必备设备,由该设备实现相关信息的传输功能。

7.4.3 火灾自动报警系统的构成及原理

火灾自动报警系统由火灾探测报警系统、消防联动控制系统、可燃气体探测报警系统及电气火灾监控系统组成。图 7-1 为火灾自动报警系统的组成示意图。

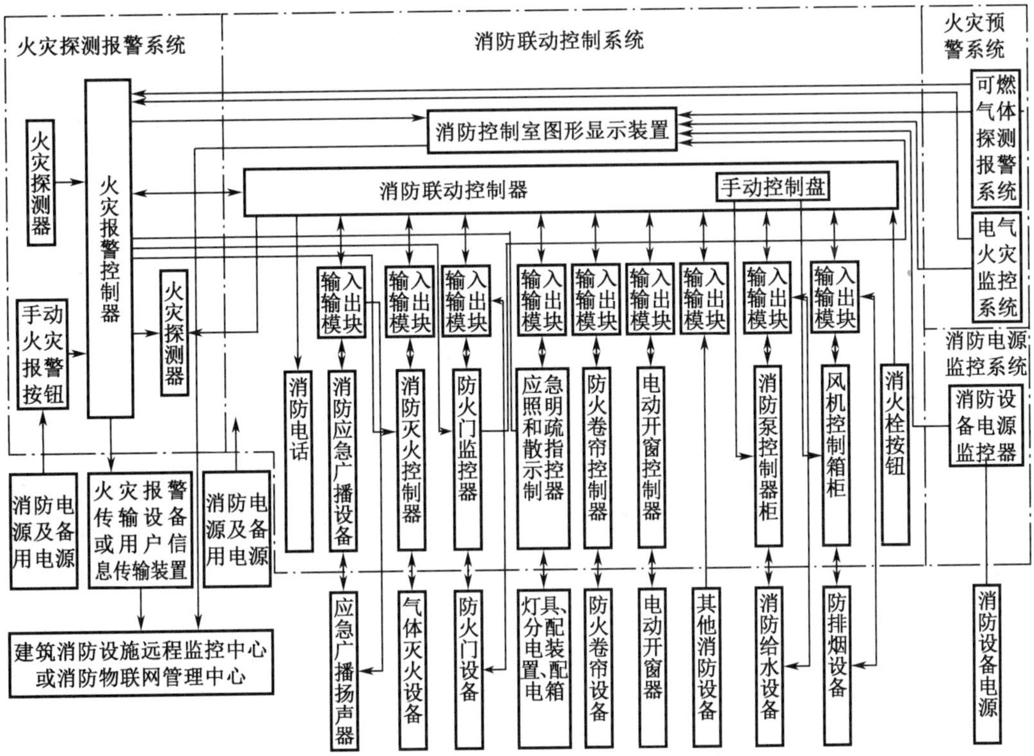

图 7-1　火灾自动报警系统的组成示意图

1. 火灾探测报警系统的构成及原理

火灾探测报警系统是实现火灾早期探测并发出火灾报警信号的系统，一般由火灾触发器件（火灾探测器、手动火灾报警按钮）、火灾声光警报器、火灾报警控制器等组成。它能及时、准确地探测被保护对象的初起火灾，并做出报警响应，从而使建筑物中的人员有足够的时间在火灾尚未发展蔓延到危害生命安全的程度时疏散至安全地带，是保障人员生命安全的最基本的建筑消防系统。火灾探测报警系统的工作原理如图 7-2 所示。火灾发生时，安装在保护区域现场的火灾探测器将火灾产生的烟雾、热量和光辐射等火灾特征参量转变为电信号，经数据处理后，将火灾特征参数信息传输至火灾报警控制器，或直接由火灾探测器做出火灾报警判断，将报警信息传输到火灾报警控制器。火灾报警控制器在接收到探测器的火灾特征参量信息或报警信息后，经报警确认判断，显示发出火灾报警控制器的部位，记录探测器火灾的报警时间。处于火灾现场的人员，在发现火灾后可立即触动安装在现场的手动火灾报警按钮，便可将报警信息传输到火灾报警控制器，火灾报警控制器在接收到报警信息后，经确认判断，显示发出火灾手动报警按钮的部位，记录手动火灾报警按钮报警的时间。火灾报警控制器在确认火灾探测器和手动火灾报警按钮的报警信息后，驱动安装在被保护区域现场的火灾警报装置,发出火灾警报,警示处于被保护区域内的人员已发生火灾。

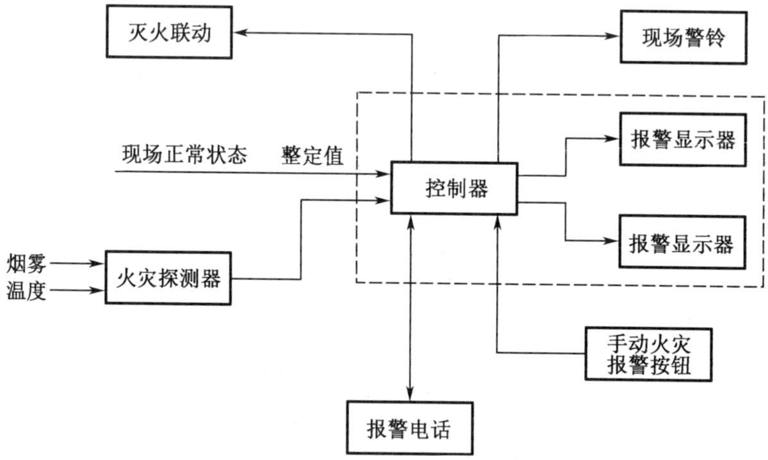

图 7-2 火灾探测报警系统工作原理

2. 消防联动控制系统

消防联动控制系统是火灾识别与联动控制系统中,接收火灾报警控制器发出的火灾报警信号,按预设逻辑完成各项消防功能的控制系统。消防联动控制系统由消防联动控制器、消防控制室图形显示装置、消防电气控制装置(防火卷帘控制器、气体灭火控制器等)、消防电动装置、消防联动模块、消火栓按钮、消防应急广播设备、消防电话等设备和组件组成。在发生火灾时,消防联动控制器按设定的控制逻辑向消防供水泵、报警阀、防火门、防火阀、防排烟阀和通风等消防设施准确发出联动控制信号,实现对火灾警报、消防应急广播、应急照明及疏散指示系统、防排烟系统、自动灭火系统、防火分隔系统的联动控制,接收并显示上述系统设备的动作反馈信号,同时接收消防水池、高位水箱等消防设施的动态监测信号,实现对建筑消防设施的状态监视功能。消防联动控制系统的工作原理如图 7-3 所示。

火灾发生时,火灾报警控制器将火灾探测器和手动火灾报警按钮的报警信息传输至消防联动控制器。对于需要联动控制的自动消防系统(设施),消防联动控制器按照预设的逻辑关系对接收到的报警信息进行识别、判断,若逻辑关系满足,消防联动控制器便按照预设的控制时序启动相应消防系统(设施);消防控制室的消防管理人员也可以通过操作消防联动控制器的手动控制盘直接启动相应的消防系统(设施),从而实现相应的消防系统(设施)预设的消防功能。消防系统(设施)动作的反馈信号传输至消防联动控制器显示。

3. 可燃气体探测报警系统

可燃气体探测报警系统是火灾识别与联动控制系统的独立子系统,属于火灾预警系统,由可燃气体报警控制器、可燃气体探测器和火灾声光警报器组成。它能够在保护区域内泄露可燃气体的浓度低于爆炸下限的条件下提前报警,从而预防由于可燃气体泄漏而引发的火灾和爆炸事故的发生。可燃气体探测报警系统的工作原理如图 7-4 所示。发生可燃气体泄漏时,安装在保护区域现场的可燃气体探测器将泄漏可燃气体的浓度参数转变为电信号,经数据处理后,将可燃气体浓度参数信息传输到可燃气体报警控制器;或直接由可燃气体探测器做出泄漏可燃气体浓度超限报警判断，将报警信息传输到可燃气体报警控制器。可燃气体报警控制器在接收到探测器的可燃气体浓度参数信息或报警信息后，经确认判断，显示报警探测器的部位和泄漏可燃气体浓度信息，记录探测器报警的时间，同时驱动安装在保护区域现场的声光警报装置，发出声光警报，警示人员采取相应的处置措施；必要时可以控制并关断燃气阀门，防止燃气的进一步泄漏。

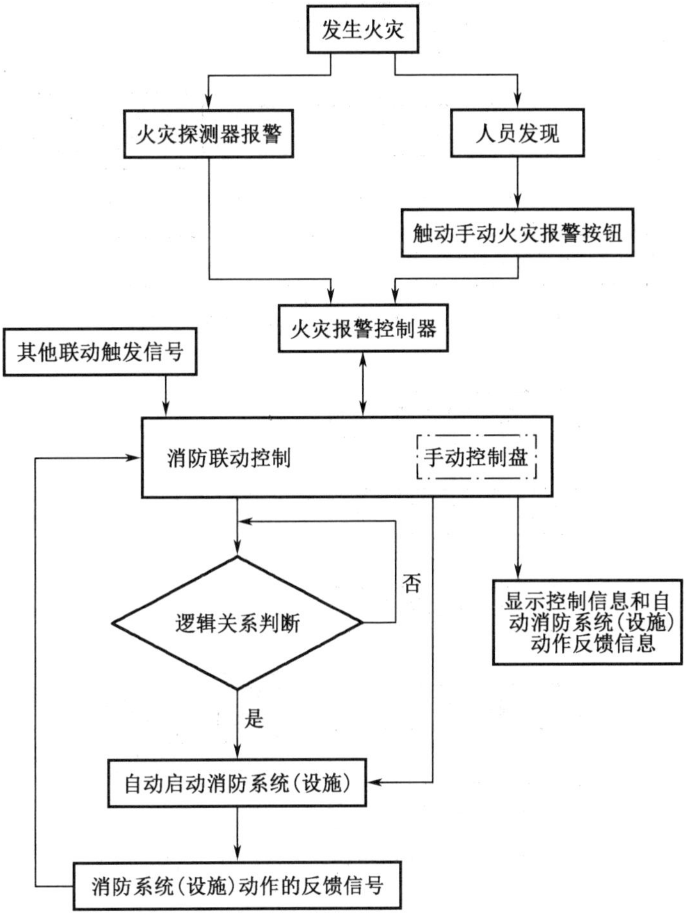

图 7-3 消防联动控制系统的工作原理图

4. 电气火灾监控系统的构成及原理

电气火灾监控系统是火灾识别与联动控制系统的独立子系统，属于火灾预警系统，由电气火灾监控器、电气火灾监控探测器和火灾声光警报器组成。图 7-5 为电气火灾监控系统的组成示意图。

当发生电气故障时，电气火灾监控探测器将保护线路中的剩余电流、温度等电气故障参数信息转变为电信号，经数据处理后探测器做出报警判断，将报警信息传输到电气火灾监控器。电气火灾监控器在接收到探测器的报警信息后，经确认判断，显示电气故障报警探测器的部位信息，记录探测器报警的时间，同时驱动安装在保护区域现场的声光警报装置，发出声光警报，警示人员采取相应的处置措施，排除电气故障，消除电气火灾隐患，防止电气火灾的发生。

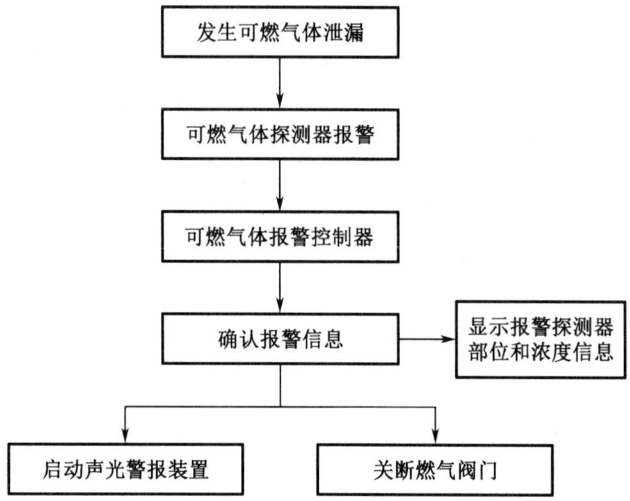

图 7-4　可燃气体探测报警系统的工作原理

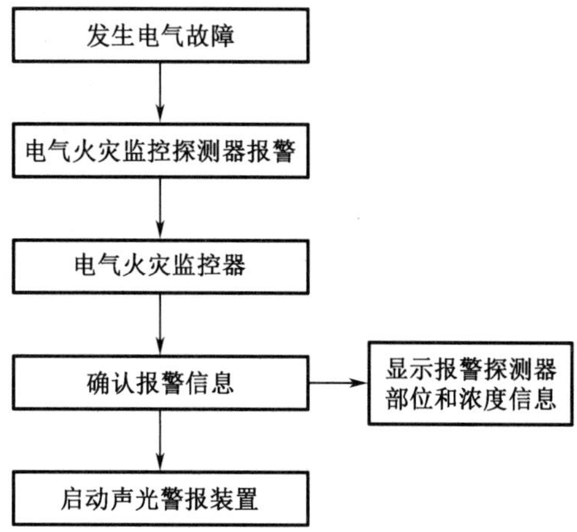

图 7-5　电气火灾监控系统组成示意图

7.4.4　火灾识别与联动控制系统的发展趋势

以火灾识别与联动控制系统为核心的建筑消防系统，是预防和遏制建筑火灾的重要保障。近年来，我国火灾自动报警应用技术实现了较快发展，但由于在实际应用中，火灾识别与联动控制系统的通信协议不一致，火灾自动报警应用技术水平还相对落后，因此存在一些网络化安装程度不够、系统连接方式落后、适用范围有限、系统误报和漏报较多等比较突出的问题。针对上述问题，火灾识别与联动控制系统应用技术应进一步着眼于当前国际发展的新形势，加快更新改造进程，加强对数字技术和新工艺、新材料的应用，改进系统能力，使火灾自动报警应用技术向高可靠、低误报和网络化、智能化方向发展。当前，国外火灾自动报警应用技术的发展趋势主要表现为以下七个方面。

1. 网络化

当今的时代是网络化的时代,网络技术已经深入人们日常工作和生活中的各个领域,可以预见网络化将是火灾识别与联动控制系统的一个主要发展趋势。其主要是利用计算机网络技术实现火灾识别与联动控制系统内部的网络化连接,同时火灾识别与联动控制系统还能与城市的火灾报警中心通过一定的网络协议互相连接,这就大大增加了火灾识别与联动控制系统的有效性。通过计算机网络技术实现火灾识别与联动控制系统的网络化管理,实现其内部各个报警系统的连接,达到资源共享,实现报警中心与各个建筑的火灾识别与联动控制系统的连接,一旦报警系统出现异常,报警中心人员能够第一时间掌握火灾地点及火灾建筑的形态,这不仅能够让人们第一时间发现火情,还能够帮助消防人员根据火灾建筑的具体特点实施专业化灭火。同时火灾识别与联动控制系统的网络化发展还能及时发现系统中的异常情况。

2. 智能化

火灾识别与联动控制系统的智能化使探测系统能模仿人的思维,主动采集环境温度、湿度、灰尘、光波等数据模拟量,充分采用模糊逻辑和人工神经网络技术等进行计算处理,对各项环境数据进行对比判断,从而准确地预报和探测火灾,避免误报和漏报现象。发生火灾时,能依据探测到的各种信息对火场的范围、火势的大小、烟的浓度及火的蔓延方向等给出详细的描述,甚至可配合电子地图进行形象提示,对出动力量和扑救方法等给出合理化建议,以实现各方面快速准确反应联动,而且火灾中探测到的各种数据可作为准确判定起火原因、调查火灾事故责任的科学依据。此外,规模庞大的建筑使用智能型火灾识别与联动控制系统,即探测器和控制器均为智能型,分别承担不同的职能,可提高系统巡检速度、稳定性和可靠性。

3. 多样化

(1)火灾探测技术的多样化

我国目前应用的火灾探测器按其响应和工作原理可分为感烟、感温、火焰、可燃气体探测器,以及两种或几种探测器的组合等,其中,感烟探测器一枝独秀,但光纤线性感温探测技术、火焰自动探测技术、气体探测技术、静电探测技术、燃烧声波探测技术、复合探测技术则代表了火灾探测技术发展和开发应用研究的方向。此外,利用纳米粒子化学活性强、化学反应选择性好的特性,将纳米材料制成气体探测器或离子感烟探测器,用来探测有毒气体、易燃易爆气体、蒸气及烟雾的浓度并进行预警,具有反应快、准确性高的特点,目前已被列为我国消防科研工作者的重点研究开发课题。

(2)设备连接方式的多样化

随着无线通信技术的成熟、完善和新型有线通信材料的研制,设备间、系统间可根据具体的环境、场所的不同而选择方便可靠的通信方式和技术,设备间可以用无线技术进行连接,形成有线、无线互补,同时新型通信材料的研制开发可弥补铜线连接存在的缺陷。而且各探测器之间也可进行数据信息传递和交流,使探测器的设置从枝状变成网状,探测器不再各自独立,系统间、设备间的信息传递更方便、更可靠。

4. 小型化

火灾识别与联动控制系统的小型化是指探测部分或者说网络中的“子系统”小型化。如果火灾识别与联动控制系统实现网络化,那么系统中的中心控制器等设备就会变得很小,甚至较小的报警设备安装单位可以不再独立设置,而依靠网络中的设备、服务资源进行判断、控制、报警，这样火灾识别与联动控制系统安装、使用、管理就变得简洁、省钱、方便。

5. 灵敏化

增强火灾识别与联动控制系统的灵敏性，避免漏报、误报是其未来的主要发展趋势之一。我国可以采用人工神经网络算法，增强系统的容错能力，使整个系统近乎人类的思维，应加强子系统与主机的双向交流，提高其运行速度和运行能力，从而提升灵敏度。消防应以预防为主，高灵敏性能够提前发现潜在危险因素，达到预防目的。

6. 无线化

与有线火灾识别及联动控制系统相比，无线火灾识别及联动控制系统具有施工简单、安装容易、组网方便、调试省时省力等特点，而且对建筑结构损坏小，便于与既有系统集成且容易扩展，系统设计简单且可完全寻址，便于网络化设计，可广泛应用于医院、文物古建筑、机场、综合建筑和不便联网、建筑物分散、规模较大、干扰较小的建筑。对正在施工或正在进行重新装修的场所，在未安装有线火灾自动报警系统前，这种临时系统可以充分保障建筑物的防火安全，在施工结束后，无线系统可以很容易转移到其他的场所。

7. 社区化

目前，我国火灾识别与联动控制系统的安装范围主要集中在比较重要的大型建筑上，对于居民社区建筑的安装并没有普及。随着我国经济的发展及城市化建设进程的完善，未来火灾识别与联动控制系统的应用范围一定会向普通的居民社区蔓延，这对保证居民生命和财产安全有重要的意义。

随着5G技术的全面推广和应用，5G技术与AI技术也将加速推动火灾识别与联动控制系统的发展。5G时代，物联网将城市融为一体，数据的采集、分析以微秒级别来计算，信息变得更易被采集，数据变成网格化、平面化传输，不再是某一部门独有，“信息孤岛”现象不复存在。

5G技术的商用会带动识别技术进一步赋能消防产业，智慧感烟、智慧消火栓、火眼等系列消防设施将迎来新的发展空间。如天津消防研究的“火眼”系统，只需在安防系统局域网下接入“火眼”系统软件即可实现可视图像早期火灾报警，最快可在火灾图像出现10 s内，准确发现火焰或烟雾并同时发出火灾报警信号，比传统感温、感烟报警速度提高5倍以上；阿里安全推出安全厨房，探索用AI图像识别技术和红外热成像技术，解决厨房安全生产问题；华为云城市智能体接到火警信号后，可迅速下达指令，进行紧急联动。

7.5 森林火灾探测

森林火灾（或称林火）是失去控制的森林燃烧现象。凡起火烧了成片林木，不论成林、幼林还是其他林木，统称为森林火灾。2022年，我国共发生森林火灾709起，受害森林面积约4 689.5公顷，因灾死亡17人。时间分布上，3~4月和9~10月为森林火灾高发期，共发生521起，占全年的74%。空间分布上，受高温干旱等因素影响，湖南、广西、江西、湖北、广东和重庆6个地区共发生森林火灾503起，占全国的71%。2022年，我国共发生草原火灾21起，其中，内蒙古和青海16起，占全国的76%。

林火监测、预警是森林防火工作中非常重要的环节，是及时发现火情、科学扑救森林火灾的重要手段。近年来,新的林火监测技术发展相当迅速,如红外线监测、电视监测、地波雷达监测、雷击火监测、微波监测和卫星监测等。这些新技术的应用,大大提高了林火监测的及时性和准确性。随着森林防火物联网应用、森林防火信息化管理、辅助决策系统构建、防火综合管理系统构建等工作的推出,火险预报模型、卫星林火监测和森林火险预警等方面的研究和发展,在提高协同作战能力的同时,实现了“预防为主、积极消灭”的战略方针。森林火灾监测与预警研究是当前和今后一段时期内面临的重要课题之一。

7.5.1 森林火灾的基础知识

由于森林燃烧是在开放的森林系统内进行的,所以森林燃烧是反应、流动、传热和传质并存、相互作用的综合现象,呈现出以下特点:一是森林燃烧是一种短时间内释放出巨大热量的过程;二是森林燃烧是开放性燃烧;三是森林燃烧为固体可燃物的燃烧;四是森林燃烧过程的林火行为千差万别;五是森林燃烧具有双重性。现代生态学观点认为火是一个重要的生态因子。它具有双重性:一方面,火能烧毁森林,使森林遭受严重的危害;另一方面,火又能给森林带来有益的影响,其关键在于强度。

1. 林火燃烧规律

林火行为是森林火灾发生、发展全过程的表现性状和特征,受火环境和火源条件的制约和控制,因此,林火变化无常,几乎没有相同的火灾。森林燃烧发生、发展的整个过程始终伴随着热传播。热传播是影响火灾发展的决定性因素。热传播有 3 个途径,即传导、辐射和对流。林火发生后,热空气由于比冷空气轻,燃烧的热空气就会向上运动,燃烧区气压降低,周围的冷空气会不断向燃烧区补充,这样便产生向下向上的空气对流,空气对流将热量由地面带到空中,形成对流传热方式,通常表现为升起的烟云或烟柱。在野外火场中,热对流与热辐射所传递的热能,主要是预热火焰前方或上方的可燃物,是外部传热方式;热传导则是可燃物内部的传热方式。三种传热方式共同影响着林火的发生、发展和蔓延。

引起林火的火源有很多,为了掌握不同火源的动向,我们对火源进行分类。通常火源可分为两大类:一类为天然火源;另一类为人为火源。天然火源是指在特殊的自然地理条件下引起林火的着火源。其主要包括雷击、火山爆发、陨石坠落、滚石火花、滚木自燃或泥炭自燃等,它们是人类难以控制的自然现象。在自燃火源中,雷击火是导致森林火灾的主要火源。人为火源是指由于人类活动导致林火的各种着火源。在我国,人为火源是引起森林火灾的最主要的火源,占总火源的比例高达 99%。人为火源种类很多,按其来源可分为:

(1)生产性火源,即生产活动中用火不慎而引起林火的着火源。在林区或农林、牧林交错地区,因开展生产经营活动造成森林火灾的火源,是目前发生森林火灾的主要火源,比重约占总火源 50%以上。

(2)非生产性火源,即日常生活中用火不慎引起林火的着火源。在人为火源中非生产性火源占总火源的相当数量,按照活动方式区分为生活用火、吸烟弄火、小孩弄火及迷信用火。

(3)其他火源主要有故意放火、纵火和智障人士和精神病患者弄火等。对人为火源酿成森林火灾的情况进行分析,其中大多数是由于用火者疏忽大意造成的。

森林火灾的表现和特征是分析火灾情况的重要依据。某场森林火灾发生发展全过程的表现和特征,即一起林火从可燃物被点燃开始到不断发展蔓延,直至衰落、熄灭全过程所表现出来的全部特征称为林火行为。它包括着火难易程度、林火蔓延、能量释放、火强度、火烧持续时间、火烈度和林火种类等。

着火难易程度是引起森林火灾的先决条件。如果林地引火物多,则该地区容易着火。林火蔓延是林火行为的一个重要指标,它包括火的扩展速度和火的前进方向。这些都是灭火的重要指标。一场火的发生、发展中火的蔓延随着可燃物因素、地形因素和气象因素等不同,会出现不同情况,或是发展,或是减缓,或是停止,呈现出不同的火场蔓延形状。其一般分为无风类型、无坡蔓延类型、坡地蔓延类型和风驱火焰蔓延类型。林火的各种蔓延类型都具有各自的蔓延特点,对此必须有充分的认识。灭火时应集中兵力设法控制住火头及新生火头,这样才能控制住火势。

能量释放是指林地有效可燃物燃烧时释放的能量,单位为 $kJ \cdot kg^{-1}$,即利用质量热值来表示。有效可燃物所释放的能量称为有效能量,也就是林地释放的能量。

火强度是指在火锋处,单位长度、单位时间所释放的能量,单位为 $kW \cdot m^{-1}$。

火烧持续时间的含义有两种:一是指整个火焰在可燃物上停留的时间;二是指火锋持续时间。火烧持续时间的长短与火的温度高低对于火的可燃物的影响是不同的。

林火的种类按燃烧部位划分,通常可划分为地下火、地表火和树冠火三种类型。据统计,世界各国的林火均以地表火为最多,占90%以上。

2. 森林火灾的危害

火的作用和影响也是多方面的,如由于高温、高热,可以将一些物种烧伤而致死,有时可使一个群体灭亡;有时由于改变了环境或食物来源,而使一些物种被淘汰;有时由于生存条件恶化,或改变栖息条件,而使动植物迁移或是死亡;也有的是多种原因综合作用影响的结果,引起某些物种灭绝。因此,在自然保护中要研究火的危害,以维护物种多样性,保护好自然物种及生存环境。

(1)破坏食物链

由于火烧掉了食物来源,使许多野生动物消失或逃走,如某东部山地,红松林被大火烧毁,依赖红松种子为食的松鼠大量减少或消失。在植物方面,这种现象也极为普遍,如某东部山地,原为红松阔叶混交林,由于掠夺式采伐和连年山火的破坏,使原始红松阔叶混交林,从原始林演替为过伐林和大面积次生林。

(2)破坏生存环境

森林遭受火灾之后,有些林木被烧死、变枯干,林内阳光增多,温度增高,日温差增大,林中湿度明显减少,风速增高,使迹地植物发生显著变化。草本植物和灌木增多,一些喜光植物侵入,一些耐阴植物则隐蔽或被淘汰,主要表现为一些喜光先锋树种取代耐阴或中性树种,这种演替过程经过几十年,甚至几百年后,才能恢复,这种现象在所有火烧迹地都可以见到。火影响鸟类和水禽类的栖息地,引起鸟类的迁徙或逃跑,也是常见之事。

火作为一个活跃的因子经常作用于森林生态系统。有时火能使森林生态系统的结构和功能遭到破坏,成为不利于平衡的干扰因素;有时不但不破坏森林的结构和功能,而且能成为利于平衡的因素。扑火队员以及林区广大干部职工、群众应加强扑火指挥、扑火技战术和安全知识的培训,加强森林火灾应急实战训练和扑火演习,提高扑火队伍的综合素质和扑火作战能力,向人民群众普及林火安全常识。同时,为林区应分队配备必需的扑火机具,进行必要的扑火知识培训,以保证高素质的扑火后备力量。

7.5.2 林火的预报

林火预报是林火管理工作中的重要环节,通过林火预报,可以掌握未来的火险形势,使森林火灾预防工作更加有的放矢。林火预测预报是综合气象要素、地形、可燃物的干湿程度、可燃物类型特点和火源等,对森林可燃物燃烧危险性进行分析预测,尤其是天气预报的准确性将直接影响林火预报的准确性。一般林火预报由气象站(局)结合林业部门共同进行。有条件的地方,林业部门可以设立气象观测站点,单独进行林火预报。

林火预报一般按预报功能和预报时效进行分类。

1. 按功能划分

林火预测预报按照系统功能、输入因子和输出结果可以划分为:

(1)仅预测预报天气条件能否引起火灾的可能性,不包括火源在内的火险天气预报;

(2)综合考虑天气条件的变化、可燃物干湿程度变化和森林可燃物类型特点及火源出现的危险等,来预测预报火灾发生的可能性,包括雷击火和人为火发生可能性的林火发生预报;

(3)火灾发生后,预测预报林火蔓延速度、能量释放、火强度及扑火难易程度的林火行为预报。

2. 按时效划分

预报时效是林火预报的有效期限。在林火预报的业务中,从预报时效上看林火预报可分为短期预报(2 天以内)、中期预报(10 天)、长期预报(10 天以上)和超长期预测预报。

林火预报涉及的因子很多,其中有些是稳定因子(即不变因子),如气候区、地形地势、森林特征等;有些是不稳定因子(即可变因子),如可燃物含水量、气象因子、火源等。在预测预报研究中应该选择哪些因子,不应该选择哪些因子,这对于精确、简便地进行林火预测预报具有决定性作用。

目前,在林火预报研究中常采用的主导因子是可燃物的含水量、降水量、干旱日数、相对湿度、温度和风 5 个因素。对我国南方林区来说,主要采用气温日较差、相对湿度、降水、连旱天数等主要气象因子。

7.5.3 林火的监测方式

目前,世界上许多国家在林火监测上主要还是采取传统的地面巡护、瞭望塔监测和空中巡护 3 种方式。只靠巡护员监测火情是很不够的,瞭望塔监测又受到很多条件的限制,而靠飞机巡逻观察不仅耗资大,速度也不是最快的,因此,随着科学技术的发展,林火监测的手段和能力也在不断丰富、完善。如今,林火监测手段按空间位置可划分为地面巡护、近地面监测、航空巡护和卫星林火监测 4 个层次。

1. 地面巡护

地面巡护是山护林员、森林防火专业人员在各自防火检查区内,根据森林火险等级预报,针对重点区域进行不同时段、不同空间密度的巡逻,检查监督来往行人和车辆遵守防火制度情况,宣传教育群众控制人为火源,检查生产用火和生活用火情况等。它是林区火情监测中最原始的监测手段。其最大的优点是具有较强的针对性,防火部门可有针对性地派护林员到易发生火情的敏感区域做好森林防火宣传教育,对野外非法用火进行制止,及时消除火灾隐患,帮助乡、村等有关部门查处火情,减少人为引起的森林火灾的发生。

2. 近地面监测

近地面监测主要有瞭望观察和视频监控两种形式。其中瞭望监测是经济水平相对落后地区所采用的监测方法,是我国林火监测体系中不可或缺的重要组成部分。它能够随时查看火势蔓延、发展及变化情况,为在最短时间扑灭森林火灾提供准确、翔实的火场信息。瞭望观察是瞭望员在塔台上通过肉眼或望远镜进行环绕查看,用定位仪确定方位,在地形图上定位火场地理坐标、森林资源分布及林相情况。瞭望观察必须配备相应的仪器设备,如瞭望观测设备、气象观测设备、定位设备、通信设备、电源设备、林区地形图及办公用品等。瞭望员置身于山中,对林内可燃物状况和气候变化引起的火险等级波动了如指掌,可随时向指挥中心提供第一手资料;还可监测林业生产性用火、非生产性用火、野外违章用火和农事用火等威胁森林资源安全的林区用火。

与其他手段相比近地面监测存在以下不足:一是受地形、地势的限制存在监测死角和空白,很难实现林区全覆盖;二是瞭望塔在前期建造和后期管护及人员培训方面需投入大量的人力、物力及财力;三是我国瞭望观测科技水平还不高,与国外发达国家还存在一定差距,自动化和网络化程度有待提升。

视频监测技术是利用计算机技术、视频图像处理技术,以及模式识别和人工智能知识,对摄像机获取的图像序列进行自动分析,对被监控场景中的运动目标进行检测、跟踪和识别,描述和判别被监视目标的行为,并在有异常现象发生的情况下能够及时地做出反应的智能监视技术。近年来,视频监控也由模拟信号向数字化和网络化转变,可见光和热红外仪器的配合使用,从而实现了全天候的监控能力。远程视频监控系统可以对林区进行 24 h 不间断监控,具备林火发现及时、火点定位精确、指挥保障有力等优越性。但该方式也存在一些瓶颈问题:一是传统的视频监控系统的理论监测半径大约数十千米,受地形的影响,监测林火范围有限;二是监控设备大部分架设在地处偏远的重点林区,信息传输体系建设成本高、维护难度大;三是视频监控空间规划布局难度较大,有时无法避免重复监测或存在监测空白。

除以上常见的近地面监测方式以外,还有很多技术应用在林火监测中,如地面红外监测、地面电视监测、地波雷达监测及雷电监测系统等。

3. 航空巡护

航空巡护主要通过航空护林飞机或无人驾驶飞机沿护林航线在火险等级较高的重点林区上空通过目视或借助设备监测火情的一种方法,包括飞机巡护和无人机巡护两种方式。该方式具有侦查范围广、反应速度快、视野开阔、方位准确等优点,弥补了卫星监测空间分辨率较低和近地面观测、地面巡逻监测范围小的不足,是森林防火工作中不可替代的监测手段。

由于飞机飞行成本高昂,飞行巡护区域一般是人烟稀少的雷击区和高火险地区。在选择飞行巡护区域时,要了解每个地区的火灾历史、可燃物类型、火灾危险程度、现有的监测能力等,并可据此绘制火险图,再根据火险图确定飞机巡护区域。当然,在经济较发达的地区,也有利用飞机对境内全部林区进行监测,但总的来说,那些火灾经常发生、火险等级较高、森林价值比较高的地段,是飞机巡护的重点地段。

无人机监测具有如下特点:设备少,负重低;飞行成本低;无飞行员生命安全问题;更高的机动性；隐蔽性好；使用维护方便；起飞、着陆容易。无人机没有驾驶员和观察员，依靠携带的任务设备完成任务目标。在执行监测任务时，无人机依靠所携带的传感器获得图像、气象等信息。

遥感技术是指非接触的、远距离的探测技术，一般指运用传感器或者遥感器对物体的电磁波的辐射、反射特性进行探测，可以广义地理解为在不与目标接触的前提下收集目标的相关信息。遥感技术因其广域性、及时性和准确性，尤其对可燃物空间分布的全面掌握，被广泛应用于林火监测的各个阶段。通过在无人机上搭载遥感设备，利用遥感技术判断目标物体的特征，使无人机遥感系统具有运行成本低、执行任务灵活度高、能够获得高分辨率遥感影像等优点，正成为传统航天遥感、卫星遥感的有力补充，广泛运用于农业监测、牧场管理、森林防火、海事监管、气象观测等领域。在林火监测中，图像采集设备是森林防火无人机最重要的任务设备。图像采集设备安装在稳定云台上，由云台对设备进行稳定控制和摄像角度控制。一般来说，林火监测中的图像采集分为可见光图像采集和热成像图像采集两种。

根据森林防火的任务需求和不同无人机的特点，可分别选用固定翼小型无人机和多旋翼小型无人机。当然，这两种无人机也可以配合使用，如利用固定翼小型无人机的特点，即飞行速度快，具有一定的负载能力和抗风能力，适用于对森林进行远距离、大范围的巡护监测，记录可疑火点区域位置，然后使用多旋翼无人机在上述疑点区域上空定点悬停，对重点区域进行侦查，拍摄高清视频图像以供进一步的林火识别分析。

4. 卫星林火监测

卫星林火监测是以卫星作为空间平台，通过其搭载的扫描辐射计探测地球表面物体的辐射值，依据林火温度远高于其背景地表温度这一特性完成林区热点监测。卫星监测是当代高新技术在森林防火应用的重要标志，是林火监测发展的前沿领域。

卫星监测林火则是依据林火的热辐射光谱和林区背景光谱的差别原理来进行预测预报，通过遥感结合全球定位系统和区域森林资源地理信息系统，可快速、大范围地掌握林火发生和发展动态，确定林火边界，估算过火面积；并可根据地形和林火扑救方案模型，快速模拟、选定最佳方案指挥林火扑救，同时估测森林火灾损失等。

具有热红外波段的卫星影像能检测到地表热异常变化。一般来说，波长越短，其对高温的灵敏度越高，如中红外波段；而火点具有特殊的光谱特征和辐亮度，可提取热源点与背景的亮温及其差值等，可用于火点的识别与判断的信息，从而进行林火的监测。在利用计算机自动识别火点算法中，首先排除常规火源（如炼钢厂），排除水域，排除人为用火（如燃烧农田废弃物等），再利用阈值，结合森林分布图、林相图或植被分布图等背景数据库判断是否有林火发生。国家林业局林火卫星监测系统利用地理信息系统技术及必要的人工干预，建立了快速的林火定位系统，从对地面的植被识别、判别入手，提高了对林火探测的精度。

卫星林火监测是当今科技含量最高的森林火灾监测方法，具有时效性高、监测范围广、连续性强等优点，不仅可对林区进行日常宏观监测，而且可对重大森林火灾的发展蔓延进行连续跟踪监测，还可用于过火面积的概略统计、火灾损失的初步估算及为地面植被的恢复调查提供数据参考。

5. 三维立体林火监测网

目前，我国在森林防火工作中已初步实现了高空有卫星、中空有飞机、近地面有瞭望塔和视频监控、地面有巡护人员的立体监测手段,从而构成了三维的立体林火监测网,能够及时发现火情,准确确定起火点位置和探测林火发生发展的全过程,是保证迅速控制并扑灭森林火灾的基础。其中,卫星监测和近地面监测是目前我国林火监测的基本方式。

应用气象卫星进行林火监测具有监测范围广、准确度高等优点,既可用于宏观的林火早期发现,也可用于对重大森林火灾的发展蔓延情况进行连续的跟踪监测、制作林火态势图、过火面积的概略统计、火灾损失的初步估算及地面植被的恢复情况监测、森林火险等级预报和森林资源的宏观监测等工作。

目前,我国在建的全国卫星林火监测信息网,包括基本可覆盖全国的 3 个卫星监测中心,30 个省(自治区、直辖市)和 100 个重点地(市)防火办公室及森林警察总队、航空护林中心(总站)的 137 个远程终端。国家森林防火指挥部办公室和全国各省、自治区、直辖市及重点地市防火指挥部的远程终端均可直接调用监测图像等林火信息。

卫星监测林火弥补了航空巡护、近地面监测和地面巡护等方式存在的死角与不足,是目前林火监测无可取代的信息源。利用 NOAA、MODIS 和 FY 等航天卫星数据开展林火监测,其优势在于时间分辨率高、一景图像覆盖范围广,能较好地反映较大区域的状况,基本可实现每天对全国林区火情进行监测,是国家森林防火指挥部掌握全国火情的重要支撑手段之一。

但是,这些卫星数据的空间分辨率不高,利用卫星的热红外通道数据进行林火监测,还会受到高温饱和、强反射面等的干扰;另外,同一卫星对于林区同一点每天只能扫描 1~2 次,且每次时间一般不超过 30 s,监测时间受到限制,往往是火情发展到了相当程度才能发现,容易错过最佳灭火时机;并且由于云的干扰,实际中并不是每次都能获取到覆盖火场的有效的影像数据。这些因素导致了在火灾扑救指挥中,指挥员因缺乏对火场状况信息的及时了解,带来延误扑火战机或做出不恰当的指挥决策等。

思考题

1. 简述火灾的产生原因及其特征。
2. 简述火灾的分类。
3. 简述火灾探测器的定义和分类。
4. 叙述防火技术所包含的内容及其特点。
5. 叙述灭火技术的类型及其特点。
6. 叙述火灾报警器的组成及其功能。
7. 简述森林火灾的危害。
8. 简述森林火灾的监测方式及其特点。

第8章　视频安防监控技术

随着计算机、网络、存储、芯片、物联网、云计算、大数据等技术的迅速发展，视频安防监控技术的发展也经历了早期的模拟视频监控、中期的数字视频监控、后来的智能视频监控，再到当前流行的高清视频监控，以及刚刚起步的云视频监控，产品一直不断升级、系统结构不断变化、功能不断完善、应用领域也在一直不断扩展。

8.1　视频监控技术的发展

在实际的视频监控技术的应用中，数字化监控系统占据主导，并逐步与物联网、云计算结合应用。从长远看，智能网络高清视频监控系统代表了视频监控技术未来的发展方向。

为了更好地向智能化方向发展，目前安防视频监控技术还必须在数字化、网络化的基础上先向集成化、高清化方向发展，因为有了集成化、高清化，才能真正实现智能化。所以，目前的全数字化网络视频监控系统的发展方向是集成化、高清化、智能化。

所谓系统集成化，主要包括前端硬件一体化和软件系统集成化两方面。视频监控系统前端一体化意味着多种技术的整合、嵌入式构架、适用性和适应性更强及不同探测设备的整合输出。硬件之间的接入模式具有可扩充性和信息传输的快速反应。网络摄像机由于其本身集成了音/视频压缩处理器、网卡、解码器的功能，使其前端可扩充性加强，有部分产品内置报警线。视频监控软件系统集成化，可使视频监控系统与弱电系统中其他各子系统间实现无缝连接，从而实现在统一的操作平台上进行管理和控制，使用户操作起来更加方便。

实际上，所谓的"高清"即高分辨率。高清视频监控就是为了解决人们在正常监控过程中"细节"看不清的问题。"高清"是现代视频监控系统由网络化向智能化发展的需要。一个高清的方案是从前端至后端一整套的解决方案，缺少一环，将不能实现真正的高清。

智能化视频监控的真正含义是，系统能够机器分析（自动理解）图像并进行处理。系统从目视解释（视读）走向机器解释（机读），而这正是安防系统需要实现的目标。显然，系统由目视解释转变为自动解释是视频监控技术的飞跃，是安防技术发展的必然。智能视频监控系统能够识别不同的物体，发现监控画面中的异常情况，并能够以最快和最佳的方式发出警报和提供有用信息，从而能够更加有效地协助安全人员处理危机，并最大限度地降低误报和漏报现象。智能视频（intelligent video，IV）源自计算机视觉（computer vision，CV）技术。计算机视觉技术是人工智能（artificial intelligent，AI）研究的分支之一，它能够在图像及图像描述之间建立映射关系，从而使计算机能够通过数字图像处理和分析来理解视频画面中的内容。智能视频技术借助计算机强大的数据处理功能，对视频画面中的海量数据进行高速分析，过滤掉用户不关心的信息，仅仅为监控者提供有用的关键信息。如果把摄像机看作人的眼睛，则智能视频系统或设备就可以看成人的大脑。因此，智能视频监控技术将从根本上改变视频监控技术的面貌，安防技术也将由此发展到一个全新的阶段。

8.2 视频监控系统的组成

根据视频监控系统功能和设备组成，一般的视频监控系统由前端系统、传输系统、显示系统、控制系统、存储系统五个部分组成。视频监控系统的组成，如图 8-1 所示。视频监控系统中的五个部分，缺一不可，并且它们也是互相关联、互相制约的。

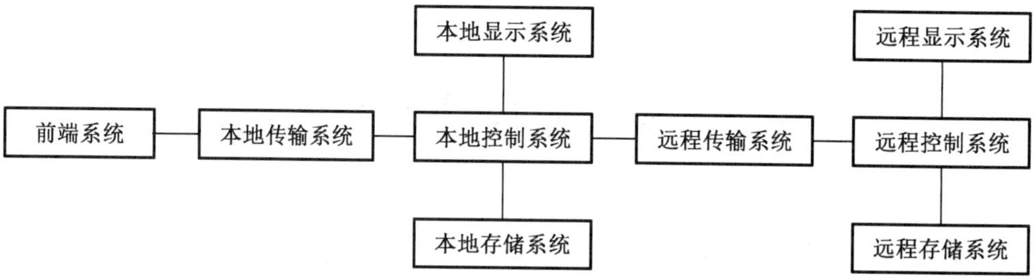

图 8-1　视频监控系统的组成

1. 前端系统

视频监控系统的前端系统是系统信息的获取源头，视频监控系统利用音视频技术具备“视觉”和“听觉”功能。系统的操作者可通过控制设备，按需求进行设置和布防，以获取必要的影像和声音信息。

2. 传输系统

视频监控系统的传输系统是一个音视频信息采集系统，需要把分散在不同地点的音视频等对象集中起来进行分析和处理。传输的对象有 5 种，分别是视频信息、音频信息、图片信息、数据信息和控制信令。这需用到各种电缆来进行各种信号的传输，即使在无线视频监控系统中，收发端各种设备之间的信号传输也需要各种电缆。视频监控系统通过传输系统传递信息，其中视频信息在视频监控系统中占比最高。

3. 显示系统

显示系统是视频监控系统前端信息的显示、记录、切换和分配等输出设备。显示终端常见的设备包括监视器、切换器、画面分割器、存储设备、数据通信设备、打印设备、自动拨号电话机、警号和警示灯。其通常安放在专门的中央控制室内，由操作人员对它们进行操作与使用。

4. 控制系统

控制系统是视频监控系统的中枢，一般控制设备中都使用微处理器按既定的程序工作，使其按照操作者的意愿执行系统所具有的各项功能。

5. 存储系统

存储系统是视频监控系统的数据库，按照不同的存储方式分为本地存储、远程存储和云端存储，可根据视频监控系统的需求对数据进行分类保存。

8.2.1　前端系统

前端系统是指视频监控线缆前端连接的设备部分，主要指监控系统的现场设备。现场设备主要包括摄像机、镜头、防护罩、支架、立杆、变压器、电源、拾音器、云台、解码器、光端机、防雷器、接地体和抗干扰器等。大部分情况下，拾音器、云台、解码器、光端机、防雷器、接地体、信号放大器、抗干扰器属于可选设备，可根据项目的实际情况选用。本书主要介绍摄像机和镜头的分类及相关技术，其他设备可以参考相关资料。

1. 摄像机

摄像机是整个视频监控系统的核心，相当于人体中的眼睛，采用光电转换技术进行成像，主要由镜头、芯片、机板、电源系统、外壳、辅助设备等组成。它布置在需要监控的各场所的某一个位置上，并使其视角能覆盖整个被监控的区域。有时在摄像机上还可加装电动的（可遥控的）可变焦距（变倍）镜头，使摄像机所能观察的范围更广、更清楚；有时还把摄像机安装在电动云台上，通过控制，可以使云台带动摄像机进行水平和垂直方向的转动，从而使摄像机能覆盖的角度和面积更大。

摄像机的结构由光学系统、光电转换系统和电路系统组成，其功能是把景物的光学影像转变为电信号。光学系统主要由多组透镜组成，将被摄对象的反射光经过光学系统的透镜收集和折射，使其聚焦在光电转换系统中。而作为光电转换系统核心的电荷耦合器件（CCD）和互补金属氧化物半导体（CMOS）为核心的图像传感器，把被摄对象的光学图像转变成携带电荷的电信号，然后电信号经过电路系统进一步放大，形成符合特定技术要求的“视频信号”，并从摄像机中输出。

摄像机用途广泛、种类繁多。摄像机按照成像芯片划分，可分为 CCD 摄像机和 CMOS 摄像机，在模拟监控时代使用最多的就是 CCD 摄像机，而在数字时代和智能时代则采用 CMOS 摄像机。CCD 与 CMOS 传感器是被普遍采用的两种图像传感器，两者都是利用感光二极管进行光电转换，将图像转换为数字数据，而其主要差异是数字数据传送的方式不同。CCD 传感器中每一行中的每一个像素的电荷数据都会依次传送到下一个像素中，由最底端部分输出，再经由传感器边缘的放大器进行放大输出；而在 CMOS 传感器中，每个像素都会邻接一个放大器及 D 转换电路，用类似内存电路的方式将数据输出。造成这种差异的原因在于 CCD 的特殊工艺可保证数据在传送时不会失真，因此各个像素的数据可汇聚至边缘再进行放大处理；而 CMOS 工艺的数据在传送距离较远时会产生噪声，因此，必须先放大，再整合各个像素的数据。

摄像机按照成像色彩划分，可分为彩色摄像机、黑白摄像机和彩色与黑白自动切换摄像机三种。目前，主流视频监控系统摄像机大部分采用彩色摄像机。黑白摄像机出现较早而且应用时间较长，具有画面清晰度高、成本低廉的优势，在某些应用场合中还存在。另外在一些高端摄像机市场依然存在黑白摄像机，比方说工业面阵相机、工业线阵相机等。彩色与黑白自动切换摄像机主要适用于当环境照明照度较低的情况下（比如晚上，一般照度小于 0.5 lx）彩色摄像机无法形成清晰的彩色图像，如果图像是“黑白”的话，可以在更低的照度下形成清晰的“黑白”图像。当环境照度大于一定的值，会自动形成“彩色”图像，当照度低于一定的照度，彩色图像会自动切换为“黑白”图像（甚至在白天的情况下）。若在配置红外灯的情况下，摄像机可以在 0 lx 的环境下工作。摄像机按照最低照度划分，分为普通摄像机、月光摄像机、星光摄像机及红外型摄像机。

摄像机按照接线方式划分，可分为无线摄像机、同轴摄像机和网络摄像机。无线摄像机由普通摄像机和音视频发射机组成，在后端需要配合音视频接收机使用，应用于不便于布线的场景中。摄像机采用专用的无线收发器，可以增加传输距离和抗干扰性。同轴摄像机是最常见而且是历史上应用最广的摄像机类型，通常称为模拟摄像机，其最常见的传输介质是同轴电缆，也有通过双绞线（相当于网线）传输的。网络摄像机通过网络传输，不需要额外布线，通常不受传输距离限制，只要有网络的地方，就可以很容易地构建一套网络传输系统。

摄像机按照外形，可分为枪式摄像机、半球摄像机、全方位云台摄像机、针孔摄像机、防腐蚀摄像机、防暴（爆）摄像机，如图 8-2 所示。

(a) 枪式摄像机

(b) 半球摄像机

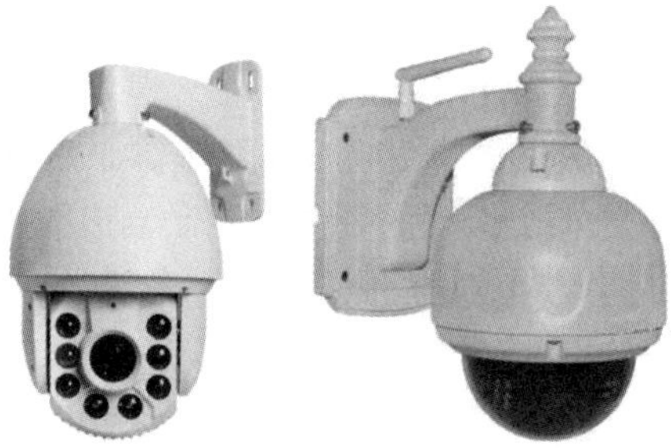

(c) 全球型云台摄像机

(d) 半球型云台摄像机

图 8-2　监控用摄像机

（1）枪式摄像机。枪式摄像机是最常见的摄像机类型，适用于户外和安装环境复杂的场所，使用时通常需要单独配置镜头和防护罩。这种摄像机常用于城市道路、高速公路、各种出入口、收费站、平安城市等 24 h 全天候监控的场所，配套辅助照明灯光，可真实记录夜间动态画面。

（2）半球摄像机。半球摄像机由于体积小巧，外形美观，适合电梯、公交车、户内环境安装,不需要额外配置护罩和支架,安装方便,造价低廉,一般内置镜头。这种摄像机一般都安装有红外照明灯,在夜间自动开启和进行红外照明,可提供清晰图像。

(3)全方位云台摄像机。全方位云台摄像机适用于要求实现拉近、推远和聚焦,监控局部和全景的全方位旋转监控场所,它是将摄像机、云台旋转系统、通信控制系统、支架安装系统和护罩相结合的一体化产品。根据其外形分为全球型云台摄像机、半球型云台摄像机两种。

(4)特殊用途摄像机。针孔摄像机外形小巧,安装隐蔽,适合 ATM 机、监狱和需要隐蔽安装的环境使用;全景摄像机可以进行 180°或 360°拍摄,包括鱼眼式及多镜头拼接或者枪球联动类型;防腐蚀摄像机是针对特定易腐蚀环境设计的,主要在于防护罩,可以用于严苛的腐蚀环境;防暴(爆)摄像机安装有防暴(爆)护罩和支架,可防止外力破坏,适用于恶劣的环境,比如矿井、油田、监狱等需要更高安全环境的场所。防暴是防普通的外力破坏,防爆是防爆炸的环境。摄像机不同的外形主要适应不同的安装环境。

在视频监控系统中,若摄像机有运控控制要求,则可以使用云台来承载摄像设备,并能够远程进行上、下、左、右全方位控制。云台的实质是两个电机组成的安装平台,可以实现水平和垂直的运动,从而带给摄像机设备全方位、多角度的视野。

2. 镜头

镜头是指安装在摄像机前端的光学装置,该装置由许多光学玻璃或者透明树脂镜片及镜筒等组成。镜头用来收集从物体反射来的光线,使其聚焦并投射到摄像器件的受光面上进行成像,其质量直接决定视频影像的清晰和逼真程度。镜头和摄像机配合,通过调整镜头的焦距长短、聚焦远近和光圈大小,可使摄像机靶面获得清晰的图像。设计人员要根据物距、成像大小计算镜头焦距,以决定选用何种规格的镜头;工程的施工人员则要进行现场调试,把镜头调整到最佳状态。

镜头按照光圈,有手动光圈和自动光圈之分,用于配合摄像机使用。在实际工程应用中,大多推荐自动光圈镜头。自动光圈镜头因亮度变更时其光圈也自动调整,故适用亮度变化的场合。

镜头按照视场大小,分为标准镜头、广角镜头、远摄镜头、变焦镜头、可变焦点镜头和针孔镜头。

在工程设计中,室内环境建议采用广角镜头(视角更大),户外环境或者需要变焦的环境可采用变倍镜头。

镜头按照焦距,可分为短焦距镜头、中焦距镜头、长焦距镜头和变焦距镜头。短焦距镜头因入射角较宽,可提供一个较宽广的视野。中焦距镜头是标准镜头,焦距的长度视 CCD 的尺寸而定。长焦距镜头因入射角较狭窄,故仅能提供狭窄视景,适用于长距离监视。变焦距镜头通常为电动式,可作广角、标准或远望等镜头使用。变焦距镜头有手动伸缩镜头和自动伸缩镜头两大类。

摄像机及镜头,通常要放在防护罩中。在室外或其他特殊环境中,还需要采用室外全天候防护罩或其他耐高温、防爆、防水等特殊条件的防护罩。支撑它们的支架也有室内、室外、轻型与重型云台支架等。

在前端设备中,为满足特定的要求,摄像机的夜视功能也逐步得到了发展,应用到夜间没有辅助光源的环境。而在一些有灰尘、水汽或细小障碍物的应用环境时,利用透雾摄像机可以实现穿尘透雾的监控应用。

监控系统中用防护罩来保护摄像机和镜头。常见的防护罩主要分为室内防护罩和室外防护罩两种。室内防护罩主要功能是防尘、防破坏。室外防护罩密封性能一定要好，应保证雨水不能进入防护罩内部侵蚀摄像机。有的室外防护罩还带有排风扇、加热器、雨刮器，可以更好地保障摄像机设备正常工作。

在带有云台、变焦镜头等可控设备上，往往搭载解码器来提供驱动并与控制设备如矩阵进行通信。通常，解码器可以控制云台的上、下、左、右旋转，控制变焦镜头的变焦、聚焦、光圈，以及控制防护罩雨刷器、摄像机电源、灯光等辅助设备，还可以提供若干辅助开关，以满足不同应用的实际需要。也就是说，解码器的作用是将控制码进行解码，将矩阵或控制器发送过来的控制信号转换成实际的电压信号，来驱动相关设备。

8.2.2 传输系统

技术的发展，使视频监控的传输媒介由有线电缆向网络电缆改变，再到在云端进行部署视频云等，产生了更高阶的应用。传输系统是将监控系统的前端设备与终端设备联系起来的物理通道。前端设备所产生的视频信号、音频信号、各种报警信号通过传输系统传送到控制中心，并反向将控制中心的控制指令传送到前端设备。总体讲，信号传输包括视频信号的上行传输及控制信号的下行传输，以及电源供应。信号的传输需要根据传输信号不同而选择相应的电缆，一般需要视频同轴电缆、带屏蔽层的多芯控制电缆、三芯电源线等，如果距离过长，需要配置光纤及相应的收发器。

1. 视频信号的传输

监控系统中视频信号的传输非常重要，由于视频信号的信息量大、频带宽、实时性强，因此视频监控系统中信号传输的重点就是视频图像信号的传输。传输系统按照传输方法有模拟传输和数字传输方式，按照使用介质分为有线传输方式和无线传输方式，按照距离有本地传输和远程传输等分类。

(1)有线传输

在有线传输方式中，视频信号传输的介质主要是同轴电缆，如果距离过远可以采用光纤传输及双绞线传输。常见的三种视频信号传输方式如图 8-3 所示。

①视频基带传输(同轴电缆传输)。视频基带传输是传统的视频信号传输方式，对 0~6 MHz 视频基带信号不做任何处理，通过同轴电缆直接传输模拟信号。同轴电缆截面的圆心为导体，外用聚乙烯同心圆状绝缘体覆盖，再外面是金属编织物的屏蔽层，最外层为聚乙烯封皮。同轴电缆对外界电磁波和静电场具有屏蔽作用，导体截面积越大，传输损耗越小，可以将视频信号传送更远的距离。其缺点是传输距离短，在 300 m 以上时高频分量衰减较大，无法保证图像质量；一路视频信号需布一根电缆，传输控制信号需另外的电缆；布线量大、维护困难、可扩展性差，适合小系统，若要进行远传输距离应用时需要采用视频放大器。

②双绞线传输(平衡传输)。双绞线也是视频基带传输的一种，是将 750 的非平衡模式转换为平衡模式来传输。它是监控目标在 1 km 距离内，电磁环境复杂场合的解决方式之一，将监控图像信号处理后，通过平衡对称方式传输。其优点是布线简易、成本低廉、抗共模干扰性能强；其缺点是只能解决 1 km 以内监控图像的传输，而且一根双绞线只能传输一路图像，不适合应用在大中型监控系统中；双绞线质地脆弱，抗老化能力差，不适于野外传输；双绞线传输高频分量衰减较大，图像颜色会受到很大损失。

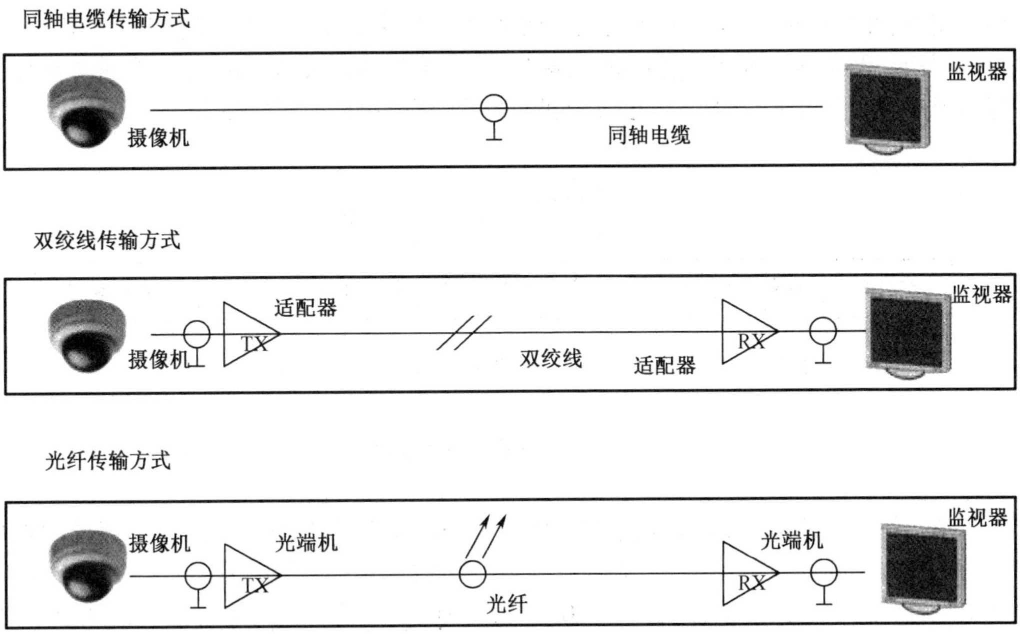

图 8-3　常见的三种视频信号传输方式

③光纤传输方式。光纤是能使光以最小的衰减从一端传到另一端的透明玻璃或塑料纤维。光纤的最大特性是抗电子噪声干扰,通信距离远。其常见的有模拟光端机和数字光端机,是几十千米甚至几百千米视频监控传输的最佳解决方式。其优点是传输距离远、衰减小,抗干扰性能好,适合远距离传输;其缺点是对于几千米内监控信号传输不够经济;光熔接及维护需专业技术人员及设备操作处理,维护技术要求高,不易升级扩容。

(2)无线传输

一般视频监控系统是以有线传输视频、音频和控制信号,但受实际应用现场环境的限制而无法使用有线传输设备时,就需要使用无线传输设备。无线通信是利用电磁波信号可以在自由空间中传播的特性进行信息交换的一种通信方式。近些年在信息通信领域中,发展最快、应用最广的就是无线通信技术。在移动中实现的无线通信又统称为移动通信,人们把二者合称为无线移动通信。

无线通信系统是由发送端对原始信号进行转换,形成已调制射频信号(高频电磁波),通过发射天线送出,在自由空间传播,然后接收端接收信号,放大、变频后,将其进行解调,再送给终端设备。其模型如图 8-4 所示。

常用的无线通信方式按照传输距离分为远距离通信和近距离通信。远距离通信包括无线移动传输、微波传输及多载波传输等;近距离通信包括 Wi-Fi、蓝牙、ZigBee 等

①无线移动传输技术。指借助通信运营商的 3G/4G/5G 网络进行传输的一种无线传输方式。这种传输方式原理简单,就是在移动目标上加装前端视频采集装置,通过无线移动传输单元将视频信号传输至监控中心,实现对移动目标动态、实时跟踪、监控、调度的目的。由于基于无线传输技术的移动视频监控系统,可根据需要迅速将新监控点加入网络,无须新建传输网络即可高效实现远程监控,且数字化视频便于存储、检索,对市政、公安等特殊要求的部门尤为合适,因而组网极其灵活、扩展性好;同时,由于地理环境、工作性质限制而

采用有线传输可能存在诸多不便,甚至根本无法实现,而利用无线网络可摆脱线缆束缚,且实施周期短、维护方便、扩容能力强,加上网络维护由提供商实施,前端设备即插即用,因而综合成本低。无线移动通信网络的发展,特别是5G数据通信技术的出现,为各种智能设备的远程无线通信提供了新的手段,也成为嵌入式系统应用的一个重要领域。

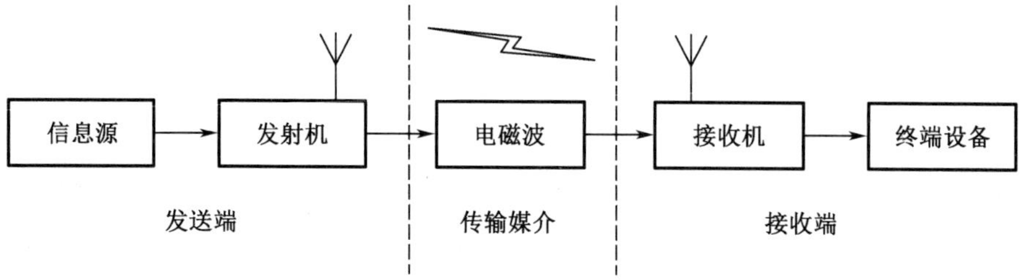

图8-4 无线通信系统模型

②微波传输技术。在某些特定情况(如公安机关对控制对象的监控、火灾现场的观察等)及受地形、地物(铁道、河流等)限制等情况,采用微波开路传输的方式是最佳的选择。微波泛指波长为1 mm~1 m,即频率为300 MHz~300 GHz范围内的电磁波。细分起来,微波段又可分为分米波、厘米波和毫米波。实际微波均指常用的3~40 GHz的电磁波。由于微波在空间主要是直线传播,且会穿透电离层而进入宇宙空间,因此微波传输除了在地面进行中继接力方式外,还可通过空中同步卫星作为中继站的传输方式。

③Wi-Fi技术。Wi-Fi是一种允许电子设备连接到一个无线局域网(WLAN)的技术,遵循IEEE所制定的802. 11x系列标准,通常使用2. 4G UHF或5G SHF ISM射频频段。WLAN在建筑物内及户外等有限的覆盖区域内提供了高带宽,且连接到无线局域网通常有密码保护。由于无线移动网络与WLAN在覆盖区域和带宽上具有不同优势和局限性,因此这两种技术支持不同的应用并满足不同的需要,相互补充。

④多载波传输。多载波传输技术指的是OFDM(orthogonal frequency division multiplexing,正交频分复用)技术和COFDM(coded orthogonal frequency division multiplexing,编码正交频分复用)调制技术,是一种多载波数字调制技术或多载波数字复用技术。多载波数字复用技术适合在城区、城郊、建筑物内等非通视和有阻挡的环境中应用,表现出卓越的"绕射""穿透"能力,适合高速移动中传输,可应用于车辆、船舶、直升机/无人机等平台;适合高速数据传输,速率一般大于4 Mb,可满足高质量视音频的传输;在复杂电磁环境中,多载波技术具备优异的抗干扰性能,图像清晰稳定,无雪花;图像可加密,可有效防止信息泄露。

2. 视频分配器

摄像机采集的视频信号或矩阵输出的视频信号,可能要送往监视器、录像机、传输装置等终端设备,完成图像的显示与记录功能。经常会遇到同一个视频信号需要同时送往不同设备的需求,当终端设备为两个,可以利用转接插头或者某些终端设备上配有的环路来完成,但当个数较多时,因为并联视频信号衰减较大,送给多个输出设备后由于阻抗不匹配等原因,图像会严重失真,线路也不稳定。使用视频分配器,可以实现一路视频输入、多路视频输出的功能,并且视频信号无扭曲或清晰度损失。通常视频分配器除提供多路独立视频输出外,兼具视频信号放大功能,故也称为视频分配放大器。

3. 控制信号的传输

控制信号主要包括对云台全方位控制、对镜头的可变控制、对辅助设备的控制、切换控制、电源控制及录像控制等。控制信号传输方式主要为双线控制信号传输及同轴视控。双线控制通信距离可以达到 1 200 m，一般采用 RVVP2×1.5 线缆。同轴视控方式是利用同轴线缆传输视频及控制信号，原理是将控制信号调制到与视频信号不同的频率上逆行传输。

4. 系统供电

电视监控系统中的电源线一般都是单独布设，在监控室设置总开关，从而对整个监控系统进行直接的电源控制。一般情况下，电源线按交流 220 V 布线，在摄像机端再经适配器转换成直流 12 V 或交流 24 V，电源线与信号线需要保持一定距离。有些小系统也可采用 12 V 直接供电的方式，即在监控室内用一个大功率的直流稳压电源对整个系统供电。

8.2.3 控制与终端系统

视频监控系统的控制系统是整个系统的中枢，是实现系统功能的指挥中心。视频监控控制系统是集视频接入、显示、存储、转发、管理于一体的软硬件设备，系统管理中心包含控制与终端系统的硬件控制设备和视频监控管理软件。硬件控制设备可实现前端相机的控制、线路切换、分屏控制、显示与存储的功能；视频监控管理软件可实现视频监控的前端接入、媒体调度、视频数据管理、业务管理、存储管理、设备管理、系统管理等功能。

1. 控制系统

控制系统包括总控制台、副控制台、操作键盘、画面分割器、视频校正与补偿、视频运动检测器、云台镜头控制器、计算机服务器系统等设备。

总控制台是对摄像机、镜头、云台、防护罩等前端设备进行遥控，以完成对被监控的场所进行全面、详细的监控或跟踪监控。对某些距离较远，或由于传输方式的要求等原因，在控制台上要对传输过来的图像信号进行幅频和相频的校正和补偿。经过校正和补偿的图像信号，再经过分配或放大，进入视频切换部分，然后送到监视器上。总控制台上设有“多画面分割器”，如四画面、九画面、十六画面等。通过这个设备可以在一台监视器上同时显示出 4 个、9 个、16 个摄像机送来的各个被监控场所的图像画面，并用终端设备的一台硬盘录像机进行记录，以便事后备查或作为重要的事实依据。

总控制台对摄像机及其辅助设备（如镜头、云台、防护罩等）的控制一般采用总线方式，把控制信号送给各摄像机附近的“终端解码器”，在终端解码器上将总控制台送来的编码控制信号解出，成为控制动作的命令信号，再去控制摄像机及其附属设备的各种动作（如镜头的变倍、云台的转动等）。总之，根据系统构成的情况及要求，可以综合考虑，以完成对总控制台的设计要求。控制设备的作用可归纳为以下两方面。

（1）对下行信号与终端设备的连接进行调度。这里有三类信号：图像信号、声音信号、报警信号，它们进入微机中央控制器（兼有音频、视频、报警控制切换功能）后，可以按照操作者的意愿，与终端设备的监视器、录像机等音像设备相连，供显示、观察和记录、存储。

（2）对前端发出控制指令，指挥其动作。一般采用数字式的码分多址方式对前端进行控制。前端的解码控制器与此密切相关。

2. 终端系统

终端系统是包括视频监控系统前端信息的显示、记录、切换和分配等输出设备。终端系统常见功能是显示、存储、打印记录输出等功能。下面介绍终端系统中的显示单元和存储单元的功能。

显示单元用来显示前端系统监控摄像机拍摄的图像和采集到的各类数据。常见的视频显示设备可分为 LCD(液晶显示器)、LED 显示器等。显示部分具有丰富的接口,可接收各种信号。由多个液晶显示器或 LED 显示器可扩展成为电视墙实现大幅面的显示,适用于大型指挥中心、会议室、展厅、管理中心等场景,可多方位展示视频画面、信号源,并进行实时指挥。

存储设备是用来记录摄像机所拍摄的图像资料和监听资料,以便备查、回放或存储备案的记录设备。为适应视频数据高速、海量、可靠的存储要求,并方便管理与维护,对数据存储的需求越来越高。常见的数据存储方式有利用硬盘录像机、网络硬盘录像机等存储设备或利用云端存储方式来实现。

8.2.4 视频监控管理系统

当前,网络视频监控系统多采用 CMS(central manage system,即中央管理系统)来实现对系统资源的集中管理并提供用户程序接口。如图 8-5 所示为带 CMS 的数字网络视频监控系统。除了前端和末端的摄像机及监视器,设备从模拟化过渡到数字化,核心系统应用包括编解码器、传输网络、虚拟矩阵及具有丰富功能的系统管理软件,可以由网络传输交换及软件平台实现视频的多画面显示、视频切换、云台控制等功能。

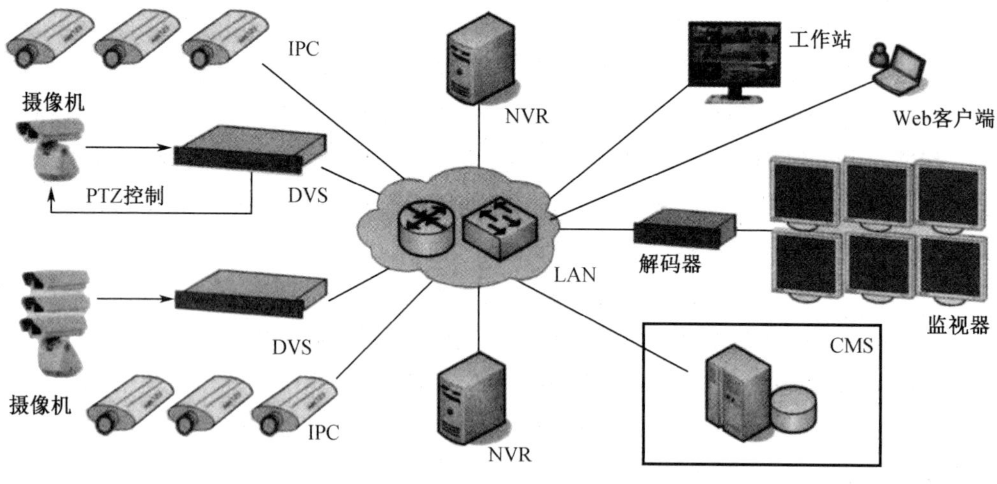

图 8-5 带 CMS 的数字网络视频监控系统

CMS 的主要功能包括:

(1)良好的人机界面,简化日常操作,提高效率;

(2)兼容不同厂家的各种前端底层设备;

(3)将分散的、大量的设备进行集中管理；
(4)实现用户的统一管理与登录服务；
(5)实现视频媒体的存储与转发服务；
(6)实现多用户并发访问接口服务；
(7)实现多用户、多部门、多级别的权限管理；
(8)系统设备的运营管理、故障报警、日志管理等服务；
(9)突发事件的应急预案,充分发挥视频监控系统功能。

遵循《安全防范视频监控联网系统信息传输、交换、控制技术要求》(GB/T 28181—2011)和《安全防范视频监控联网系统信息传输、交换、控制技术要求》(补充文件)等标准规范设计,可将各类视频监控系统、卡口监控系统(可选)等各类图像资源统一整合到平台中,实现图像信息的汇集、管理、运维等功能。同时面向不同用户提供视频巡逻防控、可视化指挥、视频侦查研判等实战应用服务。其具体由视频平台、卡口平台、视频图像信息数据库、智能分析工具集组成。视频监控管理软件结构如图 8-6 所示。

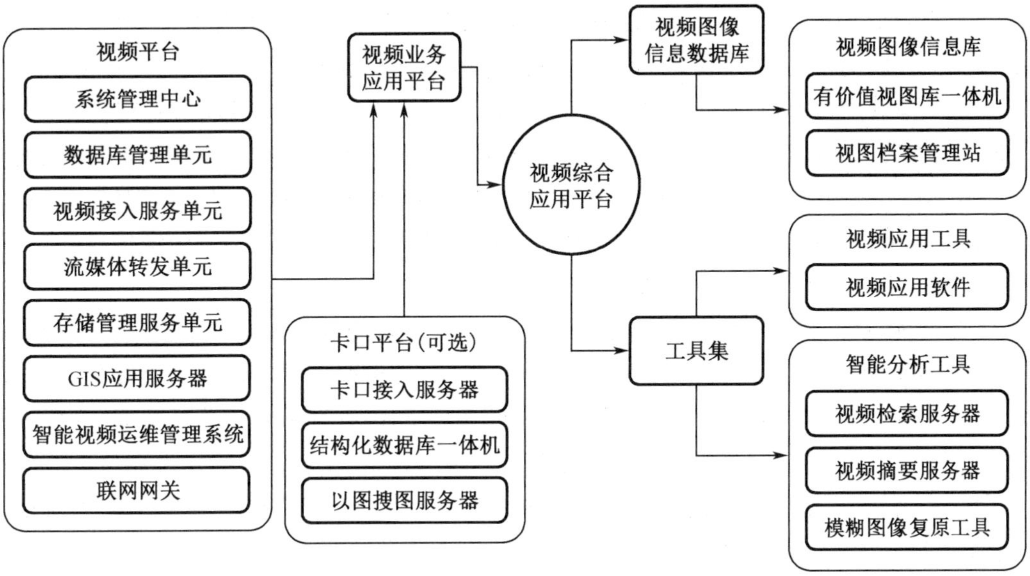

图 8-6 视频监控管理软件结构

1. 视频平台

基于《公共安全视频监控联网系统信息传输、交换、控制技术要求》(GB/T 28181—2016)要求,将各类视频图像资源进行整合接入、联网共享及运维管理,实现图像按需、实时、快速和安全地上传下调,并充分利用视频资源,开发完善针对不同部门的图像综合实战应用。视频平台包括的功能如下。

(1)系统资源管理。安装在系统应用服务器中,作为视频监控平台的核心组件,负责所有系统资源的管理、配置、认证,提供统一的分级配置及查询界面;提供平台的用户管理、权限分配、统一用户认证及鉴权服务;提供日志管理、自动化任务管理、电子地图管理、跨网域访问管理等平台管理服务；提供 B/S 客户端、C/S 客户端、移动客户端的登录管理、信息获取和消息转发服务；提供报警管理、报警联动配置功能，支持报警消息的接收、分发、联动及处理；提供平台对接服务接口，方便第三方平台对视频业务的集成接入。

（2）数据库管理单元。数据库管理单元存储平台中所有需要记录的数据信息，提供数据的关联、查询、修改和删除，支持数据定期备份，支持数据异常恢复，针对大数据量采用优化后的存储和查询策略，为整个系统提供底层的数据存储和访问功能。

（3）视频接入服务单元。视频接入服务单元提供视频设备接入服务，实现视频设备的注册、接入管理、设备资源管理等功能的一体化，可兼容各厂商的 IP 视频编码设备，屏蔽了前端设备接口或协议的差异性。通过视频接入服务单元，可快速实现平台对各类视频监控设备的整合接入。

（4）流媒体转发单元。流媒体转发单元提供视频流的转发及分发服务，可将一路视频流分发成多路，减少前端设备连接及传输网络压力，支持标准的 RTSP/RTP 视频传输协议，支持级联和分布式部署，支持流媒体集群和负载均衡，同时在资源有限的情况下，支持干线管理，可实现基于用户的优先级抢占。

（5）存储管理服务单元。存储管理服务单元提供对系统中所有存储介质、存储策略、存储计划的管理；同时，提供录像检索服务、录像点播服务及报警联动录像服务；提供录像标签回放、录像锁定与解锁、录像完整性检测、录像异常报警等多种服务功能；支持多样式的存储方式管理，同时支持前端设备存储、NVR 存储、CVR 存储、视频云存储等存储管理功能。

（6）GIS 应用服务器。支持地理信息系统（GIS）引擎的对接服务，提供地理信息服务平台及其运行维护子系统等来实现用户对服务、图层、数据的管理及对系统的维护，同时提供大量的服务接口来实现对业务系统的支撑。

（7）智能视频运维管理系统。提供对系统内的各项资源的状态巡检采集服务。检测对象包括前端设备、视频编码设备、解码设备、存储设备、平台服务器等设备的在线状态、运行状态，以及对所有视频质量的分析、诊断和告警。提供状态查询和统计分析功能，支持图形化展现方式，设备故障或出现异常时，能够发出告警信息，并以工单的形式贯穿整个故障报修过程，实现流程化管理。支持按在线率、视频完好率、录像完好率、工单修复率等对视频运维工作进行全面、精准考核。

（8）联网网关。在多级平台联网时，联网网关提供用于平台级联/互联的信令服务、媒体服务、转码服务。信令服务用于提供平台信令路由、信令控制、信令交互等功能；媒体服务提供级联/互连视频流的推送服务；转码服务提供媒体码流的标准化转码服务；支持多台网关的媒体服务集群、转码服务集群；提供联网状态及运行状态管理、共享监控点选择性推送、选择性转码、重新编码等功能服务。

2. 视频图像信息数据库

根据《全国公安机关视频图像信息整合与共享工作任务书》的文件要求，视频图像信息数据库集视频数据采集上传、结构化描述、专题库存储、全文检索、视频数据深度应用等功能于一体。按部署位置的不同，视频图像信息数据库包括有价值视图库一体机、视图档案管理站两部分。

（1）有价值视图库一体机。对各部门日常的视频巡逻及事件处理、情报研判等业务中产生的有价值视频、结构化视频线索,以及其他有价值视频图像等资源进行采集整理,并提供统一、规范的入库管理、查询检索、分类共享等服务,为各部门业务应用提供信息检索、交换共享等基础数据支撑服务。

(2)视图档案管理站。视图档案管理站部署一线的专用存储设备,能够把文档、视频、图片等各种数据存入视图档案管理站中的个人专属文件夹。视图档案管理站主要具备入库采集和网盘采集功能;支持对视频片段、图片等多种格式文件的存储;支持对资料按时间、用户等多种维度进行统计;支持全文检索;配合工具集,可实现研判入档一体化、离线档案一键入库、在线档案零键入库、自由分配存储空间、局域网内的协同办案等应用。视频图像信息数据库系统可进行级联对接,实现重要数据资源的同步上传、共享共用。

3. 智能分析工具集

智能分析工具集是专门为视频应用服务的工具套件,可解决视频应用中最常见、最普遍的问题,实现快速查看视频与锁定嫌疑目标,提高工作效率。按具体用途不同,智能分析工具集又分为视频应用工具、智能分析工具。

(1)视频应用工具。视频应用工具涉及视频业务中所需要的视频下载、视频播放研判、视频报告制作等各个环节,可有效加快视频搜寻的速度。其常见的功能包括:

①视频播放模块。可兼容播放100多种视频格式,支持视频快播、慢播、帧播、倒播、片段循环播。

②视频编辑模块。可直接在视频上进行剪切、拼接、叠加文字、图形标注等编辑操作,以利于分析和工作汇报。

③视频转码模块。对播放不了的视频,或者能播但不能下载的视频进行转码,可转成WMV、AVI等通用的视频格式。

④屏幕录制模块。对不兼容的视频及无法下载的视频,可以用录屏的方式进行录制,输出WMV、AVI通用的格式。

⑤标注对比模块。桌面级的“电子笔”,用于模拟测量、屏幕标注等实战应用,可在视频播放画面上任意标注点、线、矩形、曲线等图形。

⑥尺寸测量模块。专用于测量目标物体的高度和长度,采用先进的二维到三维的空间映射技术,来测量图像中物体的实际高度。

(2)智能分析工具。智能分析工具的意义在于利用当前成熟的智能视频分析处理技术辅助人员快速查看视频与锁定嫌疑目标;利用成熟的算法,提高视频自动化分析处理的能力,有效地加快视频线索的排查效率。其具体由以下模块组成:

①视频摘要服务器是对视频内容的一个简单概括,以自动或半自动的方式,先通过运动目标分析、提取运动目标,然后对各个目标的运动轨迹进行分析,将不同的目标拼接到一个共同的背景场景中,并将它们以某种方式进行组合,生成摘要视频,缩短回放视频时长。

②视频检索服务器可对原始视频通过智能预处理技术进行智能化分析,提炼出符合排查条件的行为、人员、车辆的视频片段,依据排查规则,快速定位目标视频,提高视频查看效率。视频检索服务器支持集群部署方式。

③模糊图像复原工具支持对模糊图像进行智能化修复,突出或抑制图像中的部分特征,使图像细节特征更清晰,使图片的信息更容易被识别,提高图片的感官效果。

4. 卡口平台

“卡口”是指可安装在公路路段断面上并对指定车道内机动车进行不间断自动检测和记录的系统。“卡口”记录的信息包括车辆经过时间、车辆全貌、车牌号码、车牌颜色、车速、车身颜色、前排司乘人员面部特征等。

8.2.5 视频监控系统的集成

数字视频系统是安防系统的一部分,在不同的监控环境,还可以与各种各样的防盗探测器配合,如主动和被动的红外探测器、双鉴探测器、震动探测器、玻璃破碎探测器及门窗与保险柜的开关探测器等。当这些探测器探测到有非法侵入者时,就发出报警,通过系统集成,实现一个平台下报警触发联动。集成可以带来如系统的数据共享、联动控制、自动操作、成本节约、提高效率等很多的好处。

视频监控系统需要与防灾、动力、环境检测等系统进行必要的联动集成,其他系统可以“以硬件干节点或 API 接口”的方式,实现与视频监控系统的集成报警联动。视频监控系统硬件干节点集成方式如图 8-7。

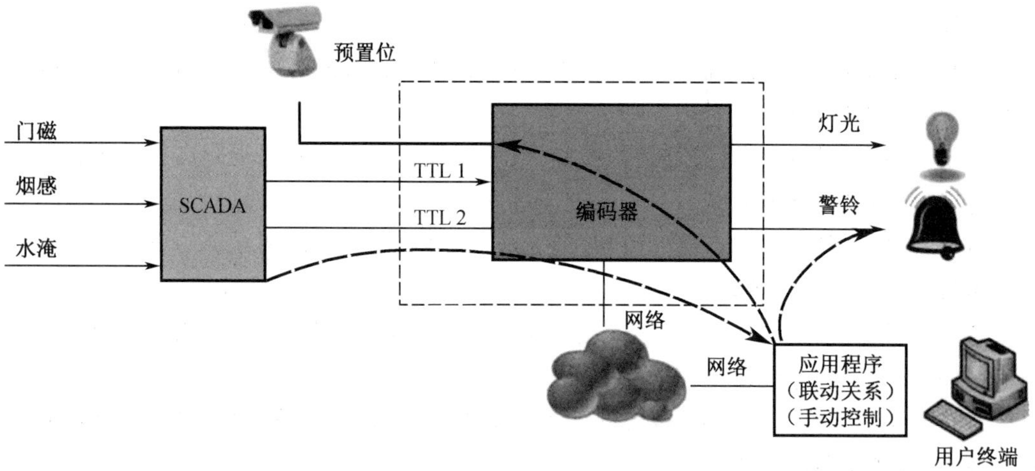

图 8-7 视频监控系统硬件干节点集成方式

对应的 API 接口的方式,是采用设备软件开发工具包(software development kit,SDK)所包括的接口协议规范(如 SIP 协议、HTTP 协议等)和程序开发库(如 COM 组件、C#链接库等)两种类型。接口协议规范描述了接口的具体使用规格,程序开发库包括基于不同操作系统和开发环境下的 DLL 和 API,以及相关的说明文档和 DEMO 例子程序,其中,DLL 封装了接口资源及接口暴露的功能代码,API 用来访问 DLL 中暴露的接口功能。根据实际不同的需要,可以选择 C/S 或 B/S 应用模式。安防 SDK 的应用层次示意图如图 8-8 所示。

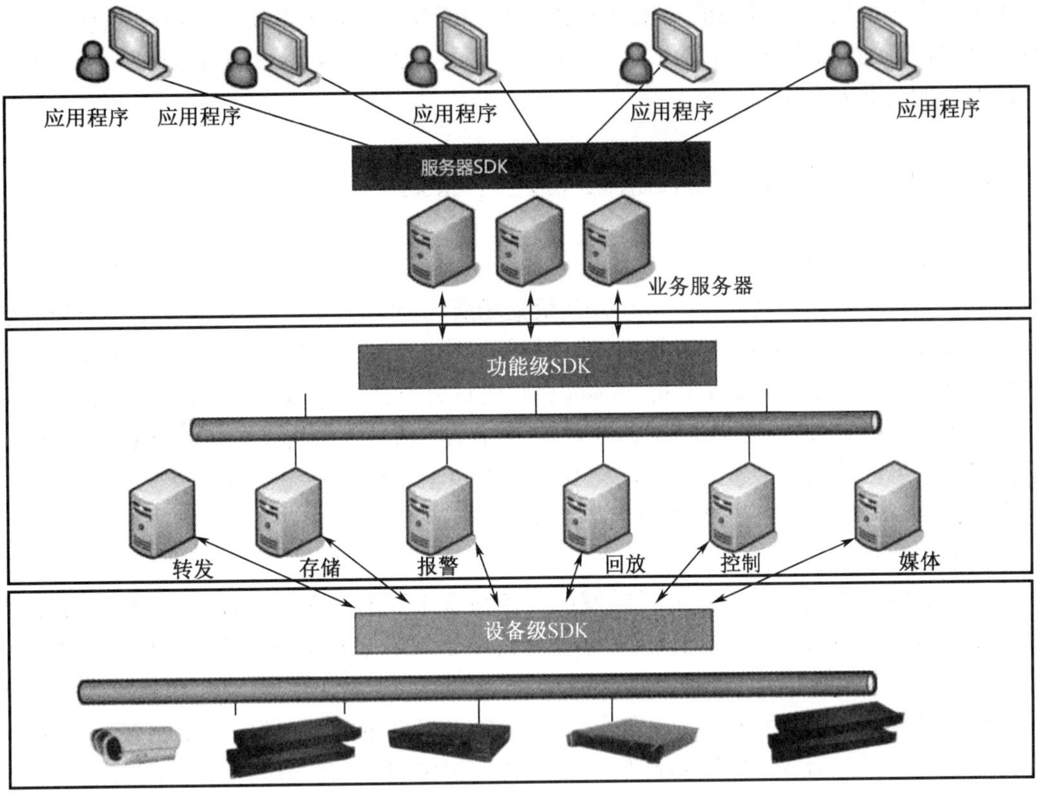

图 8-8 安防 SDK 的应用层次示意图

8.3 城市治安监控系统的设计

平安城市是一个特大型、综合性非常强的管理系统，不仅需要满足治安管理、城市管理、交通管理、应急指挥等需求，而且还要兼顾灾难事故预警、安全生产监控等对图像监控的需求，同时还要考虑报警、门禁等配套系统的集成及与广播系统的联动。该系统统称为城市治安监控系统，也称为“天网系统”。

城市治安监控系统建设的目的是为了提高案件的侦破，有效地遏制社会犯罪率，对犯罪分子形成威慑作用；解决职能部门人员不足的矛盾，提升社会综合防范水平的需要；充分优化各种政府职能部门资源，提高工作效能的需要，确保政府机关有效调配人力，实现精确管理；整合现有防范系统和各种防范资源，充分利用治安防控网络的需要；整合社会资源，适应社会安全服务发展的需要，进一步提高政府部门机关对违法犯罪的快速反应和有效处置能力，也避免了重复建设造成资金和设备的浪费。

城市治安监控系统由 GIS 地图、图像采集、传输、控制、显示等设备和控制软件组成，是对固定区域进行实时监控和信息记录的视频监控系统。城市治安监控系统是集安全防范、计算机应用、网络技术、数据库技术、视频传输、访问控制等高新技术为一体的平台系统，采用先进的图像处理技术及图像信息整合技术，提升图像流转、存储、检索、管理的智能化应用水平。它是面向公安机关的治安动态视频监控系统、面向党委政府的应急联动支持系统、面向各级政府和部门的视频资源共享和接入系统、面向入网用户的技术防范系统、面向人民群众的公共安全保障系统。

8.3.1 城市治安监控系统的设计原则

1. 系统的设计思想

系统通过在交通要道、治安卡口、公共聚集场所、宾馆、学校、医院及治安复杂场所安装视频监控设备，利用视频专网、互联网、移动网等网络通道把一定区域内所有视频监控点图像传播到监控中心，运用场景分析、人脸识别、信息分类技术对信息进行筛选、储存、联动，从而实现对刑事案件、治安案件、交通违章、城管违章的处理，强化了城市综合管理，预防打击犯罪和突发性治安灾害事故。智能化视频在城市治安监控系统中发挥着“防患于未然”的作用，大大提高了城市监控的预防和报警方面的效能。

2. 系统的建设原则

在系统的建立之初就应充分考虑城区监控系统工程的科学化管理、质量控制问题，既涉及系统规模分步实施的问题，还应与整个城市建设息息相关，能够随着城市的建设而发展。

根据城市治安监控系统的实际需求、建设标准及安防的需要，遵照国家相关技术规程，并符合先进、可靠、合理、适用等原则，结合现场实际情况，综合运用光电信息技术、计算机网络技术、网络视频监控技术等进行系统设计，同时也充分考虑今后使用者的维护、使用、保养及系统扩展的方便性等。根据《城市监控报警联网系统》(GA/T 669—2008)系列标准制定具体设计原则如下。

(1)互通性。管理平台之间、管理平台与监控资源、用户终端之间应能按照标准的相关要求进行信息的传输、交换和控制，应能够有效地进行通信和共享数据，应能够实现不同厂商、不同规格的设备或系统间的兼容和互操作。

(2)扩展性。在设计管理平台方案时，应采用模块化设计原则，便于系统在规模和功能上升级扩充。

(3)规范性。控制协议、传输协议、接口协议、音视频信号编解码、音视频文件格式等除标准中相关部分的规定外，还应符合相应国家标准、行业标准的规定。

(4)易操作性。管理软件应提供清晰、简洁、友好的中文人机交互界面，操作应简便、灵活、易学易用，便于管理和维护。

(5)安全性。接入管理平台的设备和用户，都需要进行必要的接入认证，以保证接入的安全性，应采取适当的措施保证信息传输过程中的保密性和真实性。

(6)可靠性。管理平台应支持对关键设备、关键数据、关键程序模块采取备份、冗余措施，有较强的容错和系统恢复能力，能够保证系统长期正常运行，对管理平台整体性能有影响的关键设备宜支持负载均衡。

(7)可维护性。管理平台应具备自检、故障诊断及故障弱化功能，在出现故障时，应能快速确定故障点，并及时恢复。

(8)可移植性。管理平台对运行环境(硬件设备、软件操作系统等)具有一定的适应性，不应只依赖于某一款计算机设备和固定版本的操作系统软件。

3. 系统的组成架构

通常,在平安城市的视频监控系统中,完全集中的视频管理平台不具有可行性,必须采用分布式架构,各个行政级单位分别有自己的管理服务器,负责各自级别区域的视频监控资源的管理,而上级行政区域的中央管理服务器具有对下辖级别区域的数据资源的备份,这样,各个监控中心可以独立完成自己区域的设备配置、管理,而上级管理中心具有备份及管理的双重能力。此种架构关键在于各级服务器数据库之间数据的自动同步机制,以实现各级监控中心之间能够进行视频的互通互用,在保证独立性的同时提高可靠性。城市治安监控系统的多级架构的 CMS 应用如图 8-9 所示。

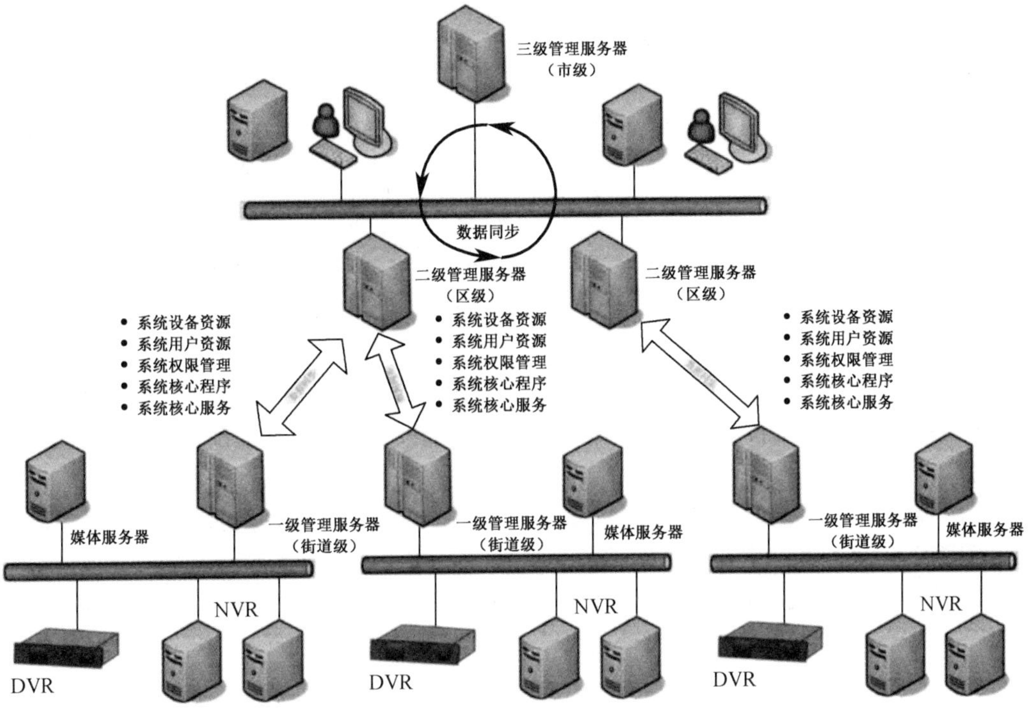

图 8-9 城市治安监控系统的多级架构的 CMS 应用

8.3.2 城市治安监控系统的方案

整个监控系统主要由前端感知系统,派出所监控中心、区县局监控中心及市局监控中心各级之间的传输部分等组成,如图 8-10 所示。

1. 前端感知系统

从公安实战需要出发,统筹规划辖区监控摄像点布局,利用治安监控点、道路监控摄像点、人脸抓拍、社会面监控摄像点等位置共享监控图像资源。视频监控建立以区县为中心,构建区局前端二级网络架构,在区县局建设一级监控管理中心,在市区建立指挥管理中心,按照统一规定对监控摄像点进行编号。

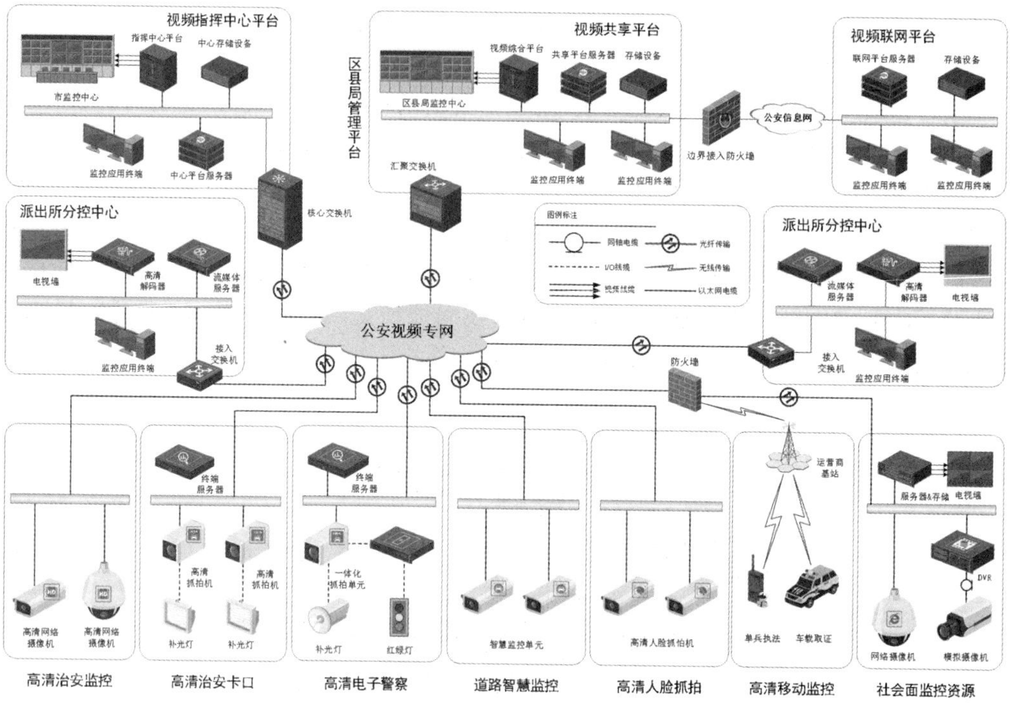

图 8-10　城市治安监控系统总体设计框架

前端摄像机是整个安全防范系统的原始信号源，摄像机由摄像机芯、镜头、罩壳及支架等组成，主要负责各个监控点现场视频信号的采集，并将其传输给视频处理设备。摄像产生的图像信号质量将影响整个系统的质量。在选择摄像机时按照以下原则：

(1)容易发生群体性事件的重点敏感区域，如商场、银行、公园广场、学校、医院等，满足快速跟踪定位的需要；

(2)重要警卫目标、通信枢纽，如党政机关门口、车站、机场，满足快速跟踪定位的需要；

(3)街道路口、治安管理重点、难点区域和易发案区域进行重点部位监控。

街道路口布点和重点单位的布点如图 8-11 和图 8-12 所示。

前端监控点位功能包括以下几点。

(1)视频采集。满足中心实时视频预览和存储录像回放查看的要求，前端感知分系统应能够采集和传输不同分辨率下的昼夜实时视频，支持视频的亮度、对比度、饱和度等参数的动态调节。

(2)实时透雾。基于大气透射模型，区分图像不同区域景深与雾浓度进行滤波处理，同时融合图像增强技术与图像复原技术，获得准确、自然的透雾图像。

(3)智能编码。保证同等图像质量下，减少存储空间；将码流资源按需分配，将有限的资源集中在一块或多块感兴趣区域，提升感兴趣区域(如车牌、人脸)图像质量；实现对任意时间段录像抽帧压缩，支持多路独立编码码流。

(4)智能控制。可自动检测画面亮度，通过内部算法自适应调节红外灯亮度及画面亮度，从而达到抑制近处物体过曝，同时保证背景区域亮度的效果，可自动或手动实现图像传感器的细微调整，从而达到微调焦距的作用；支持变倍后自动对焦功能，无须手动聚焦，且聚焦速度快，同时具有自锁功能，抗震效果好。

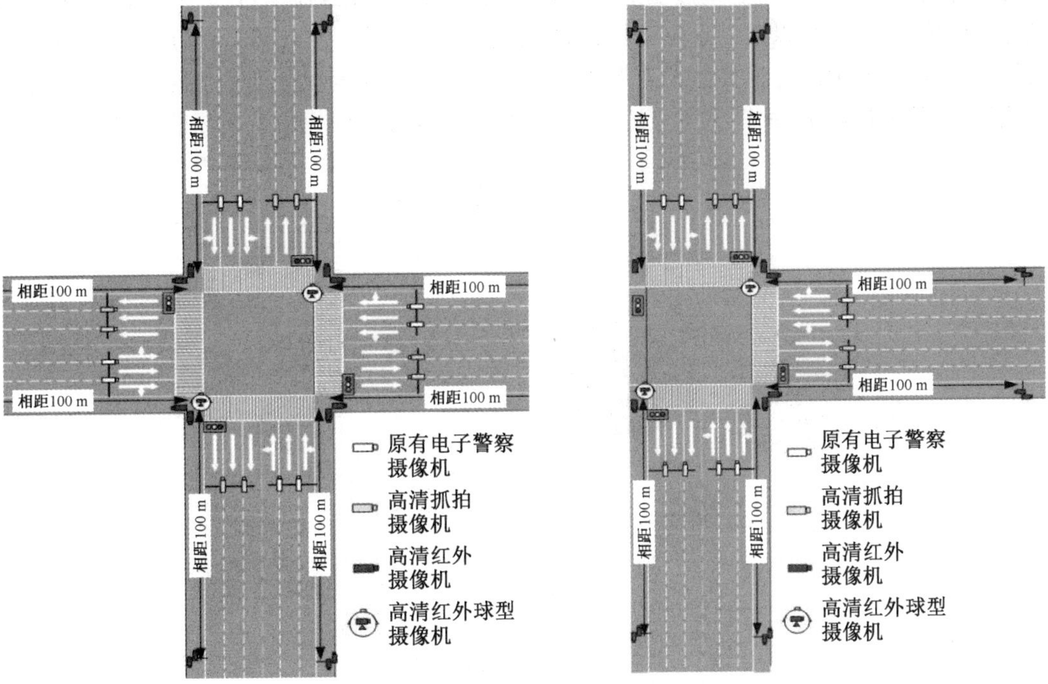

(a) 大型十字路口　　(b) 丁字路口

图 8–11　街道路口布点图

(5)智能侦测。智能行为侦测功能支持越界、进入/离开区域、区域入侵、徘徊、人员聚焦、快速移动、非法停车、物品遗留/拿取等异常事件的自动侦测与报警,变被动监控为主动防控,摄像机侦测到以上行为后可联动报警及录像等功能。人脸侦测支持对画面中的人脸进行自动检测。场景侦测可对场景变更、图像虚焦等问题进行自动分析检测,并联动报警。

(6)云镜控制。实现远程操作机球或云台摄像机水平、垂直转动和图像缩放,以及自动复位和超时回归预置位等功能。

(7)运行维护。能够提供摄像机的工作状态,支持中心对摄像机的批量校时,远程重启摄像机。

(8)前端配套设施。系统前端设备视工程实际情况,可采用集中式供电或分散式供电,重要点位应配备相应的备用电源装置。

2. 传输部分

城市治安监控系统的传输依靠公安视频专网建设的市、区(县)、所三级立体式平台来承载高清视频图像传输,为天网全覆盖提供数据保障。通过光纤线路采用星型网络结构构建以市公安局为指挥中心、各区(县)分局为汇聚点、下辖派出所为接入点,形成分级、分层、网格化建设思路。

市局应用突出对全市的应急指挥和调度,区(县)分局应用侧重于事件侦破和车辆管控,派出所应用侧重于治安事件的防控和管制。针对治安、交警、刑侦、城管、卫生、环保等其他职能单位提供专业视频图像资源,例如,治安的事前防控,车辆的管制和处罚,案件的线索和依据,公共视频资源服务。

在全市主城区重点部位、制高点、路口、街道、社区、公共场所等新建万个以上监控点,结合社会资源接入点达到全城覆盖效果。以市、区(县)系统监控平台为中心,围绕中心建设监控点位,市公安局以建设重点单位、制高点、路口等一类监控点形成了“点”。区(县)公安局以建设街面、道路等二类监控点形成了“线”。派出所建设以社会资源接入摄像机等三类监控点,整体形成了“面”,通过“点”“线”“面”网络连接编织成整个视频监控网。

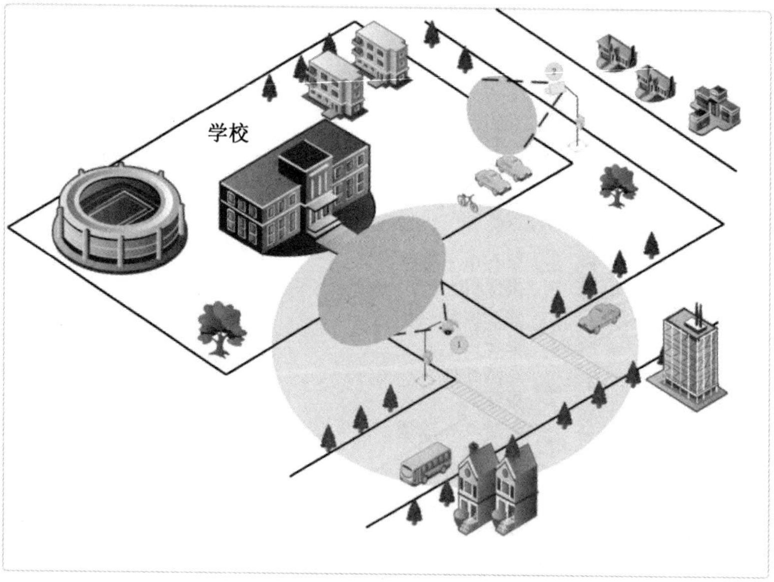

(a) 学校

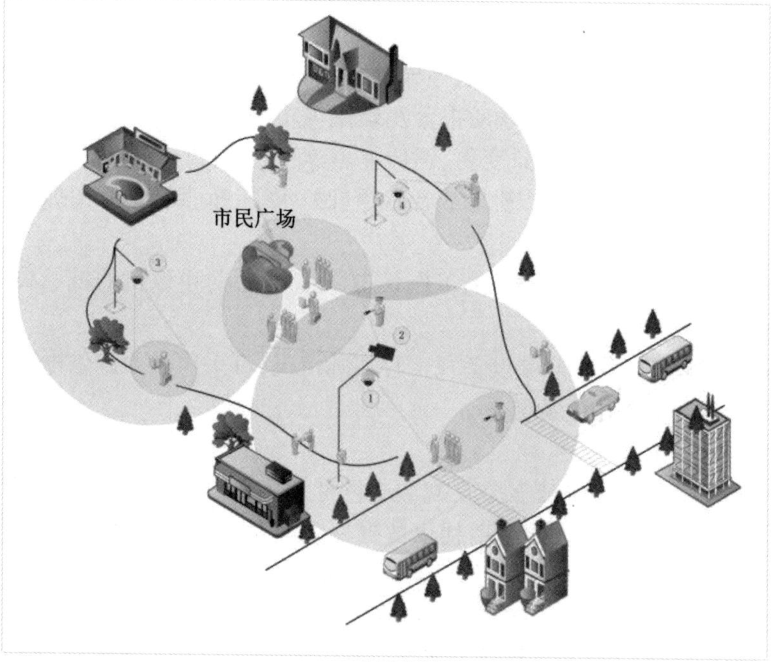

(b) 公园广场

图 8-12　重点单位布点图

各级监控分中心系统主要实现对前端的视频流进行实时显示或回放，并提供系统管理功能。电子监控系统采用监控中心分散设置的原则，分为市公安局、分局监控中心、各区派出所三级架构：派出所负责前端设备的接入汇总，通常设置本地存储、解码、显示系统，实现对本派出所辖区视频资源的整合与管理，同时向上连接至分局；分局设置视频管理、存储、媒体转发、视频分析等系统，实现对分局辖区所有派出所资源的汇聚、资源管理，各分局再向上连接至市局；市局具有全市所有资源的浏览、回放、备份等权限，市局可根据需要连续接至省厅中心。

目前三级联网的系统架构，优点是就近接入、本地存储，但是缺点也比较明显：首先，大量分散分布的派出所机房需要安装、管理大量的服务器及存储设备，无法发挥规模化优势；其次，各个派出所的视频资源相对孤立，一旦发生警情，通常需要对各个派出所资源分别进行调阅，效率低下；最后，分布式架构的维护管理成本较高。当前应用云端技术，将所有派出所存储等服务移植到分局，然后在分局建立云中心，则可以通过云技术的虚拟化、分布计算等方式，实现统一接入转码、智能分析、存储、索引等服务。这样派出所仅仅保留视频中转及接入功能，而不保留存储服务器等设施，而派出所通过网络，依然可以得到原来需要的视频显示、终端回放等各种功能，如图 8-13 所示。

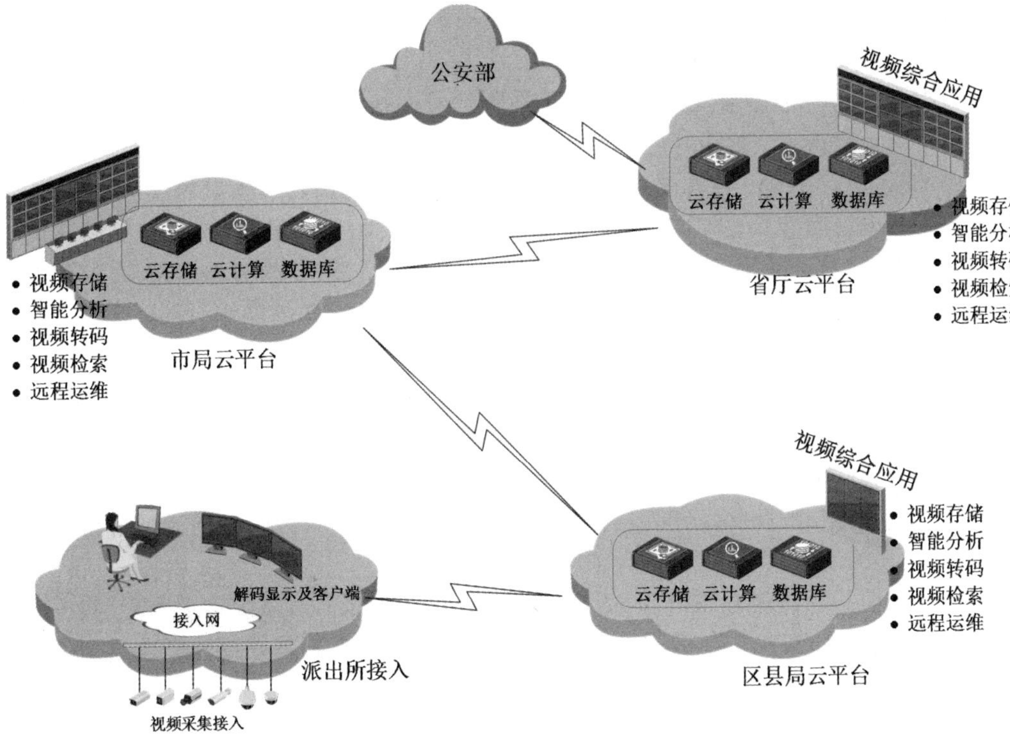

图 8-13　城市治安监控系统

整个城市网络视频监控系统，通过专网可实现主管人员浏览直辖片区的安全情况，若有报警，在监控中心可以对报警点进行声光报警和录像，并可以联动 110 指挥中心或直属派出所，能及时地处理报警信息。

3. 显示存储系统

(1)指挥中心大屏显示系统。指挥中心大屏显示系统支持前端各类型信号的接入,如模拟标清摄像机、高清数字摄像机、高清模拟摄像机、网络高清标清摄像机等 BNC 信号、VGA 信号、DVI 信号、HDMI 信号等多种信号的接入显示,除接入远端摄像机之外还能接入本地的 VGA 信号及 DVD 信号等。通过在控制主机上安装拼接控制软件可实现对整个大屏显示系统的控制与操作,可实现上墙显示信号的选择。通过视频综合平台可实现信号的全屏显示,任意分割,开窗漫游,图像叠加,任意组合显示,图像拉伸、缩放等一系列功能。

(2)数字处理和存储系统。视频监控数字处理和存储系统常采用集中存储模式,在没有采用云存储服务中心时,所有前端视频监控的历史图像均存储在区县局机房内的存储设备或者对应视频共享监控点的存储设备上。

前端高清网络摄像机分布在各个不同的派出所辖区,通过公安视频专用网络,监控点的网络摄像机直接将经过编码后的 IP 数据包发送给存储设备,录像数据集中存储在区县局监控中心的磁盘阵列存储设备中,实现数据集中式管理。派出所通过网络调用县公安局监控中心存储设备上的视频图像,实现监控系统的实时监控和管理。

4. 视频综合平台

视频综合平台是集数字视频切换、视频编解码、视频编码数据网络集中存储、电视墙管理、开窗漫游显示等功能为一体的电信级大规模视频综合处理监控产品,采用插拔式模块化设计。

视频综合平台一般能够支持网络、数字视频信号的接入和切换输出,可根据需求组合为各种规格的数字视频交换矩阵。采用 H. 264 视频压缩标准,支持 HD-SDI、光纤视频信号接入编码,支持 DVI、HDMI 输出显示、1/4/9/16 画面分割,支持 8 个预设场景,用户可以自定义每个场景电视墙布局,图层窗口支持任意跨屏漫游、图像叠加功能,可以支持定时录像、移动侦测录像及 PC-NVR、NAS、NVR 等网络集中存储方式,支持光电自适应、网络视频预览、解码上墙及网络集中存储等,支持线上远程维护,具备完备的操作、报警、异常及信息日志记录。

在城市治安监控系统中,市区县局平台主要支撑市区县局一级的视频综合实战应用。在保障公安用户的图像调用需求的同时为各警种用户提供多种实战业务应用功能,可以根据业务量减少硬件服务器配置数量。派出所支撑派出所本级的视频综合实战应用,需要部署平台客户端软件,通过网络访问区县局视频综合实战应用平台,同时通过配合视图档案管理站、工具集的使用,实现视频研判、归档入库等应用。

城市治安监控系统平台核心服务器均支持双机冗余部署,对系统管理中心、数据库管理单元等服务器进行双机热备,以保障系统的高可用性。考虑到公安视频综合应用的实时性要求较高、并发量较大,为保障系统稳定运行,系统采用流媒体服务器集群技术,可将多台流媒体服务器集中起来提供媒体流转发服务。服务器之间通过负载均衡算法,实现转发资源的动态分配,同时实现了转发服务的自动备份与接管。

考虑到图像信息对于公安实战的重要意义,因此,本方案中有价值视图库一体机、视图档案管理站等存储设备均具备强大的容灾性能,提供 Raid5 等保护机制,当有磁盘故障发生时,可以最大可能地恢复数据,同时设备底层系统完全自主可控,能够自动保存数据的多个副本,确保数据的高可靠性和安全性。

8.3.3 城市治安监控管理系统的功能

城市治安监控管理系统在功能设计中要遵循易用原则，具有易懂的提示信息，同时提供丰富的操作快捷键，辅助用户快速操作，快捷应用。此外系统还支持批量配置功能，实现系统配置管理的便捷化。视频监控结合 GIS 地图应用后，系统可以将更丰富的信息完整地展示给用户，操作台支持一机多屏的协作工作模式，例如在一机双屏模式下第一屏为地图操作相关功能，第二屏为视频浏览相关功能。系统具体的功能如下。

1. 综合业务应用

综合业务应用为公安各警种用户提供基于视频的全方位应用功能，满足各警种对视频的应用需求。其功能包括视频巡逻防控、可视化指挥、视频侦查研判等。

（1）视频巡逻防控。指挥中心、派出所和巡特警大队，根据发案规律特点，利用视频监控系统辅助开展重点时段、重点区域的视频巡逻工作。根据监控区域属性进行分组（例如按照公交车站、公园、学校门口、江边等），并按照不同时段进行有针对性的视频巡逻（例如早高峰、晚高峰、夜间、凌晨等），确保实时掌握重点区域的治安动向，减轻公安基层单位在治安防控上的人力、物力投入，提升街区、社区防控的效率。

（2）可视化指挥。通过与 GIS 系统、单兵车载等系统的集成应用，系统可实现可视指挥功能。当出现紧急突发事件时，指挥中心值班民警可根据移动警力 GPS 信息，准确掌握当前时刻的警力分布及执勤状态，就近选择警力，通过动态可视来调度监控摄像头资源对准事发地，实现警力调配，全面掌握现场情况，下达指令，指挥现场警务人员开展工作。

（3）视频侦查研判。视频侦查研判应用，主要围绕公安刑侦破案业务需求，以案件线索收集、分析为业务原型进行功能设计，将视频监控应用贯穿于线索收集分析过程中，实现了视频监控与案件侦查研判的有机结合。

2. 基础视频应用

在整合现有视频信息资源的基础上，系统面向一线实战单位提供视频基础应用功能，解决基层民警在视频应用中对视频预览、视频轮巡、录像回放、地图应用的需求，实现视频资源应用的规模效应。

3. 视图信息中心

视图信息中心围绕视频图像信息数据库实现数据采集、数据存储、数据管理、数据应用、专题应用等功能。系统通过数据库标准接口以在线数据抽取、抓拍上传的方式从视频监控系统与业务应用系统，以及民警办案用的离线视频采集设备中获取数据，提供民警在日常的视频巡逻、案件侦查、情报研判等过程中上传和入库保存采集到的视图资料数据的功能。应用云存储技术可实现有价值数据的存储与共享，保证了数据存储安全可靠，有效解决了海量数据的存储与共享的难题。信息中心能对存储在视频图像信息数据库内的信息进行分类、审核管理，提供文件预览、疑情库、案件库、车辆库、档案管理等数据应用。

4. 视频运维

基于 WEB 的统一管理访问入口，实现对运维信息的综合展现分析，能够为各级公安行业用户（运维管理人员、相关技术人员）统一展现设备运行情况、待办事项、最新故障情况，以便更好地开展视频运维工作。

5. 系统管理

系统支持用户登记、注册、优先级管理、鉴权认证等用户管理；支持设备、服务器、监视屏组、解码资源、视频综合平台、路口的添加和删除等设备管理；支持前端设备存储、嵌入式NVR、嵌入式 CVR 存储、云存储等存储方式；支持多种方式的报警管理；支持电视墙配置、拼接和控制等管控。

思考题

1. 简述视频监控技术的发展趋势。
2. 简述视频监控系统的基本组成。
3. 简述视频监控系统中所使用的关键技术。
4. 简述视频监控系统中前端系统中镜头的分类。
5. 简述视频监控系统中有线传输方式的应用特点。
6. 简述无线传输方式的基本原理和种类
7. 简述视频监控管理软件的构成与功能。
8. 简述城市治安监控系统的建设原则。

参考文献

[1] 教育部高等学校安全工程学科教学指导委员会. 安全检测与监控[M]. 北京:中国劳动社会保障出版社,2011.

[2] 袁丽英,冯越,蔡向东. 传感器与检测技术[M]. 北京:中国铁道出版社,2018.

[3] 方祖捷,秦关根,瞿荣辉,等. 光纤传感器基础[M]. 北京:科学出版社,2014.

[4] 黎敏,廖延彪. 光纤传感器及其应用技术[M]. 北京:科学出版社,2018.

[5] 肖丹. 安全检测与监控技术[M]. 重庆:重庆大学出版社,2019.

[6] 李润求,周利华. 安全监测监控原理与仪表[M]. 徐州:中国矿业大学出版社,2018.

[7] 李雨成,刘尹霞. 安全检测技术[M]. 徐州:中国矿业大学出版社,2018.

[8] 陈金刚. 安全检测技术[M]. 北京:中国建筑工业出版社,2018.

[9] 徐凯宏,董文庚. 安全检测与智能监测[M]. 北京:中国质检出版社,2014.

[10] 林锦实. 检测技术及仪表[M]. 北京:机械工业出版社,2008.

[11] 张乃禄. 安全检测技术[M]. 3 版. 西安:西安电子科技大学出版社,2018.

[12] 施文. 有毒有害气体检测仪器原理和应用[M]. 北京:化学工业出版社,2009.

[13] 董文庚. 安全检测与监控[M]. 北京:中国劳动社会保障出版社,2011.

[14] 董文庚,刘庆洲,苏昭桂. 安全检测技术与仪表[M]. 北京:煤炭工业出版社,2007.

[15] 温香彩,汪赟. 环境噪声监测实用手册[M]. 北京:中国环境出版集团,2018.

[16] 中国标准出版社. 环境噪声测量标准汇编[M]. 北京:中国标准出版社,2014.

[17] 苑春苗,栾昌才,李畅. 噪声控制原理与技术[M]. 沈阳:东北大学出版社,2014.

[18] 何浩祥,闫维明,马华,等. 结构健康监测系统设计标准化评述与展望[J]. 地震工程与工程振动,2008,28(4):154-160.

[19] 蒙彦宇. 压电智能传感驱动器力学性能及其应用[M]. 武汉:武汉大学出版社,2016.

[20] 梅大鹏. 基于深度学习的大跨度高铁桥梁健康监测预警方法研究[D]. 成都:西南交通大学,2022.

[21] 贺映候. 基于结构健康监测系统的强台风下超高层建筑动力响应研究[D]. 武汉:华中科技大学,2022.

[22] 赵建华. 现代安全监测技术[M]. 合肥:中国科学技术大学出版社,2006.

[23] 雷鹰,刘丽君,郑翥鹏. 结构健康监测若干方法与技术研究进展综述[J]. 厦门大学学报:自然科学版,2021,60(3):630-640.

[24] 唐礼平,曹益,章蓓蓓,等. 结构健康监测在土木工程中的研究状况与进展[J]. 兰州工业学院学报,2022,29(8):21-26.

[25] 唐达. 基于长期监测海洋平台结构损伤识别方法研究[D]. 大连:大连理工大学,2018.

[26] 刘军生,王社良,梁亚平. 大跨空间结构施工监测及健康监测[M]. 西安:西安交通大学出版社,2017.

[27] 姜绍飞,吴兆旗. 结构健康监测与智能信息处理技术及应用[M]. 北京:中国建筑工业出版社,2011.

[28] 吴智深,张建.结构健康监测先进技术及理论[M].北京:科学出版社,2015.

[29] 魏复盛,国家环境保护总局,《水和废水监测分析方法》编委会.水和废水监测分析方法[M].4版.北京:中国环境科学出版社,2008.

[30] 袁懋,朱余.水和废水无机及综合指标监测分析方法[M].北京.中国环境出版集团,2022.

[31] 奚旦立.环境监测[M].5版.北京:高等教育出版社,2019.

[32] 李广超,袁兴程.环境监测[M].2版.北京:化学工业出版社,2017.

[33] 孔昌俊,杨风林.环境科学与工程概论[M].北京:科学出版社,2004.

[34] 李理,梁红.环境监测[M].2版.武汉:武汉理工大学出版社,2018.

[35] 胡海翔,李光伟.电磁辐射对人体的影响及防护[M].北京:人民军医出版社,2015.

[36] 曲磊,王金梅,支金虎.环境监测[M].北京:中央民族大学出版社,2018.

[37] 王晓,陈金泉,高勇.环境监测实用教程[M].徐州:中国矿业大学出版社,2016.

[38] 林炬,刘颖.辐射环境监测[M].北京:北京航空航天大学出版社,2018.

[39] 浑宝炬,郭立稳.矿井粉尘检测与防治技术[M].北京:化学工业出版社,2005.

[40] 陈宝智.矿山安全工程[M].北京:冶金工业出版社,2009.

[41] 王洪胜,包丽娜.矿山安全与防灾[M].北京:冶金工业出版社,2011.

[42] 中国煤炭教育协会职业教育教材编审委员会.煤矿安全监测监控技术[M].北京:煤炭工业出版社,2011.

[43] 姚向荣,金登刚.煤矿安全监测监控技术与操作[M].徐州:中国矿业大学出版社,2012.

[44] 汪云甲,朱世松,梁双华,等.基于多传感器及多元监测数据的瓦斯预警理论与方法研究[M].徐州:中国矿业大学出版社,2017.

[45] 李志.基于无线通信技术的井下人员定位方法研究[D].哈尔滨:哈尔滨理工大学,2021.

[46] 王仁杰.基于ZigBee的井下人员定位系统研究[D].焦作:河南理工大学,2019.

[47] 罗佛新.尾矿库安全管理现状分析及对策研究[J].生产与安全技术,2013,9(2):175-176.

[48] 郝喆,陈殿强,侯永莉.尾矿库加高增容稳定性及监测技术研究[M].沈阳:东北大学出版社,2018.

[49] 邓军,张嫱妮.火灾识别与联动控制[M].北京:机械工业出版社,2019.

[50] 娄悦.火灾探测报警系统原理与应用[M].杭州:浙江大学出版社,2018.

[51] 殷继艳,李勇,张国壮.森林火灾监测与预警[M].北京:中国林业出版社,2018.

[52] 薛维虎.火灾自动报警与联动控制系统[M].2版.北京:中国人民公安大学出版社,2013.

[53] 郭玉伟,王伟杰,张茜.远程联网消防监控系统研究[M].北京:光明日报出版社,2017.

[54] 潘国辉.安防天下2:智能高清视频监控原理精解与最佳实践[M].北京:清华大学出版社,2014.

[55] 苏志贤.智能视频监控技术[M].北京:电子工业出版社,2018.

[56] 王公儒.视频监控系统工程实用技术[M].北京:中国铁道出版社,2018.

[57] 张品,徐鼎,刘旭.物联网与智能制造[M].北京:化学工业出版社,2019.

[58] 杨风艳.基于振动测试的结构损伤诊断方法研究[D].青岛:中国海洋大学,2006.

附　　录

附表　常见的可燃性气体和有毒气体

序号	归属		物质名称	化学式	爆炸极限/%		允许浓度	
	可燃	有毒			LEL	UEL	$\times10^{-6}$	mg/m^3
1	√	—	乙炔	C_2H_2	2.5	100	—	—
2	√	—	乙醛	C_2H_4O	4.0	60	—	—
3	√	—	乙烷	C_2H_6	3.0	12.4	—	—
4	√	—	乙胺	C_2H_7N	3.5	13.95	—	—
5	√	—	乙苯	C_8H_{10}	1.0	6.7	—	—
6	√	—	乙烯	C_2H_4	2.7	36	—	—
7	√	—	氯乙烷	C_2H_5Cl	3.8	15.4	—	—
8	√	—	氯乙烯	C_2H_3Cl	3.6	33	—	—
9	√	—	环氧丙烷	C_3H_6O	2.1	21.5	—	—
10	√	—	二甲胺	C_2H_7N	2.8	14.4	—	—
11	√	—	氢气	H_2	4.0	75	—	—
12	√	—	丁二烯	C_4H_6	2.0	12	—	—
13	√	—	丁烷	C_4H_{10}	1.8	8.4	—	—
14	√	—	丁烯	C_4H_8	9.7	—	—	—
15	√	—	丙烷	C_3H_8	2.1	9.5	—	—
16	√	—	丙烯	C_3H_6	2.4	11	—	—
17	√	—	甲烷	CH_4	5.0	15.0	—	—
18	√	—	二甲醚	C_2H_6O	3.4	27	—	—
19	√	√	丙烯腈	C_3H_3N	3.0	17.0	20	2
20	√	√	一氧化碳	CO	12.5	74	50	30
21	√	√	丙烯醛	C_3H_4O	2.8	31	0.1	0.3
22	√	√	氨气	NH_3	15	28	25	30
23	√	√	一氯甲烷	CH_3Cl	7	17.4	100	—
24	√	√	氧乙烯	$(CH_2)_2O$	3	100	50	—
25	√	√	氰化氢	HCN	6	41	10	0.3
26	√	√	三甲基胺	$(CH_3)_3N$	2.0	12	10	—

附表(续)

序号	归属		物质名称	化学式	爆炸极限/%		允许浓度	
	可燃	有毒			LEL	UEL	$\times 10^{-6}$	mg/m^3
27	√	√	二硫化碳	CS_2	1.3	50	10	10
28	√	√	溴甲烷	CH_3Br	10	15	15	1
29	√	√	苯	C_6H_6	1.3	7.9	10	40
30	√	√	甲胺	CH_3NH_2	4.9	20/7	10	5
31	√	√	硫化氢	H_2S	4	4.4	10	10
32	—	√	二氧化硫	SO_2	—	5	15	—
33	—	√	氯气	Cl_2	—	—	1	1
34	—	√	二乙胺	$C_4H_{11}N$	1.8	10	25	—
35	—	√	氟	F_2	—	—	1	1
36	—	√	光气	$COCl_2$	—	—	0.1	0.5
37	—	√	氯丁二烯	C_4H_5Cl	4.0	20	25	2